HAIYANG JISHU JINZHAN 2014

海洋技术进展

2014

罗续业　主编

海洋出版社

2015年·北京

图书在版编目(CIP)数据

海洋技术进展 2014 / 罗续业主编. — 北京：海
洋出版社，2015.7
　ISBN 978 - 7 - 5027 - 9204 - 6

　Ⅰ.①海… Ⅱ.①罗… Ⅲ.①海洋学 Ⅳ.①P7

中国版本图书馆 CIP 数据核字(2015)第 160253 号

海洋技术进展 2014
Haiyang Jishu Jinzhan 2014

责任编辑：常青青
责任印制：赵麟苏

海洋出版社 出版发行

http://www. oceanpress. com. cn
北京市海淀区大慧寺路 8 号　邮编：100081
北京画中画印刷有限公司印刷
2015 年 7 月第 1 版　2015 年 7 月北京第 1 次印刷
开本：880 mm×1194 mm　1/16　印张：19
字数：434 千字　定价：128.00 元
发行部：62132549　邮购部：68038093
总编室：62114335　编辑室：62100038
海洋版图书印、装错误可随时退换

编 委 会

编写单位：国家海洋技术中心

主　　编：罗续业

编　　委：张锁平　李红志　唐军武　杜军兰

　　　　　齐连明　彭　伟　成方林　朱建华

　　　　　窦宇宏　冯林强　杨　立　张选明

　　　　　李林奇　李　彦　王　鑫

前　言

我国是海洋大国，海洋为社会经济发展做出了决定性贡献。党的十八大提出"海洋强国战略"，习总书记进一步强调加快推进"21世纪海上丝绸之路"建设，海洋在我国未来发展中的重要性凸显，对新常态下的海洋事业发展提出了更高的要求，海洋技术已成为推动海洋事业发展的重要抓手。目前，沿海各国普遍从战略高度关注海洋技术发展，加强国家层面的规划和政策的制定。海洋技术呈现出创新性的突破发展，为开发利用海洋资源、发展海洋经济、保障国家环境安全和维护国家海洋权益提供了不可或缺的技术支撑。

海洋技术是一门综合性很强的专业技术，几乎涉及当前所有的科技门类，是各种通用技术和现代新技术在海洋环境中的应用和发展。本书涉及的海洋技术主要是指利用遥感、定点及移动等各种手段监测海洋水体及界面的技术等。

2015年是国家发展"十二五"规划的收官之年，也是"十三五"规划的编制之年。我们编撰这本《海洋技术进展2014》，力求对国内外近年来的海洋技术发展现状、趋势进行比较全面的分析和评价，为"十三五"期间海洋科技管理部门的战略决策提供参考，为海洋技术研究人员了解相关海洋技术和拓展技术创新空间提供依据。

本书以总结概述海洋技术发展现状与趋势为主线，由国家海洋技术中心各专业相关技术人员分别进行编写。全书共分为九章，第一章主要阐述世界主要海洋国家的海洋科技战略，包括美国、俄罗斯、加拿大、澳大利亚、日本、韩国以及我国近几年制定的海洋科技发展战略、规划和政策；第二至第八章，分别介绍近年来国内外海洋遥感、海洋环境定点观测、海洋环境移动观测、海洋生态环境监测、海洋环境安全保障、海洋通信技术和海洋观测系统的发展情况和趋势；第九章主要分析国内外发布的海洋技术标准情况，并提出未来我国海洋技术标准体系的建设方向。

本书在统一拟定的框架下，分工编写完成。其中第一章由高艳波、李芝凤和麻常雷编写；第二章由王世昂、杨安安、黄骁麒、陈春涛、赵屹立、高飞、周虹丽、李军、韩冰、王贺、翟万林和闫龙浩编写；第三章由王祎、任炜、张东亮、张倩、齐尔麦、贾立双、李燕、齐占辉和王海涛编写；第四章由任炜和刘颉编写；第五章由赵宇梅、王宁、张世强、李慧青、任永琴、唐宏寰、司慧民、杨鹏程、刘玉、王磊和李春芳编写；第六章由张锁平、张东亮、李明兵、门雅彬、李亚文、董涛、李兴岷、赵辰冰和丁宁编写；第七章由刘凌峰、徐晓丹、刘佳佳、赵庚怡、张宇、张少永和李文斌编写；第八章由王祎、张华勇和吴迪编写；第九章由李晶编写，全书由罗续业统稿。

在本书编写过程中，参考和利用了国内外文献和网站的部分内容，在此一并表示衷心的感谢。

囿于海洋技术学科内容和专业领域广泛，编者的专业技术水平和学术能力有限，加之时间紧促，书中疏漏之处在所难免，敬请批评指正。

编者

2015 年 4 月

于国家海洋技术中心

目 录

第一章
世界海洋科技计划和发展战略

近年来，世界各国对海洋的重视程度越来越高，主要涉海国家都已经制订并逐步完善了其海洋战略规划，力图在海洋竞争中抢占优势，并以此来支撑国民经济的可持续发展。美国发布首部国家海洋政策，加强海洋关键基础设施建设；俄罗斯实施联邦海洋活动发展战略，维护海洋权益；加拿大建立国家深海观测体系，实施海洋网络未来五年计划；澳大利亚发布海洋国家2025，支撑蓝色经济发展；日本确立海洋经济新方向，实施海洋基本计划；韩国发布海洋科学技术(MT)路线图，发展海洋新产业技术；中国提高海洋科技创新能力，建设海洋强国。"海洋世纪"的基调已经在21世纪初叶实实在在地呈现在我们面前。

第一节 美国：发布新的国家海洋政策 加强海洋关键基础设施建设

20世纪60年代初，美国政府成立了机构间国家海洋学委员会，负责制订国家海洋学规划。50多年来出台了多项海洋科技发展规划和发展战略，以适应不同时期国家发展的需求。近年来先后出台了《国家海洋政策》《2030年海洋研究和社会需求关键基础设施》和《一个国家的海洋科学：海洋优先研究计划修订版》等规划与战略。

一、海洋、海岸和大湖区国家管理政策

2010年7月19日，美国总统奥巴马签署总统令，批准了美国白宫环境质量委员会跨部门海洋政策特别工作组向联邦政府提交的题为《海洋、海岸和大湖区国家管理政策》(National Policy for the Stewardship of the Ocean, Our Coasts, and the Great Lakes)的政策报告。至此，《海洋、海岸和大湖区国家管理政策》正式成为美国的新海洋政策。

总统令指出，海洋、海岸和大湖区为美国提供了工作机会、食物、能源、生态服务、休闲和旅游资源，并在美国的海洋运输、经济发展和贸易以及武装力量的全球行动、维护国际和平与安全方面起到了关键作用。美国对海洋、海岸和大湖区的管理从根本上关系到环境的可持续性、人类的健康快乐、国家的繁荣、对气候和其他环境变化的适应性、社会公正、国际外交与国家安全。

总统令确立了海洋、海岸和大湖区的管理目标与管理政策，成立了负责政策指导和协调的最高层机构——国家海洋理事会和区域咨询委员会，以保证海洋、海岸和大湖区管理目标的顺利实现。总统令的签署标志着之前美国跨部门海洋政策工作组提交的最终建议报告正式成为国家政策，政策的实施

将纳入联邦政府的工作日程。

总统令确立的海洋、海岸和大湖区的管理目标是：确保能够保护、维持并恢复海洋、海岸和大湖区生态系统和资源的健康，促进海洋和沿海经济的可持续发展，保护美国的海洋遗产，支持海洋资源的可持续利用并提供相应的管理方式，提高美国对气候变化和海洋酸化的认识水平和适应能力，协调美国的国家安全与外交政策利益。

制定的海洋、海岸和大湖区管理的新政策有：保护、维持和恢复海洋、海岸和大湖区生态系统和资源的健康和生物多样性；提高海洋、海岸和大湖区生态系统、区域和经济的恢复力；改善海洋、海岸和大湖区生态系统的健康状况，支持对陆地的保护和可持续利用；在最佳可利用的科学知识的基础上做出决策，影响海洋、海岸和大湖区环境，提高人类了解、应对和适应全球环境变化的能力；支持对海洋、海岸和大湖区的可持续、安全、有保障、多产的利用；尊重和保护美国的海洋遗产，包括美国的社会、文化、娱乐和历史价值；依据国际法行使权利和管辖权，履行职责，包括尊重通航权，保护航行自由，这对于全球经济、国际的和平与安全至关重要；提高对海洋、海岸和大湖区作为全球大气、陆地、冰和水相互连接的系统的科学认识，包括对它们与人类及人类活动关系的科学认识；提高对环境变化、变化趋势、引起变化原因的了解和认识，提高对发生在海洋、海岸和大湖区水域中的人类活动的了解和认识；促进公众对海洋、海岸和大湖区价值的认识，为提高治理水平打下基础。

总统令还强调指出，要通过制定综合的合作管理框架，在国际范围内进行合作并行使领导权，促使美国加入《联合国海洋法公约》，以财政负责的方式支持海洋管理，促进海洋、海岸和大湖区管理政策的实施。

成立美国最高层政策指导与协调机构——国家海洋理事会，具体职责是：制定管理框架；针对联邦政府、州政府、部族首领等就有关海洋、海岸和大湖区的管理行动进行指导，确保这些管理行动在适用的法律框架下，与国家的管理原则和重点目标协调一致；就重大问题与有关人员进行协商，如国家安全问题、能源与气候变化问题、经济政策问题等；将理事会不能达成一致或有争议的问题提交总统裁决。

二、2030 年海洋研究和社会需求关键基础设施

2011 年 4 月，美国发布了《2030 年海洋研究和社会需求关键基础设施》(Critical Infrastructure for Ocean Research and Societal Needs in 2030) 报告。报告指出，2010 年的墨西哥湾漏油事件和 2011 年的日本地震海啸事件给人们敲响了警钟，它提醒人们，海洋的活动和变化对人类有着直接影响，而目前人们对海洋系统的了解还很不完善。因此需要利用海洋研究基础设施来支持海洋基础科学研究以及与解决近海能源生产、海啸监测、可持续渔业等社会问题相关的应用科学研究。但是美国海洋基础设施的大量部件日渐老化并相互隔绝，不足以实现安全、有效和环保可持续地利用海洋的目标。

报告总结了 2030 年内推动社会发展以及促进科学研究的四大主题和 32 个主要研究问题。

(1)环境管理。海平面在时空尺度如何变化及潜在影响是什么？气候变换如何影响主要生产力循环？变化的海洋环境如何形成海洋生态系统结构、生物多样性、生物种群动态？海洋酸化如何影响海洋生物和生态系统？在变化的海洋中有机碳的分布和通量如何发展？气候变化如何影响海洋化学成分

的分布？海洋环流、海洋和大气热循环如何响应自然和人为的驱动？大气水循环的变化如何影响海洋？近岸边界的变化如何改变物理和地球化学过程？如何预测和减轻溢油应急海洋工业突发事件？海洋工程的潜在影响是什么？

（2）保护生命和财产。如何应对水下火山和近海断裂带？如何提高对海啸的认识和预测？未来海冰和冰山的范围和特征是如何变化的？如何减轻海冰的影响？近岸污染和病原体对人类和生态系统健康的影响如何？耦合的海洋－大气系统的变化如何影响人类健康和生命？

（3）促进经济发展。人类如何保证海洋食品的可持续生产？人类如何最大化获取海洋能源和海洋矿物资源，同时将对环境的影响最小化？作为一种可再生能源，海洋的潜力是什么？

（4）增加基础科学认识。地球内部如何工作？地球如何影响板块边界、热点和海洋表层的其他现象？气候变化的速率和量级是什么？海洋和大气相互作用的影响如何更好地参数化？在空间和时间尺度控制海洋混合的过程是什么？洋壳液体循环对次海底和水圈的影响如何？深海生物圈如何反映生命的起源和演化？海洋中分子和生物化学演化的多样性和速率由什么调节？深海大洋生态系统的多样性是什么？在结构化的海洋生态系统中敏感系统和种内－种间通信的模式和作用是什么？海洋如何贡献地球承载力？

海洋科研基础设施定义为"国家能够使用的平台、传感器、数据集和系统、模型、支持人员、设施和执行机构的全面组合，用于回答相关海洋问题，总体上能够（或可能）被海洋研究机构共享或访问"。主要包括移动和固定平台、现场传感器和采样、遥感和模拟以及数据管理和通信。另外，孕育技术创新并协助培训未来海洋科技工作者的执行机构也是必不可少的。

为此，报告提出以下建议：

建议 1：制定和维持国家海洋基础设施战略计划

美国联邦海洋机构应当制订和维持一个国家战略计划，用于协调有关关键的、共享的海洋基础设施的投资、维护和退役事宜。该计划应当重点关注科学需求的发展趋势和技术进展，同时考虑生命周期成本、有效利用率、新的机会或国家需求。该计划应基于已确认的优先领域，并在定期评估的基础上进行更新。

建议 2：确定优先投资领域和最大程度利用投资

在对海洋研究基础设施进行构建、维护或更换时，优先顺序的确定应基于以下因素，以实现社会效益的最大化：①解决重大科学问题的作用；②可负担性、效率和寿命；③对其他任务或应用的贡献。

应当定期评估（每 5～10 年）用于共享的国家海洋研究基础设施，以应对不断变化的科学需求，确保基础设施的成本效益，数据可用性和质量、服务的及时提供、易用性，从而优化国家在海洋研究和社会需求方面的投资。

建议 3：各类海洋基础设施

过去 20 年来，滑翔机、遥控交通工具、水下自动交通工具、海底电缆的使用日益增加，船舶、浮标、拖曳平台的使用保持稳定，而载人交通工具的使用呈下降趋势。基于这些趋势和 2030 年需解决的重大科学问题，报告指出，在未来 20 年里，滑翔器、遥控潜器、水下自治式潜器、海底电缆的利用率和性能将继续大幅增长，船舶仍将是海洋科研基础设施的重要组成部分，但自主和无人驾驶基础设施的应用将越来越广泛，并对船舶性能提出更多要求。传感器的使用寿命、稳定性、数据通信能力以及对苛刻环境的适应性等诸多功能已经有所改善。这些改进大多依赖于海洋科学领域以外的创新，海洋界将继续受益于传感器和其他许多领域的技术创新。

为了确保美国在 2030 年能够受益于海洋研究所取得的创新成果，美国应当：①实施一个全面的、长期的研究船计划，以继续探索海洋；②恢复美国对全部被冰覆盖和部分被冰覆盖的海域的探索能力；③通过利用更强大的传感器和平台，扩展在多个空间和时间维度的自动监测能力；④实现持久、连续的时间序列测量；⑤保持卫星遥感的延续性和海洋数据的双向通信能力，继续开展建设新的卫星平台、传感器和通信系统的计划；⑥支持海洋基础设施开发的持续创新，重点是开发利用原位传感器，尤其是生物化学传感器；⑦鼓励相关学科领域的研究人员利用海洋学以外的技术进展；⑧增加可广泛使用的百亿亿次或千万亿次计算和建模设备的数量，提高其性能；⑨建立可广泛使用的虚拟（分布式）数据中心，使这些数据中心能够与联邦、州、本地数据库无缝整合，并通过经过验证的标准、易使用的存储工具和集成工具来定义元数据；⑩检验和使用经过其他相关领域验证的数据管理实践方法；⑪使广大的研究团体能够方便地使用基础设施，包括移动平台和固定平台以及昂贵的分析仪器；⑫扩展跨学科教育，建设一支拥有技术能力的队伍。

三、一个国家的海洋科学：海洋优先研究计划修订版

2013 年 2 月，美国国家科技委员会(National Science and Technology Council，NSTC)发布《一个海洋国家的科学：海洋研究优先计划修订版》(Science for Ocean National：An Update of Ocean Research Priorities Plan)。该研究计划是 2007 年发布的《绘制美国未来十年海洋科学发展路线图》(Charting the Course for Ocean Sciences in the United States：Research Priorites for the Next Decade)的升级版。计划阐述了美国的海洋研究优先事项应面向国家海洋政策需求，并从海洋科学本身和与海洋相关的社会学两个方面指出了美国海洋研究的优先研究领域。

（一）海洋学

1. 海洋酸化

大气中二氧化碳含量的增加不可避免地导致海洋中二氧化碳的含量增加，进而造成海水 pH 值降低，改变了海洋的化学环境基础。那些依靠碳酸钙形成卵壳和骨骼的生物受到的影响将尤为显著。海洋酸化的其他影响还包括增加珊瑚礁形成的压力，改变商业性水产的食物链以及破坏深海中碳转移和储存的自然过程等。如果海洋进一步酸化将会对海洋生物的多样性、物种的生存能力和分布情况以及海洋食物链等产生深远的影响。理解这些并不难，但是如何延缓海洋酸化的过程或者如何使海洋生物适应这种变化却是一个非常大的挑战。

目前采取的促进海洋酸化认识的举措包括：研究海洋酸化成分的经费公告；在沿海和海洋中加强对海洋酸化的监测；研究海洋酸化对海洋生物资源(在个体、群体和整个生态系统层面)的影响；海洋酸化对珊瑚、重要经济价值渔业物种和其他具有生态价值的重要物种的影响；开发先进的远程和现场海洋酸化监测传感器技术；研究海洋酸化和《净水法案》之间的关系。

这些举措明确了研究考察的区域、物种和需要关注的生态系统，也指出了潜在生态系统的影响。为评估海洋酸化对社会经济影响、开发应对或减缓海洋酸化的策略并最终改进人们对自然资源的保护和管理奠定了基础。

2. 北极地区的改变

北极地区有着广阔的、未开发的自然资源，同时这里也是地球上最原始、最脆弱的生态系统。虽然看起来北极是相对独立的，但这块相对独立的区域同样会对人类的生活和自然环境产生全球性的影响。北极现状的改变对全球气候有着深远的影响。新的冰川融水流入海洋会改变海洋的循环系统；永久冻土层融化过程释放的温室气体会进入大气；不断减少的冰层覆盖使其对太阳光的折射能力减弱，进而造成地面温度上升。由于北极地区夏季海洋冰层的消失，人们到北极旅游、开采资源、从事航运以及进行其他活动的几率就会增加，一方面促进了经济的发展，但另一方面也增加了对环境破坏的潜在威胁。

由多个联邦政府机构资助、负责在北极开展科学研究的美国北极研究委员会号召美国开展北极研究项目，重点关注5个领域：①北极、北冰洋和白令海环境的改变；②北极人类健康；③民用基础设施；④自然资源评估和地球科学；⑤当地土著人的语言、文化和起源。

（二）社会主题

报告列出了海洋研究的重点领域并归纳为6个社会主题，囊括了海洋研究和社会二者相互关联的重要领域。这6个社会主题为：①自然和文化海洋资源的管理权；②提高抗御自然灾害和环境灾害的能力；③海洋作业和海洋环境；④海洋在气候变化中的作用；⑤改进生态系统健康；⑥改善人类健康。

报告强调了近期海洋研究应优先发展的4个领域：①海洋生态系统组织的对比分析；②海洋生态系统对持续压力和极端事件的响应；③评估经向翻转海洋环流变化对快速气候变化的影响；④海洋生态系统传感器的开发。

第二节　俄罗斯：实施联邦海洋活动发展战略　维护海洋权益

2010年12月，俄罗斯政府发布了《俄罗斯联邦海洋活动发展战略2030》，针对《俄罗斯联邦海洋政策2020》提出的维护俄罗斯全球海洋利益，定位于保护俄联邦海洋权益，尤其是太平洋地区，努力全面提升海洋活动(主要针对海洋运输业)的效率。

《俄罗斯联邦海洋活动发展战略2030》充分认识到海上运输自有船只明显不足，海上运输基础设施能力建设与海洋经济活动(例如，大陆架区域油气资源开发、海洋水产品供给)的发展速度不匹配，海洋军事安全防卫能力不强等问题和风险，提出"到2030年前，新建各类船只1 400艘"的宏伟目标。

为全面提升俄联邦海洋活动效率，切实维护及拓展俄罗斯全球海洋利益，《俄罗斯联邦海洋活动发展战略2030》的战略目标分三个阶段实施：到2015年，明确各港口的具体规划；到2020年，寻找港口设施建设与货物装卸能力之间的平衡点；到2030年，全面推进实施港口基础设施建设规划。

根据《俄罗斯联邦海洋活动发展战略2030》，俄罗斯政府近年来实施了多项战略规划。

《2009—2016 年民用船舶发展工程》，融资总量高达 906 亿卢布（合 31.2 亿美元），该计划的实施预示着在民用造船市场日益发展的背景下，俄罗斯政府发展造船工业的决心。计划预计设计并制造 130 种新型船舶，其中包括液化天然气船（LNG）制造以及 50 种新技术的开发。

《2012—2013 年加强渔业资源可持续利用和有效管理战略》，由国家拨付 250 亿卢布（合 8.62 亿美元），建造 265 艘船舶。2012 年有 84 艘船舶完工，分别为 11 艘国土资源部船舶，30 艘水文气象服务船舶，15 艘渔船以及 28 艘俄罗斯科学院用船。

《2010—2015 年俄联邦交通系统发展战略》，政府投入 2 680 亿卢布（合 92.4 亿美元），建造 791 艘货运或客运船、安全保障及其他各类船舶的建设。

《破冰舰队发展战略》，政府将投入超过 1 500 亿卢布（合 51.7 亿美元）发展破冰舰队，此破冰舰队由 6 艘核动力破冰船及 26 艘柴油动力破冰船组成。其中的柴油动力破冰船已于波罗的海造船厂开始建造。

通过《俄罗斯联邦海洋活动发展战略 2030》的实施，至 2030 年，俄罗斯港口基础设施的竞争力达到国际水平，能够提供完全满足俄罗斯短期、中期乃至长期的经济贸易和运输要求的复合型港口服务；实现现代化战略发展，在俄联邦建成世界上最专业的港口控制系统。

第三节　加拿大：建立国家深海观测体系　实施海洋网络未来五年计划（2013—2018 年）

2007 年，加拿大维多利亚大学建立了世界一流的海洋观测站——加拿大海洋网络（Ocean Networks Canada，ONC），目的在于建立加拿大国家深海观测体系，发展海洋科学，为加拿大谋利益。2013 年 6 月，ONC 发布 2013—2018 年战略计划，制定了加拿大海洋网络未来五年（2013—2018 年）的目标和工作优先性，重点挖掘 NEPTUNE 和 VENUS 观测站的研究潜力和商业潜力，并通过与其他项目合作来拓展科技市场。

加拿大海洋网络通过在大范围海洋环境内提供海底下、海底和水里的基础设施，为全球海洋研究和观测事业做贡献。NEPTUNE 和 VENUS 这两个观测站在世界范围内也是独一无二的，固定的基础设施能让科学家免费获取成百上千仪器的实时数据，这些仪器分布在地球上最具多样性的海洋环境中。创新性的光缆基础设施为位于近岸或深海环境的水下仪器提供了持续动力和互联网连接。

加拿大海洋网络特别适用于从大量不同海洋参数中收集信息的长期研究。这些长期的数据集在了解气候变化对海洋造成的影响中起关键作用。持续的数据填补了仅由水面舰船零星取样带来的问题，发送到岸上实验室和数据中心的实时数据流使人们能够快速分析自然灾害信息，如地震和海啸。

加拿大海洋网络观测站的所有工作都以确保用户群利益为基础；其观测站非常可靠，科学家可以轻易地将仪器通过电缆连接盒来进行实验，这两点是扩大用户群的主要优点。

该战略计划提出了未来加拿大海洋网络的科学主题和重点问题：了解由人类引起的太平洋东北地区的变化；太平洋东北地区和莎莉西海（Salish Sea）地区的生物；海底、海洋和大气之间的相互联系；海底和沉积物的搬运。

第四节　澳大利亚：发布海洋国家 2025　支撑蓝色经济发展

2009 年 3 月，澳大利亚政府海洋政策科学顾问小组（Ocean Policy Science Advisory Group，OPSAG）发布首个战略性的国家海洋研究和革新框架《一个海洋国家》（A Marine Nation）。报告具体阐述了国家、产业部门以及公众对海洋研究、开发以及创新的需求，建议从国家层面协调海洋科学研究，重点关注以下几个方面的海洋研究与创新问题：探索、发现以及可持续性；观测、认知和预测；海洋产业发展；广泛参与及成果转化。

2013 年 3 月，该小组又发布了《海洋国家 2025：支撑澳大利亚蓝色经济的海洋科学》（Marine Nation 2025：Marine Science to Support Australia's Blue Economy）报告。该报告提供了一个全国性框架，讨论澳大利亚海洋经济面临的一些重大挑战以及海洋科学如何应对这些挑战等问题。澳大利亚的海洋科学能力源于政府资助的研究机构、大专院校和政府部门，由技能、基础设施、关系等组成，如图 1-1 所示。

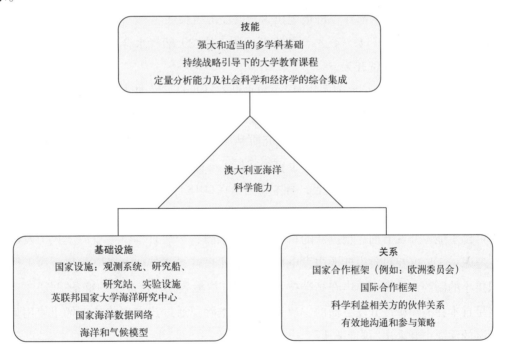

图 1-1　澳大利亚海洋科学能力的组成

报告指出，到 2025 年，海洋产业每年的综合产值将有望达到 1 000 亿澳元，但也面临着巨大挑战。报告从战略角度列出了同时与澳大利亚密切相关的六大全球性挑战：海洋主权和海上安全、能源安全、粮食安全、生物多样化和生态保护、气候变化、资源分配。报告指出：①澳大利亚的经济依赖于海洋运输、贸易、能源、国际交流和食品等，而海上运输、贸易要依靠良好的海上秩序；②澳大利亚海洋研究的两大核心是天然气资源开发和清洁能源改造；③世界人口的增加和生活水平的提高，将进一步加重海产品在世界粮食安全中的分量；④尽管澳大利亚在生物多样性保护上处于领先地位，但许多海域的生物多样性状况仍处于不为人知或知之甚少的阶段；⑤气候变化不仅减弱了海洋自然吸收温室气体的能力，而且海水温度和海平面的上升也严重影响了海洋产业和沿海地区的安全。

第五节　日本：确立海洋经济新方向　实施海洋基本计划

2013 年 4 月，日本内阁正式通过了《海洋基本计划（2013—2017 年）》决议。根据这一基本计划，日本将把振兴海洋产业作为新的经济增长点，官民并举推动海洋资源、能源开发，培育新的海洋技术和海洋经济领域。制定了未来五年的新举措，其中值得关注的资源开发措施有：到 2018 年，完善可燃冰商业化开采技术；2023—2028 年逐步扶持私营企业参与海底热液矿床商业化项目；对锰结核与富钴结壳的资源量与生产技术开展调查研究。

2007 年日本《海洋基本法》正式生效。根据这一基本法，政府负责全面、有计划地实施海洋政策，制订《海洋基本计划》，每五年修订一次，作为日本中期海洋战略的基本指南。根据新的《海洋基本计划（2013—2017 年）》，培育壮大海洋经济被定位为新的经济增长点。

新的《海洋基本计划》将今后数年的海洋能源开发重点放在天然气水合物（可燃冰）开发方面，资源方面的重点是稀土矿的勘探和试开采。

日本将可燃冰视为未来日本的"国产能源"。初步勘查结果显示，日本周边海域可燃冰的天然气潜在蕴藏量相当于日本 100 年的天然气消费量。2013 年 3 月，日本经济产业省宣布，经产省所辖"石油天然气和金属矿物资源机构"和产业技术综合研究所利用"地球"号深海勘探船，成功从日本近海地层蕴藏的可燃冰中分离出甲烷气体，成为世界上首个掌握了海底可燃冰采掘技术的国家。

根据新《海洋基本计划》设定的日程表，日本将力争在 2018 年前为商业开采海底可燃冰确立全套技术基础，并在 2023—2028 年间实现商业化开采。

在海洋可再生能源开发方面，根据新的《海洋基本计划》，今后日本将主攻海上风力发电。主要基于以下几点考虑：①风电在可再生能源中发电成本性能比最佳；②与陆上风电相比，海上风电不受日本国土面积狭小的制约；③海上风电在高端技术和船舶、机械等相关产业上的链条很长。

稀土则是日本在海洋矿产开发方面的主攻目标。日本除了通过技术攻关减少稀土使用量外，还希望从日本近海的深海中开采出"国产稀土"。

2013 年 1 月，日本海洋研究开发机构和东京大学的联合研究团体利用"海岭"号深海调查船，从日本最东端的南鸟岛周边的海底泥中发现高浓度稀土。分析显示，在南鸟岛以南约 200 km 的海底之下 3 m 左右的浅层泥沙中，存在浓度最高达 0.66% 的稀土，这是目前发现的全球浓度最高的有工业利用价值的稀土。

第六节　韩国：发布海洋科学技术(MT)路线图　振兴海洋产业

为实现世界一流国家的国政目标，韩国政府发布海洋科学技术(MT)路线图(2012—2020 年)，系统地推进并支持国家科学技术政策，制定海洋科学技术前景与目标和可实现的海洋科学技术推进战略；通过以海洋为媒介的前沿绿色技术开发，创造新成长动力，提高国民生活质量；建立与韩国国家地位相称的海洋科学技术水平，为气候变化等全球性问题做出国际贡献；提出可实现的海洋科学技术投资指南。

一、展望和目标

2020 年成为世界一流国家，通过海洋研发创造出海洋新产业，2020 年海洋经济附加价值达到 123 万亿韩元。

其中，海洋产业的振兴：海洋产业占 GDP 比重为 7.6%（2007 年为 5.6%），海洋新产业比重达到 2%；应对气候变化和沿岸灾害：国家二氧化碳减排量的 10% 由海洋处理，提前 10 年预测海洋变化，准确率达到 80% 以上；海洋经济领土的维护：构建海洋信息综合系统，保全国内 90% 的有用生物资源，专属经济区内资源探测达到 100%；国民生活质量的提高：对海洋事故的支援提高 20%，对侵蚀海岸的修复(装备)达到 20%。

二、四大重点领域技术目标

海洋产业的振兴：通过开发海洋能源，使新再生能源中海洋能源的比重达到 15%；主导世界海洋装备市场；高性能、亲环境的海洋新原料代替陆上原料；通过新一代船舶技术的开发，主导绿色造船业；通过构建高效率的港湾、物流系统，增强国家基础产业的竞争力。

气候变化和沿岸灾害的应对：通过全球性综合海洋观测系统的构建，扩大对海洋的了解；长短期海洋预报和预测技术的尖端化，提高公共服务水平；通过气候变化的应对和适应技术的开发，预防灾害和减少二氧化碳的排放。

海洋经济领土的确保：通过增强海洋科学力量，维护海洋领土主权；克服资源限制，扩大海外海洋经济领土；为未来极地资源开发做准备，抢占资源并进行价值评估。

生活质量的提高：构造人与环境和谐并存的健康沿岸环境；防治海洋污染，营造纯净无污染的大海；减少海洋事故的发生，保障国民利用海洋的安全性；通过营造良好的海洋空间，丰富海洋休闲文化，扩大海洋利用。

三、重点技术推进战略

(一)通过发掘和抚育海洋新技术，振兴海洋产业

海洋能源：为使海洋能源在新再生能源中所占比重能达到 15%，尽早实现海洋能源开发技术的研

发，对海洋能源复合全套设备技术、海水温差能发电技术、海洋生物能源生产技术进行重点投资。

海洋装备：通过研发高端海洋装备技术，提高海洋科学技术水平，主导世界海洋装备市场。对海洋核心装备的国产化技术、智能水下作业机器人、智能型无人船舶、深海潜水艇、水中广域移动通信技术进行重点投资。

海洋新原料：高性能、亲环境的海洋新原料代替陆上原料。对海水有用物质利用技术、海洋生物新材料技术、浓缩海水技术和海洋生物工程技术进行重点投资。

港湾物流系统：通过构建高效率的港湾、物流系统，提高国家基础产业的竞争力，对风能自给型绿色港湾技术、智能型港湾装卸系统、"U"形海运物流基础技术、具有高强度和耐腐蚀的港湾构造物技术等进行重点投资。

新船舶技术：通过新一代船舶技术的开发，主导绿色造船业。对无碳动力船舶技术、绿色船舶技术、极限环境航行船舶核心技术进行重点投资。

(二)提高应对全球气候变化和海洋灾害的能力

沿岸灾害观测、预报：通过构建准确率高于80%的海洋预报系统，应对地震、海啸等突发灾害。对沿岸灾害管理技术、海洋预报技术、海岸侵蚀防治技术进行重点投资。

全球性气候变化预测与应对：通过全球海洋观测，加强对海洋气候变化的了解，减少海洋利用过程中二氧化碳的排放。对综合海洋气候观测和预测监控技术、二氧化碳海洋集中储藏技术、海洋酸化管理技术进行战略性投资，投资支援极地海洋对朝鲜半岛气候的影响研究。

(三)增强海洋科学力量，强化海洋主权，确保海洋经济领土

海洋领土主权的维护：增强海洋科学力量，维护海洋领土主权。对海洋科学调查、海洋综合观测信息系统和海洋卫星观测信息系统的构建进行重点投资。

海洋资源的先占和海洋经济领土的确保：为了克服资源的限制，对海外海洋资源进行先占，扩大海洋经济领土。对海洋生物资源综合管理技术、深海矿物资源开发技术、极地海域资源利用技术和海外海洋科研基地建设进行重点投资。

(四)以保护环境为前提扩大海洋利用，提高国民的生活质量

营造纯净无污染的海洋：防治海洋污染，营造纯净无污染的大海。对油类、有毒有害物质(HNS)、海洋溢油事故、海洋垃圾、富营养化、有害藻华(HAB)、自然毒素综合收集管理技术进行重点投资。

构建健康的沿岸环境：构造人类与环境和谐并存的健康的海洋生态系统。重点投资海岸和河口湿地保全与修复技术、海洋生态系统综合管理技术、外来入侵物种监测和控制技术。

安全的海洋利用：通过预防海洋事故，确保国民进行海洋使用时的安全。对智能型海洋救助系统、北极海域安全航行技术、全球航海技术(G-Navigation)、差分全球卫星导航系统(DGNSS)和智能航路标记技术进行重点投资。

创造亲水空间和海洋文化：通过营造海洋亲水空间，丰富休闲文化，扩大海洋利用。对绿色超大型海洋构造物技术、海洋休闲装备技术、环境亲和型港湾使用技术、海底文化财产管理技术进行重点投资。

第七节 中国：提高海洋科技创新能力 建设海洋强国

"十二五"期间，我国先后出台了《国家"十二五"海洋科学和技术发展规划纲要》《全国海洋标准化"十二五"发展规划》《全国海洋经济发展"十二五"规划》《国家海洋事业发展"十二五"规划》等多项海洋规划，对我国海洋科技创新能力的提升、海洋经济的发展和海洋强国的建设起到了极大的推动作用。

一、国家"十二五"海洋科学和技术发展规划纲要

2011 年 9 月 16 日，在全国海洋科技大会上，国家海洋局、科技部、教育部和国家自然科学基金委等联合发布了《国家"十二五"海洋科学和技术发展规划纲要》，对我国 2011—2015 年海洋科技发展进行了总体规划。

"十二五"期间海洋科技发展的总体目标：海洋基础研究水平和关键核心技术逐步进入世界先进行列，自主创新能力明显增强，海洋探测及应用研究能力和海洋资源开发利用能力显著增强，海洋综合管理和控制技术水平显著提高，海洋科技资源配置得到进一步优化，海洋科技仪器设备和装备条件显著改善，具有国际影响力的高层次的人才和团队建设取得明显成效，沿海区域科技创新能力显著提升，海洋科技创新体系更加完善，海洋科技对海洋经济的贡献率达到 60% 以上，基本形成海洋科技创新驱动海洋经济和海洋事业可持续发展的能力。

海洋调查实现新跨越，基础研究的原始创新能力增强。重要海域调查实现常态化，近海基本实现透明化，国际海域与极地考察国际竞争能力大幅提升，资源和生态研究实现新突破，基础学科体系得到完善和发展，科技论文数量比"十一五"期间增长 8% 以上，论文影响力显著提高。

海洋开发技术自主化实现大发展，专利申请增长 30% 以上，专利授权增长 35% 以上，技术标准体系进一步完善，科技成果转化率显著提高。前沿海洋技术取得新突破，重大工程装备关键技术产业化取得标志性成果，形成具有自主知识产权的产业技术体系。在沿海地区做大做强一批有影响力的海洋创新型企业，形成若干海洋高技术产业基地和科技兴海基地，不断完善科技兴海技术支撑体系，推动科技成果产业化、业务化进程，为培育和发展海洋战略性新兴产业提供支撑和引领。

海洋环境监测探测技术装备国产化水平显著提高，初步形成深远海环境监测能力，海洋预报技术实现精细化和全球化，海洋短期气候预测水平得到显著提升，对海洋管理、海洋环境安全保障、海洋能力拓展和应对气候变化的支撑服务能力显著增强。

到 2020 年，海洋科技总体水平跻身世界先进行列，基本形成与国民经济和社会发展相适应的海洋科技研究体系及创新人才队伍，基本形成覆盖中国海、邻近海域及全球重要区域的环境服务保障能力，自主创新能力显著增强，科技整体实力满足增强我国海洋能力拓展、支撑海洋事业发展、保护和利用海洋的需要。

"十二五"期间海洋科技发展的重点任务：强化调查探测研究，突破开发关键技术，发展服务保障技术，加强生态保护研究，深化综合管理技术，健全科技创新体系，加强基地平台建设，培养造就创新人才，推动我国海洋科技自主创新发展，培育和支持海洋战略性新兴产业发展。

"十二五"期间海洋科技的重大工程和重大专项：国际海域资源调查与开发研究；南北极环境综合考察；海洋系列业务卫星研制；海洋防灾减灾技术集成与应用；海上试验场建设。

二、全国海洋标准化"十二五"发展规划

2012 年 5 月，国家海洋局和国家标准化管理委员会联合发布了《全国海洋标准化"十二五"发展规划》，明确了"十二五"时期海洋标准化工作的指导思想和发展目标，确定了推进海洋标准化工作又好又快发展的主要任务和保障措施。

发展规划提出"十二五"期间海洋标准化要在实施系统管理，协调标准、数量、速度、质量、效益等要素关系的基础上，实现覆盖全面、保障质量、提升效益的发展目标。围绕这一目标及海洋经济建设和海洋事业发展的重点、热点，该规划确定了将要完成的八项主要任务。

①构建层次分明、系统完善的海洋标准体系。在已有的海洋标准体系基础上，构建和完善海洋经济和海洋规划管理、海洋调查、海洋能利用、海岛开发与保护等 10 个领域的海洋标准体系。②加大海洋标准制修订力度。"十二五"期间，计划在海洋基础通用标准、海洋经济与规划管理、海洋使用管理、海岛开发与保护、海洋环境保护等 18 个领域，制修订 118 项国家标准、361 项行业标准，其中 177 项列为重点项目。③强化标准贯彻实施与监督管理。及时开展宣传贯彻与培训，强化标准实施情况的监督检查，采取多种方式掌握标准的实施情况，建立标准实施效果评估体系。④实施标准化科研创新活动。建立海洋标准与科技创新协同和结合机制，开展重要标准预研、制定和应用。⑤建设全国海洋标准信息服务平台。建立海洋标准发行数据库，研究建立海洋标准制修订信息系统，建设海洋标准化信息发布与交流平台，研究建立海洋标准实施信息平台，建立海洋标准化人才数据库。⑥推进海洋标准国际化进程。开展海洋国际标准和国外先进标准跟踪研究，出版海洋国际标准目录；参与海洋国际标准制修订，积极开展国家间和区域海洋标准化合作，促进在国际标准化组织中成立海洋标准化技术委员会或工作组。⑦引导涉海企事业单位标准化活动。鼓励、引导涉海企事业单位贯彻执行标准化法律法规和海洋国家标准、行业标准，建立自己的业务运行和产品生产标准体系。⑧加强地方海洋标准化工作。推动沿海地方海洋部门将海洋标准化工作纳入地方海洋工作规划和计划，从当地海洋资源条件等领域制定和实施海洋地方标准，开展海洋高技术标准化示范区建设，引导特色优势产业聚集，优化产业布局。

三、全国海洋经济发展"十二五"规划

2012 年 9 月 16 日，国务院发布《全国海洋经济发展"十二五"规划》，作为"十二五"期间我国海洋经济发展的行动纲领。

"十二五"时期全国海洋经济发展的主要目标如下（表 1-1）。

（1）海洋经济总体实力进一步提升。海洋经济平稳较快发展，海洋经济增长质量和效益明显提高。海洋生产总值年均增长 8%，2015 年占国内生产总值的比重达到 10%。海洋经济对就业的拉动作用进一步增强，新增涉海就业人员 260 万人。

（2）海洋科技创新能力进一步加强。海洋领域研究与试验发展经费占海洋生产总值比重稳步提升。

2015 年，海洋科技成果转化率达到 50% 以上，海洋科技对海洋经济的贡献率达到 60% 以上。

（3）海洋可持续发展能力进一步增强。海洋资源节约集约利用程度进一步提高，海洋环境恶化趋势得到有效遏制，氮、磷等主要入海污染物排放总量得到初步控制，近岸海域水质总体保持稳定。长江、黄河、珠江等重要河流入海口和渤海等重点海域的水质有所改善。新建各级各类海洋保护区 80 个，2015 年海洋保护区面积占管辖海域面积的比重达到 3%。海洋防灾减灾能力显著增强。

（4）海洋产业结构进一步优化。海洋传统产业升级加快；海洋新兴产业实现突破性进展，2015 年增加值较"十一五"期末翻一番，占海洋生产总值比重超过 3%；海洋服务业增加值年均增长 9%，在海洋生产总值中的比重继续提高。

（5）海洋经济调控体系进一步完善。海洋经济的政策指导和调节能力不断增强，监测与评估能力逐步提升，标准制度日益健全，对外开放水平明显提高，综合管理体制与协调机制进一步完善。

到 2020 年，我国海洋经济综合实力显著提高，海洋经济发展空间不断拓展，海洋产业布局更为合理，对沿海地区经济的辐射带动能力进一步增强，海洋资源节约集约利用水平明显提高，海洋生态环境得到持续改善，海洋可持续发展能力不断提升，沿海居民生活更加舒适安全。

表 1-1 "十二五"期间海洋经济发展主要预期指标

	指标名称	2010 年	2015 年	年均增长
经济发展	海洋生产总值年均增长/（%）			8
	海洋生产总值占国内生产总值的比重/（%）	9.9	10	
	新增涉海就业人员/万人		260*	52
科技创新	海洋研究与试验发展经费占海洋生产总值比重/（%）	1.48	2	
	海洋科技成果转化率/（%）		>50	
	海洋科技对海洋经济的贡献率/（%）	54.5	>60	
结构调整	海洋新兴产业增加值占海洋生产总值比重/（%）	1.6	>3	
	海洋服务业增加值年均增长速度/（%）			9
环境保护	新建各级各类海洋保护区/个		80*	16
	海洋保护区面积占管辖海域面积的比重/（%）	1.1	3	

注：* 为 5 年累计数。

四、国家海洋事业发展"十二五"规划

2013 年 1 月，国务院批准了《国家海洋事业发展"十二五"规划》，并由国家发展和改革委、国土资源部和国家海洋局联合印发实施。

"十二五"时期，我国海洋事业发展的目标如下。

（1）海洋综合管理能力稳步提高。海洋综合管理体制机制进一步完善，涉海法律法规和政策日益健全，海洋联合执法力度不断加大。海域、海岛、海洋环境、交通运输、渔业管理更为规范有力，海洋经济监测公报与评估制度有效执行，海洋综合管理调控手段明显加强。

(2)海洋可持续发展能力显著增强。海洋环境恶化趋势得到遏制,主要入海污染物排放总量得到有效控制,近岸海域水质总体保持稳定,重点近岸海域水质有所改善。海洋保护区占管辖海域面积的比例由 2010 年的 1.1% 提升到 2015 年的 3%,大陆自然岸线保有率不低于 36%。

(3)海洋公共服务能力明显优化。海洋灾害监测预报预警水平提高,风暴潮灾害警报提前 12 h 发布,海啸灾害警报在海底地震发生后 30 min 内发布。海洋防灾减灾体系逐步完善,新建 89 个海洋观测站,建成 3 个大型海上综合观测平台,志愿船不低于 400 艘。海洋调查与测绘、海洋信息、海洋标准计量等公共服务能力显著提高。出海边防检查和海上治安管理服务能力不断增强。海上人命救助有效率稳步提升。

(4)海洋巡航执法能力不断强化。管辖海域维权巡航执法时空覆盖率进一步提升,应对海上侵权事件及其他违法行为的应急反应和现场处置能力明显提高,参与维护国际重点海域和海上战略通道安全的保障能力得到强化。

(5)海洋科技创新能力大幅提升。我国海洋基础研究水平进入世界先进行列,海洋前瞻性和关键性技术研发能力显著增强。深海油气开发、深海资源勘探技术的自主研发能力取得实质性突破,海上风能工程装备、海水淡化和综合利用装备实现大规模产业化,海水淡化原材料、装备制造自主创新率达到 70% 以上,对海岛新增供水量的贡献率达到 50% 以上,对沿海缺水地区新增工业供水量的贡献率达到 15% 以上。海洋科技对海洋经济的贡献率达到 60%。海洋事业从业人员中本科及以上学历比例达到 55%,以重大海洋科技项目或工程为依托,培养 100 名左右具有国际水平的海洋科学与技术领军人才。

到 2020 年,海洋事业发展的总体目标:海洋科技自主创新能力和产业化水平大幅提升。海洋开发布局全面优化,海域利用集约化程度不断提高。陆源污染得到有效治理,近海生态环境恶化趋势得到根本扭转,海洋生物多样性下降趋势得到基本遏制。海洋经济宏观调控的有效性和针对性显著增强,海洋综合管理体系趋于完善,海洋事务统筹协调、快速应对、公共服务能力显著增强。参与国际海洋事务的能力和影响力显著提高,国际海域与极地科学考察活动不断拓展。全社会海洋意识普遍增强,海洋法律法规体系日益健全。国家海洋权益、海洋安全得到有效维护和保障,海洋强国战略阶段性目标得以实现。

五、全国海洋观测网规划(2014—2020 年)

2014 年 12 月,经国务院同意,国家海洋局印发了《全国海洋观测网规划(2014—2020 年)》。建设海洋观测网是提高我国海洋综合实力、实施海洋强国战略的一项重要基础工作,对于促进海洋科学研究、提高海上突发事件应急响应能力、保障和促进沿海地区经济社会发展、维护国家海洋权益具有重要作用。

全国海洋观测网由基本海洋观测网和专业海洋观测网组成。其中,基本海洋观测网包括国家基本海洋观测网和地方基本海洋观测网。海洋观测网的覆盖范围包括我国近岸、近海和中远海以及全球大洋和极地重点区域,按岸基、离岸、大洋和极地分布。

到 2020 年,建成以国家基本观测网为骨干、地方基本观测网和其他行业专业观测网为补充的海洋综合观测网络，覆盖范围由近岸向近海和中远海拓展，由水面向水下和海底延伸，实现岸基观测、离岸观测、大洋和极地观测的有机结合，初步形成海洋环境立体观测能力。建立与完善海洋观测网综合保障体系和数据资源共享机制，进一步提升海洋观测网运行管理与服务水平。基本满足海洋防灾减灾、海洋经济发展、海洋权益维护等方面的需求。

为实现发展目标，提出了建设海洋观测网的 4 项主要任务：①强化岸基观测能力，包括加强岸基海洋观测站(点)、岸基雷达站、海啸预警观测台建设。②提升离岸观测能力，包括浮(潜)标、标准断面调查、海上观测平台、海上志愿观测平台和志愿观测船、海底观测系统、卫星观测系统的设置和运行。③开展大洋和极地观测；④建设综合保障系统。

第二章
海洋遥感技术

随着航空航天技术及遥感传感器技术的飞速发展，海洋遥感技术已成为全球海洋环境观测体系中最主要的观测手段之一，并扮演着越来越重要的角色。

卫星是目前最主要的遥感观测平台。海洋卫星遥感观测的主要载荷包括海洋水色成像仪、红外成像仪、微波辐射计、微波散射计、雷达高度计和合成孔径雷达等。海洋卫星从功能上一般可以分为两类，即海洋光学遥感卫星和海洋微波遥感卫星。也有一些卫星属于综合观测型海洋卫星，即同时具备海洋光学遥感和微波遥感观测能力，如欧洲航天局（European Space Agency，ESA，简称"欧空局"）发射的 Envisat 卫星。海洋光学卫星主要用于探测海洋光学参数，如叶绿素浓度、悬浮泥沙含量、有色可溶有机物、海面温度等水质与生态环境信息，此外也可获得浅海水下地形、海冰、海水污染等海洋环境信息。海洋微波遥感卫星主要用于获得海面风场、海面高度场、浪场、海洋重力场、大洋环流和海表温度场等海洋动力环境参数。

目前，海洋遥感观测已经可以为海域管理、海洋权益维护、军事保障、资源调查、环境监测和灾害预测等方面工作提供有效保障，海洋遥感观测的应用领域也获得了较大拓展。海洋遥感观测与现场观测相结合，能够组成立体的、完整的、可靠的海洋环境观测系统。由此，海洋遥感技术已成为海洋观测系统中不可或缺的重要一环。

本章将介绍海洋遥感技术的最新发展以及遥感在海洋观测领域的应用情况，重点介绍海洋光学遥感和微波遥感技术及其应用进展。

第一节　海洋卫星遥感观测计划

由于海洋卫星遥感能够快速、直观、全面地获取海洋环境信息，世界各国特别是航天大国，争相发展海洋遥感观测技术，并制订了较为长远的海洋卫星遥感观测计划。

一、国外发展现状

国外海洋卫星遥感观测系统比较发达的国家（或机构）主要包括美国、欧洲航天局、俄罗斯、日本、印度、韩国等。

（一）美国海洋卫星遥感观测计划

美国作为世界航天强国，一直将海洋遥感作为其实施全球战略和保持全球领先的重要技术手段，并从战略高度将空间系统作为其保障国家安全的核心基石。根据其 2010 年发布的《国家航天政策》，2011 年发布的《国家安全空间战略》，2012 年发布的《国防部空间政策》，对地观测系统是美国航天领域的主要发展方向，相关政策及国家战略要求其遥感观测技术必须具备在全球范围内的近实时监测能力。

美国民用对地观测系统主要承担宽幅成像和地球科学观测任务。美国航空航天局(National Aeronautics and Space Administration，NASA)发起的"对地观测系统"(Earth Observing System，EOS)，就是一项由欧空局、日本、加拿大等多国空间机构参与的大型对地观测计划。该计划时间跨度 20 年，是目前国际上最宏大的跨世纪对地观测计划，通过对大气圈、水圈、岩石圈、生物圈、土壤圈、冰冻圈和人类圈七大圈层进行综合观测，满足对地球进行一体化、系统综合观测的需要。

1. 美国新型光学海洋遥感卫星

雨云 - 7 卫星携带的海洋水色扫描仪(Coastal Zone Color Scanner，CZCS)通常被认为是第一代水色成像仪，海洋观测宽视场遥感器(Sea - Viewing Wide Field - of - View Sensor，SeaWiFS)为第二代，中分辨率成像光谱仪(Moderate - resolution imaging spectra - radiometer，MODIS)为第三代。

MODIS 是至今应用时间最长，使用最为广泛的光学遥感载荷。该光谱仪有 36 个通道，其分辨率为 250 m、500 m、1 km。美国于 1999 年 12 月和 2002 年 5 月发射的 Terra("土")卫星和 Aqua("水")卫星均携带了 MODIS，这两颗卫星也是 EOS 的重要组成部分。

按计划，美国将于 2020 年发射"气溶胶、云和生态学"先导星(Pre - Aerosol，Clouds，and ocean Ecosystem，PACE)，该卫星将搭载更先进的海洋水色成像仪(Ocean Color Imager，OCI)。随后发射的"气溶胶、云和生态学"(Aerosol - Cloud - Ecosystems，ACE)卫星也将携带 OCI。2020 年后，美国计划发射"沿海和空气污染地球静止卫星探测项目"(Geostationary Coastal and Air Pollution Events，GEO - CAPE)卫星，该卫星具有 300 m 的空间分辨率，可用于海洋水色观测。

2. 美国新型海洋微波遥感卫星

2011 年，美国发射了与阿根廷合作开发的科学应用卫星 - D(西班牙语：Satelite de Aplicaciones Cientificas - D，意指 Satellite for Scientific Applications - D，SAC - D)，其"宝瓶座"(Aquarius)载荷由美国航空航天局下属喷气推进实验室(Jet Propulsion Laboratory，JPL)研制，它由工作在 1.413 GHz 的 L 频段推扫式偏振微波辐射计和工作在 1.26 GHz 的散射计组成，用于探测海表盐度。由于在 1.4 GHz 的 L 频段，海水盐度的变化与海面亮温有很好的相关性，国际上统一认为应将该频率作为盐度遥感的首选频段。它的探测原理是应用微波辐射计观测海水的亮温，再通过亮温与盐度的关系应用算法进行盐度反演，由此可以从微波辐射计得到的亮温数据中反演出海水的盐度。散射计的主要作用是对辐射计进行校正。

此外，美国计划在 2016 年后发射"地表水与海洋地形"(Surface Water and Ocean Topography，SWOT)卫星，该卫星采用干涉合成孔径雷达和常规高度计相结合的方式，设计观测幅宽 120 km，测高精度 2 cm，可获得高时空分辨率海面高度数据。

(二)欧洲海洋卫星遥感观测计划及其进展

欧洲海洋遥感观测技术近年来获得较大发展。2012 年 12 月 11 日，欧洲委员会副主席兼企业与工业委员安东尼奥·塔亚尼（Antonio Tajani）在欧盟竞争理事会会议上宣布将全球环境与安全监测计划（Global Monitoring for Environment and Security，GMES）更名为"哥白尼（Copernicus）计划"，以提高公众对地球观测计划的认知。

GMES 是由欧盟领导、欧洲多国共同参与建造的一体化综合对地观测系统。该系统将实现环境与安全的实时动态监测，相关数据可为政府决策提供依据，以帮助政府制定环境法案，或应对自然灾害和人道主义危机等紧急状况。GMES 的主要贡献在于能源、可持续发展、农业、生态系统、健康、应急管理等领域，可以为绿色经济、监测气候变化提供科学数据支持，是继"伽利略计划"之后又一个以著名科学家命名的重大科技发展计划。

早在 2009 年，欧空局就发布了《哥白尼系统"哨兵"数据政策的联合原则》，阐述了"哨兵"系列专用卫星任务的数据政策和执行计划。2010 年，欧洲委员会批准了《基于"哨兵"卫星数据"全面、公开获取"原则的哥白尼数据政策决议》，以推动"哨兵"卫星数据使用和服务开发。而且，欧洲授权法案中"哥白尼计划"数据与信息政策也即将生效，这将更好地推动公众对"哨兵"系列卫星数据的免费、全面和公开访问，从而进一步带动"哨兵"系列卫星的发展，并发挥该系列卫星的强大潜在效益。

2013 年 3 月，欧洲各国领导人同意在 2014—2020 年多年度财政框架（Multiannual Financial Framework，MFF）内纳入"哥白尼计划"（GMES），MFF 将分配给"哥白尼计划"37.86 亿欧元，包括 GMES 服务、原位组件（陆海空传感器网络）、太空组件，以确保对该计划长期运行阶段的投资。到 2030 年，GMES 将在欧洲提供 8.3 万个就业机会；GMES 每 1 欧元投资可产生 4 欧元回报。新增资金用于 GMES 太空部分的工作，包括开发"哨兵"卫星和仪器。

"哨兵"（Sentinel）系列卫星作为"哥白尼计划"空间部分的重要组成部分，预计将发射 5 组卫星星座和 1 颗 Sentinel - 5 的先导星——Sentinel - 5P 以及 1 颗 Sentinel - 6 卫星组成的哨兵系列卫星。每组 Sentinel 卫星星座均由 2 颗卫星组成，Sentinel 系列卫星涵盖了雷达、成像光谱仪等多种主被动遥感器，可以满足高重复周期、大覆盖范围的多种业务化观测需求，其目的主要是帮助欧洲进行海洋、陆地、大气环境的监测并满足其安全的需求，主要将用来观测陆地、海洋和冰层的近实时环境，同时期望能够为应对全球气候变化以及自然灾害的应急响应提供帮助，预计运行时间为 15 ~ 20 年。

Sentinel - 1 是搭载 C 波段合成孔径雷达的极轨卫星（图 2 - 1），设计寿命 7.25 年，燃料可维持寿命 12 年。"Sentinel - 1A"卫星已经于 2014 年 4 月 3 日在圭亚那航天中心由联盟号运载火箭发射成功，第二颗卫星"Sentinel - 1B"也将于 2015 年发射，两颗卫星协同工作，将进一步增强重访能力，提高对地观测的覆盖率及可靠性。Sentinel - 1 卫星采用太阳同步轨道，轨道高度 693 km，倾角 98.18°，轨道周期 99 min，重访周期 12 d。

图 2 - 1 Sentinel - 1 卫星外观模拟

Sentinel - 2A、Sentinel - 2B 卫星(图 2 - 2)将运行在高度 786 km、倾角 98.5°的太阳同步轨道上。该卫星将搭载多光谱成像光谱仪(MultiSpectral Imager，MSI)传感器，该传感器工作谱段为可见光、近红外和短波红外，共分配 13 个波段，根据卫星轨道设计情况，单颗卫星每 10 天更新一次全球陆地表面成像数据，2 颗卫星的重访周期为 5 d，该卫星设计寿命为 7 年，尺寸为 3 400 mm × 1 800 mm × 2 350 mm，质量约 1 000 kg，卫星预计 2015 年发射。主要参数参见表 2 - 1。

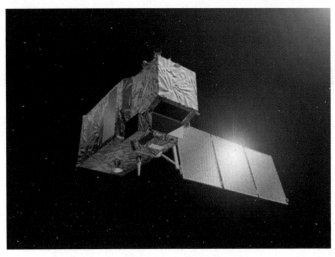

图 2 - 2　Sentinel - 2 卫星外观模拟

表 2 - 1　Sentinel - 2 卫星多光谱成像仪技术参数

参数	指标
光谱范围/μm	0.4 ~ 2.4(可见光、近红外、短波红外)
望远镜镜面尺寸/mm	440 × 190(M1)、145 × 118(M2)、550 × 285(M3)
空间分辨率/m	10(4 个谱段)、20(6 个谱段)、60(3 个谱段)
幅宽/km	290
视场/(°)	20.6
质量/kg	< 275
功率/W	266
数据传输率/(Mbit/s)	450

该卫星能够提供高分辨率对地观测，不仅延续了 SPOT 和 Landsat 卫星的观测数据，还可用于紧急救援服务。由于该卫星具有高分辨率和高重访率，可实现对全球陆地、海洋的有效监测，因此其数据的连续性更强。

Sentinel - 3 是全球海洋和陆地监测卫星，主要用于全球陆地、海洋和大气环境监测，包括 Sentinel - 3A 和 Sentinel - 3B 两颗同型卫星，可在 2 d 内实现全球覆盖，3 h 内交付实时卫星产品(图 2 - 3 和表 2 - 2)。首颗 Sentinel - 3 卫星计划于 2015 年发射。Sentinel - 3 卫星将运行在高度 814 km、倾角 98.6°的太阳同步轨道上，设计寿命 7.5 年。

该型卫星携带的有效载荷包括光学仪器和地形学仪器，光学仪器包括海洋和陆地彩色成像光谱仪(Ocean Land Colour Instrument，OLCI)与海洋和陆地表面温度辐射计(Sea and Land Surface Temperature Radiometer，SLSTR)，提供地球表面的近实时测量数据；地形学仪器包括合成孔径雷达高度计(Synthetic Aperture Radar Altimeter，SRAL)、微波辐射计(MicroWave Radiometer，MWR)和精确定轨(Precise Orbit Determination，POD)系统，提供高精度地球表面(尤其是海洋表面)测高数据。

图2-3 Sentinel-3卫星外观模拟

海洋和陆地彩色成像光谱仪(OLCI)是一种中分辨率线阵推扫成像光谱仪,质量约150 kg,幅宽为1 300 km,视场68.5°,海洋上空的分辨率为1.2 km,沿海区和陆地上空的分辨率为0.3 km。海洋和陆地表面温度辐射计(SLSTR)质量为90 kg,工作在可见光和红外谱段,幅宽为750 km,热红外通道的分辨率为1 km(天底点),可见光和短波红外通道的分辨率为500 m。合成孔径雷达高度计(SRAL)是地形学有效载荷的核心仪器,这是一台双频(C频段和Ku频段)高度计,质量约为60 kg,提供地表高度、海浪高度和海风速度等数据;其雷达采用线性调频脉冲,地表高度测量的主频率是Ku频段(13.575 GHz,带宽350 MHz),C频段(5.41 GHz,带宽320 MHz)用于电离层修正,两个频段的脉冲持续时间为50 ms。该高度计有低分辨率模式(LRM)和合成孔径雷达模式(SAR)两种(参见表2-2)。

表2-2 Sentinel-3合成孔径雷达高度计两种雷达模式技术参数

参数	低分辨率模式	合成孔径雷达模式
功率/W	87	99
数据传输率/(Mbit/s)	0.1	12
探测表面类型	海洋、冰盖中部	沿海区、海冰、冰盖边缘、河流及湖泊

Sentinel-3卫星将用于海洋和全球环境监测服务,其测量数据也将用于对全球/区域数值预报模式。该卫星延续Envisat卫星对海洋和陆地的观测能力,将实现业务化方式下的海洋、海冰和陆地表面的地形拓扑,海洋和陆地表面辐射/反射、水色数据和大气观测数据的获取。

该卫星主要应用范围包括:①海洋和陆地颜色观测,保持"环境卫星"星载中分辨率成像光谱仪(MEdium Resolution Imaging Spectrometer,MERIS)数据的连续性;②海洋和陆地温度观测,保持"环境卫星"星载先进跟踪扫描辐射计(Advanced Along-Track Scanning Radiometer,AATSR)数据的连续性;③海表和陆地冰监测,保持"环境卫星"星载高度计数据的连续性;④海岸带、内陆水和海冰地形的沿轨合成孔径雷达观测;⑤光学仪器数据的融合,生成植被产品。

Sentinel-4载荷为一台紫外-可见光-近红外(Ultra violet,Visible and Near infrared,UVN)扫描光谱仪,质量162 kg,寿命约8.5年,将安装在欧洲第三代气象卫星—S(Meteosat Third Generation-Sounding,MTG-S)上。该载荷覆盖紫外(305~400 nm)、可见光(400~500 nm)和近红外谱段(750~775 nm),空间分辨率8 km,光谱分辨率0.12~0.5 nm。Sentinel-4将对臭氧、二氧化氮、二氧化硫、

氧化溴、乙二醛、甲醛和气溶胶等进行观测，并且能以高时间分辨率(1 h)对整个欧洲地区的空气质量进行监测和预测，是一个观测大气化学成分的高时空分辨率载荷。首个载有 Sentinel – 4 载荷的 MTG – S 计划于 2018 年发射，定点于 0°经线的静止轨道上(图 2 – 4)。

Sentinel – 5 是一个极轨气象载荷(图 2 – 5)，它将配合 Sentinel – 4 静止轨道气象载荷用于全球实时动态环境监测。首个 Sentinel – 5 载荷计划在 2020 年由第二代"气象业务"卫星[Meteorological Operational (MetOp) satellite]搭载升空。

图 2 – 4　Sentinel – 4 卫星外观模拟

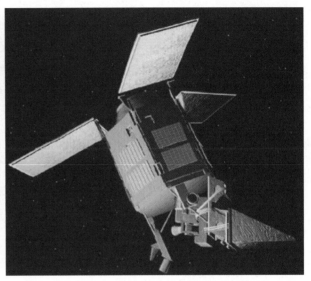

图 2 – 5　Sentinel – 5 卫星外观模拟

同时，为弥补 Envisat 和 Sentinel – 5 载荷在服务时间上的不连续，欧空局将在 2016 年先发射 Sentinel – 5P 卫星。该卫星轨道高度 824 km，倾角 98.742°，重访周期 17 d，设计寿命 7 年。Sentinel – 5 将搭乘欧洲气象卫星组织极地系统[EUMETSAT(European Organi sation for the Exploitation of Meteorological Satellites)Polar System，EPS]的航天器约在 2020 年升空。

Sentinel – 5P 卫星将携带紫外 – 可见 – 近红外 – 短波红外(UV – VIS – NIR – SWIR)推扫式光栅分光计，名为 TROPOMI(TROPOspheric Monitoring Instrument)。该仪器将用于优化光谱分辨率、覆盖范围、空间采样点距、信噪比和高优先频带，能在较高时间分辨率和空间分辨率情况下进行大气化学元素测量，加强无云情况下对流层变化的观测，特别是对臭氧、二氧化氮、二氧化硫、一氧化碳和气溶胶的测量(表 2 – 3 和表 2 – 4)。

表 2 – 3　Sentinel—5P 卫星的性能指标

参数	指标
平台	特定极轨道平台
平台质量/kg	540(最大)
功率/W	1 000(平台平均最大功率)，170(载荷)
载荷质量/kg	200

续表

参数	指标
载荷尺寸/mm	1 400 × 650 × 750
空间分辨率/km	7
光谱范围/nm	270 ~ 495，710 ~ 775，2 314 ~ 2 382
光谱分辨率/nm	0.25 ~ 0.55
辐射测量精度	2%
在轨数据量/Gbit	140

表 2 − 4　Sentinel − 5P 卫星光谱测量参数

谱段	谱段范围/nm	光谱分辨率/nm	光谱采样/nm	空间采样范围/km²	信噪比(SNR)
紫外 1	270 ~ 300	0.5	0.065	21 × 28	100
紫外 2	300 ~ 320	0.5	0.065	7 × 7	100 ~ 1 000
紫外 – 可见光	310 ~ 405	0.55	0.2	7 × 7	1 000 ~ 1 500
可见光	405 ~ 500	0.55	0.2	7 × 7	1 500
近红外 1	675 ~ 725	0.5	0.1	7 × 7	500
近红外 2	725 ~ 775	0.5	0.1	7 × 1.8	100 ~ 500
短波红外	2 305 ~ 2 385	0.25	<0.1	7 × 7	100 ~ 120

Sentinel − 6 将搭载雷达高度计，主要用于测量全球海面高度，并为海洋及气候研究提供支持。

此外，2009 年 11 月，欧空局成功发射了"土壤湿度和海洋盐度"(Soil Moisture Ocean Salinity，SMOS)卫星，该卫星是陆地环境和海洋动力学综合观测类卫星。其有效载荷为综合孔径微波成像辐射计(Microwave Imaging Radiometer with Aperture Synthes，MIRAS)，是典型的二维综合孔径微波辐射计，利用了干涉式综合孔径成像技术，工作在 L 频段(1.4 GHz)，采用 Y 型天线阵列稀疏方案，每根臂长达 4.5 m，整个系统含 69 副天线和接收机单元以及 5 000 个数字相关器，是目前复杂程度最高的综合孔径辐射计系统，其空间分辨率为 35 km，幅宽约 1 000 km。

欧洲十分重视极地海冰的科学研究，2010 年 4 月欧空局成功发射冷卫星 − 2(CryoSat − 2)，该卫星采用雷达高度计测量海洋冰盖厚度变化，尤其是对极地冰层和海洋浮冰进行精确监测，研究全球变暖影响。冷卫星 − 2 主要有效载荷包括合成孔径干涉雷达高度计(SAR/Interferometric Radar Altimeter，SIRAL)，对于极地冰层的平均测高精度为 0.17 cm/a，对于浮冰的平均测高精度为 3.3 cm/a。

为了保持 Envisat 失效后海洋高度数据的连续性，法国航天局(The Centre national d'études spatiales (CNES)，英文为：National Centre for Space Studies)于 2013 年 2 月 25 日成功发射了法国、印度合作研制的"萨拉尔"(Satellite with ARgos and ALtiKa，SARAL)新一代海洋卫星，该卫星的平台由印度研制，星载雷达高度计(AltiKa)由法国研制，是世界上首台 Ka 频段雷达高度计，其工作带宽为 500 MHz，比贾森 − 1、贾森 − 2 等卫星的 Ku/C 频段高度计提高 30%，因此可以提升测高精度。

（三）俄罗斯海洋卫星遥感观测计划及其进展

2012 年 3 月，俄罗斯制定了《2030 年前及未来俄罗斯航天活动发展战略》草案，将航天作为增强全球领导力的优先事项之一，以使俄罗斯具有世界一流的空间技术，巩固其在航天领域的领先地位。该草案是俄罗斯民用航天中长期发展的宏观指导性文件，并制定了"三步走"发展战略：2015 年为恢复阶段，加快卫星系统研制部署，为社会经济、科技和国防领域提供满足数量和质量需求的空间数据；2020 年为巩固阶段，达到世界先进水平，提供世界一流质量要求的空间飞行器和服务；2030 年为突破阶段，实现国际领先，确保各用户对航天活动的需求均得到满足。同年 11 月，俄罗斯联邦政府通过了《2013—2020 年国家航天活动规则》，明确了俄罗斯近期航天活动优先发展方向。

尽管俄罗斯航天目前处于发展低谷，但其仍然将对地观测作为发展重点，并制订了对地观测领域的长期计划——《2020 年对地观测卫星系统发展路线图》。目前，俄罗斯正在构建多系统、多轨道的综合对地观测卫星体系，应用于北极观测、灾害监测、雷达观测、国家测绘、国土资源等多个方面。俄罗斯计划于 2020 年前实现超过 20 颗民用遥感卫星同时在轨运行。

当前，俄罗斯计划发展气象、海洋综合观测卫星星座，其最新一代"流星"（Meteor）极轨气象卫星系列的第三颗为专用的海洋卫星，即流星 - M3。未来还规划了其改进型流星 - MP。

流星 - M3 具备采用主动相控阵天线的多模式雷达（Active Phased Array Antenna，APAA），分辨率 1～500 m，幅宽 10～750 km；还带有 Ku 频段微波散射计，分辨率 25 km，幅宽 1 800 km；4 通道可见光波段沿岸扫描仪，分辨率 80 m，幅宽 800 km；8 通道可见光波段水色扫描仪，分辨率 1 km，幅宽 3 000 km。流星 - M3 预计于 2015 年发射。而其改进型的第一颗，即流星 - MP1 卫星预计在 2016 年发射。

（四）日本海洋卫星遥感观测计划及其进展

日本同样十分重视海洋卫星的发展。2012 年 6 月，日本对《日本独立行政法人宇宙航空研究开发机构设置法》进行了修订，删除了该法中"开发和利用只限于和平目的"的条款，使日本宇宙航空研究发展机构——日本宇航局（Japan Aerospace Exploration Agency，JAXA）具备了发展军事航天系统的合法权利。

2009 年 1 月 23 日，日本成功发射世界上第一颗温室气体观测卫星"IBUKI"（Greenhouse gases Observing SATellite，GOSAT），主要用于测量二氧化碳和甲烷两种主要温室气体的浓度。通过分析 GOSAT 卫星观测数据，可以确定二氧化碳和甲烷的全球分布情况以及这些气体的源和汇随季节、年份和不同地点的变化情况。相关成果将作为最基础的信息来源，有利于建成更好的天气变化预报系统，同时将有助于更深入、更科学地分析理解全球变暖的起因，以便科学应对全球变暖。

2012 年 5 月，日本成功发射了全球变化观测任务 - W1（Global Change Observation Mission - Water 1，GCOM - W1，又称"水珠"卫星）。该卫星主有效载荷为先进微波扫描辐射计 - 2，它是美国航空航天局"水"卫星搭载的先进微波扫描辐射计 - E 的下一代，主要用于观测降雨量、水蒸气、海风及海表温度等。先进微波扫描辐射计 - 2 空间分辨率 15 km，幅宽 1 450 km。

2014 年 5 月 24 日，日本宇航局（JAXA）用 H - ⅡA F24 火箭在 Tanegashima 空间中心成功发射了高级陆地观测卫星-2（Advanced Land Observing Satellite，ALOS-2）。ALOS-2 卫星配备了全球领先的 L 波段 SAR 系统（The Phased Array type L-band Synthetic Aperture Radar，PALSAR-2），能够克服恶劣天气的影响，并拥有较强的植被穿透能力，实现对植被覆盖地区的详细监测。PALSAR-2 的天线面位于卫星的正下方，由于观测时卫星可以左右倾斜，无论左侧还是右侧都可以观测到，观测幅度为 2 320 km，大约是 ALOS 的 3 倍。"扫描模式"实现了比 ALOS/PALSAR 的 350 km 更大的 490 km 的观测范围。在绕地球一周约 100 min 里，有 48 min 的观测时间，这也是 ALOS-2 的优势所在。

ALOS-2 可以选择 3 种类型的观测模式。高分辨率 1 m×3 m 的"聚束模式"（观测范围 25 km），分辨率 3～10 m 的"条带模式"（观测范围 50～70 km）以及分辨率 60～100 m 的"扫描模式"（观测范围 350～490 km）。用户可以根据观测目的选择相应的观测模式。

此外，日本计划发射的全球变化观测任务系列卫星还将搭载第二代全球成像仪（Second generation GLobal Imager，SGLI），用于陆地及海洋水色观测。

（五）印度海洋卫星遥感观测计划及其进展

2012 年 10 月 4 日，印度政府批准了《航天"十二五"规划（2012—2017 年）》，将航天作为提升印度国际地位和竞争力的重要战略领域，并把对地观测卫星作为优先事项和发展重点。该规划指出，未来五年印度计划研制 9 颗对地观测卫星，其中 6 颗为高分辨率卫星，以进一步增强观测能力，保持对地观测数据的连续性。

"海洋卫星"（OceanSat）是印度发展的专用海洋卫星，包括 OceanSat-1、OceanSat-2，用于海洋环境探测，包括测量海面风和海表层温度，观测叶绿素浓度，监控浮游植物增加，研究大气气溶胶和海水中的悬浮、沉淀物，OceanSat-2 还可用于研究季风和中长期天气变化。OceanSat-1 是"印度遥感卫星"（IRS）中首颗用于海洋观测的卫星，之前称为印度遥感卫星-P4，于 1999 年 5 月发射，2010 年 8 月退役，在轨寿命 11 年。OceanSat-2 于 2009 年 9 月发射。前者有效载荷为海洋水色监测仪（Ocean Colour Monitor，OCM）、多频率扫描微波辐射计（Multi-frequency Scanning Microwave Radiometer，MSMR）；后者有效载荷为第二代海洋水色监测仪（Ocean Colour Monitor 2，OCM-2）和扫描散射计。此外，印度还在发展 40 m 分辨率地球静止轨道成像卫星，发展持续的海洋监视卫星能力。

（六）韩国海洋卫星遥感观测计划及其进展

2011 年年底，韩国将航天列入国家战略产业，制定了《第二次航天开发振兴基本计划（2012—2016 年）》，大力支持发展对地观测卫星能力。该计划指出，开发成本相对低廉的中小型对地观测卫星，为进军遥感应用等国际航天市场夯实基础，发展中低分辨率、宽幅的对地观测卫星和监测环境气候变化的卫星星座。韩国计划发射 3 颗高分辨率卫星和 3 颗小卫星，为公共安全和国土管理应用等提供光学、雷达和红外等卫星数据。另外，韩国还将开发静止轨道多用途卫星。

2010 年 6 月，韩国成功发射了第一颗地球静止轨道卫星，即通信、海洋与气象卫星-1（Communication, Ocean and Meteorological Satellite-1，COMS-1），用于朝鲜半岛及周边区域的气象和海洋观测。通过该卫星，韩国可以以最小 8 min 的时间间隔传输气象和海洋观测信息，从而提升气象预报的准确度和海洋资源的利用效率。该卫星搭载了法国、韩国合作研制的地球静止海洋水色成像仪（Geostationary Ocean Color Imager，GOCI），其空间分辨率为 500 m，幅宽 2 500 km，谱段为 400 ~ 900 nm。该成像仪可监测朝鲜半岛周边海洋环境和海洋生态，还提供海岸带资源管理和渔业信息等。地球静止海洋水色成像仪是世界首个静止轨道海洋水色遥感器。未来，韩国还将发射 COMS - 2，搭载空间分辨率为 250 m 的改进型地球静止海洋水色成像仪。

2014 年 8 月 22 日，韩国发射了"阿里郎"- 5（Kompsat - 5）卫星，这是韩国发射的第一颗合成孔径雷达的卫星，主要用于管理陆地和海洋，监测灾害与环境，帮助韩国建立地理信息系统。

此外，2015 年 3 月 25 日，韩国发射 Kompsat - 3A 地球观测卫星，该卫星是韩国第一颗携带红外线雷达的卫星，可探测地球表面和地下的温度变化，这使得韩国具备一定的监测地下活动的能力，例如火山和地震。

另据报道，韩国 LIG Next1 公司和空客防务与航天德国公司签署了共同建造韩国多用途实用卫星"阿里郎"- 6（Kompsat - 6）对地观测卫星高分辨率成像雷达载荷的协议。"阿里郎"- 6 雷达成像卫星在聚束模式下分辨率可达 1 m。该卫星计划于 2019 年发射升空，用以替代"阿里郎"- 5 卫星。

二、国内发展现状

我国政府十分重视海洋卫星和卫星海洋遥感应用的发展，早在 2000 年《中国的航天》白皮书中就将海洋卫星列为"我国长期稳定运行的卫星对地观测体系"四大组成部分之一。在"十五""十一五""十二五"三个五年计划期间，海洋卫星遥感观测系统有了长足的发展。

（一）海洋系列卫星概况

海洋系列卫星主要包括 HY - 1、HY - 2、HY - 3 三个序列，HY - 1 为海洋水色卫星，HY - 2 为海洋动力环境卫星，HY - 3 为多模式合成孔径雷达卫星。HY - 1 系列卫星将在本章第二节详细介绍，HY - 3 卫星将在第三节做详细介绍。以下将对近年发射的搭载多种传感器的 HY - 2 卫星情况做概要介绍。

（二）地面基础设施

在"十五"至"十二五"期间，海洋卫星地面应用系统基础能力建设也有了较大发展，建立了包括接收、处理、存档分发、定标检验、运控、通信、应用功能的地面应用系统；在北京、三亚、牡丹江、杭州建立了 4 个接收站，接收范围覆盖中国全部海域及周边国家海域，最南可到赤道以南 6°以上（覆盖马六甲海峡）。

（三）我国近年发射的海洋遥感卫星——HY - 2A

"十一五"期间，主要完成了 HY - 2 卫星系列中的第一颗——HY - 2A 卫星的相关工作，该卫星于 2007 年立项，2011 年 8 月 16 日发射，并已于 2012 年 3 月正式交付国家海洋局。卫星上配置有微波散射计、雷达高度计、扫描及校正微波辐射计、DORIS、双频 GPS 和激光测距仪。

卫星轨道为太阳同步轨道，倾角 99.34°，降交点地方时为 6：00，卫星在寿命前期采用重复周期为 14 d 的回归冻结轨道，高度 971 km，周期为 104.46 min，每天运行 13 + 11/14 圈；在寿命后期采用重复周期为 168 d 的回归轨道。卫星设计寿命为 3 年；卫星尺寸 8.56 m × 4.55 m × 3.185 m，质量不大于 1 575 kg；三轴指向精度小于 0.1°，姿态稳定度每秒小于 0.003°，测量精度小于 0.03°；卫星输出功率 1 550 W；数传系统下行为 X 频段，下行码速率 20 Mbit/s，卫星上存储记录器容量 120 GB。

该卫星可以全天候、全天时获得全球大尺度的海面风场、浪场、高度场、海洋重力场、大洋环流和海表温度场等海洋参数，对于提高海洋环境数值预报、海洋灾害的实况监视以及全球气候变化研究等工作都有重要意义。该卫星有效填补了中国实时获取海洋动力环境要素的空白，极大地提高了灾害性海况预报和预警水平。后续 HY – 2B 海洋动力环境卫星将在"十三五"期间立项发射，搭载与 HY – 2A 相似的微波遥感器。

国家海洋局利用海洋系列遥感卫星在海洋生物资源调查、海洋环境监测等领域开展了广泛的应用，并取得了可喜的成果。

三、发展趋势

海洋遥感技术目前已经成为认识、研究、开发、利用、管理海洋不可替代的高技术手段。世界主要空间技术强国为加强对海洋的管理与控制，均加大了在海洋遥感技术方面的投入。考虑到海洋的广域性、连通性、时变性及复杂性，相应的海洋遥感观测系统也呈现出以下发展趋势。

(1)各国卫星观测系统均有组网观测的发展趋势。由于单颗卫星的完全重访周期过长，同型卫星在太空组成卫星星座实现组网观测，不仅可以大大缩短观测周期，还可以降低单颗卫星的研发成本，并保持针对特定海洋环境参数的观测连续性。

(2)海洋环境要素的遥感观测能力日益增强。随着遥感传感器技术的发展，目前可以观测的海洋环境要素已从 20 世纪的水色、海面风场、海面波浪谱、浅海地形、内波、温度等参数拓展到海流、精细化海面高程、盐度、二氧化碳分布等海洋环境要素。

(3)遥感观测分辨率大幅提升。海洋遥感在时间分辨率、空间分辨率、光谱分辨率和辐射分辨率方面都有了较大提升，使人类对海洋全貌及其动态的观测能力获得了前所未有的提高，由此将带来遥感观测数据的爆发式增长。

同时也应注意到，海洋遥感存在的主要问题是遥感观测的时效性无法满足需求。光学遥感应急能力不足，而微波遥感观测密度不足，部分传感器成像机理问题尚未完全解决。对于海面风场、浪场、潮汐、风暴潮、溢油、漂浮海冰等这些变化快、覆盖广，对全天候、全天时观测要求高的遥感应用，目前海洋卫星系统尚难以完全满足观测要求。

此外，我国卫星遥感技术虽然获得长足发展，但相较于国际先进水平还有较大差距，主要表现在三个方面：①由于制造工艺水平、高端材料研究、核心组件设计技术等方面的差距仍然较大，造成我国卫星传感器总体性能指标仍与国际先进国家存在一定差距；②民用高分辨率卫星数量不足，观测密度和观测覆盖度不能充分满足海洋环境应急监测、海上救援应急响应的需求；③新型载荷技术，如盐度卫星、二氧化碳监测卫星、干涉 SAR 卫星等，发展速度与发达国家相比明显滞后。

第二节　海洋光学遥感技术

海洋光学遥感利用卫星或航空遥感器获取的海洋光谱辐射信号，经一系列数据处理获得海洋光学性质、海洋水色组分以及生态环境等信息。海洋水色遥感可提取的主要参数包括：水体漫（射）衰减系数、水体总光束吸收系数和各组分吸收系数、颗粒物后向散射系数，浮游植物色素浓度和粒径、悬浮颗粒物浓度和粒径、有色溶解有机物浓度、透明度、浅水区水深和底质、真光层深度等。

由于海水在可见光近红外波段的反射率远低于陆地目标，因此海洋水色遥感卫星器的信噪比和灵敏度一般要求高于陆地卫星数倍。海洋卫星需要细分波段，波段多而带宽窄。以中分辨率成像光谱仪（MODerate – resolution Imaging Spectroradiometer，MODIS）为例，其波段宽度为 10 ~ 15 nm，而业务型陆地成像仪的波段宽度为 20 ~ 200 nm。因此，海洋卫星光学载荷在性能指标方面的要求更高。

目前，海洋光学遥感已成为海洋环境监测、海岸带管理、海洋生态系统研究以及海洋预报、海洋安全等领域的重要手段，是全球观测系统中不可或缺的组成部分。然而，光学遥感的发展仍面临巨大的挑战，尤其是在近岸复杂水体环境中的应用。本文总结国际、国内海洋光学遥感发展现状，从光学遥感传感器技术、辐射定标与检验、大气校正算法、生物光学算法开发、海洋光学遥感应用 5 个方面对海洋光学遥感关键技术进展情况进行阐述。

一、国外发展现状

(一)光学遥感传感器

1978 年，美国国家航空与航天局（NASA）发射的雨云卫星搭载了全球首个用于海洋水色观测的传感器——海岸带水色扫描仪（Coastal Zone Color Scanner，CZCS）。在卫星运行的 7 年间，CZCS 获取了大量的海洋水色观测资料，证明了卫星水色遥感探测的技术可行性，开创了海洋水色卫星遥感时代，为后续的发展积累了宝贵经验和教训。

1986 年，CZCS 停止运行，在随后的 10 年间，印度、日本、美国、韩国、欧洲和中国等国家和地区积极推动各自的海洋水色卫星计划的立项和实施，海洋水色卫星随之进入了大发展的时期。各国陆续发射了多颗海洋水色卫星，极大地推动了海洋水色遥感的发展。1997 年 9 月，美国 NASA 发射了水色卫星 Orbview – 2，其上搭载了宽视场水色扫描仪（Sea – Viewing Wide Field – of – View Sensor，Sea-WiFS）。SeaWiFS 的波段设置吸取了 CZCS 的经验教训，波段数由原来的 5 个增加到 8 个，其中 2 个近红外波段专用于大气校正，新增的 412 nm 波段可辅助用于浮游植物和黄色物质的区分。为了提高水色探测的准确性，SeaWiFS 配备了星上太阳定标和月亮定标两种在轨定标系统，研制了海洋光学浮标用于系统替代定标。SeaWiFS 将海洋水色卫星的发展提升到了一个新的高度，具有里程碑式的意义和地位，也为后续海洋卫星的发展提供了参考和借鉴。

另一个具有代表性的海洋光学遥感器是中分辨率成像光谱仪 MODIS。它同时搭载在 EOS – Terra 和 EOS – Aqua 卫星上，于 1999 年 12 月和 2002 年 5 月由美国 NASA 发射。EOS – Terra 和 EOS – Aqua 组网观测，大大增强了卫星的观测覆盖率，缩短了重复周期。与以往的卫星传感器相比，MODIS 最大的特点是波段较多，其在 400 nm（可见光）到 14 400 nm（热红外）范围内设有 36 个波段，可用于大气、海洋、陆地等的综合探测，其中有 9 个波段专用于水色遥感，光谱范围为 405～877 nm，空间分辨率约 1 km。MODIS 与 SeaWiFS 在遥感器定标、卫星数据处理等诸多方面具有较好的一致性，卫星资料在全球范围内得到了广泛应用。

目前，各国重点关注新一代海洋水色传感器，主要有可见光红外成像辐射仪（Visible Infrared Imaging Radiometer Suite，VIIRS）、地球静止海洋水色成像仪（Geostationary Ocean Color Imager，GOCI）、海洋和陆地彩色成像光谱仪（Ocean Land Colour Instrument，OLCI）、第二代海洋水色监视仪（Ocean Colour Monitor 2，OCM－2）、第二代全球成像仪（Second generation GLobal Imager，SGLI）、近海高光谱水色成像仪（Hyperspectral Imager for the Coastal Ocean，HICO）等，这些传感器的性能有了更显著的提高，对遥感资料的定量化处理和应用提出了更高的期望。

极轨海洋光学卫星的代表是 VIIRS，VIIRS 是替代 MODIS 的传感器，搭载在美国国家极轨业务环境卫星系统预备计划 NPP 及美国国家极轨业务环境卫星系统计划 NPOESS 卫星上。VIIRS 是在 MODIS 的基础上发展起来的，其水色遥感功能与 MODIS 相仿，7 个水色波段，分辨率为 800 m，全部分布在可见光与近红外波段。

静止海洋水色卫星的代表是 GOCI，GOCI 是世界上首个搭载在地球静止轨道上的海洋水色遥感器，地面分辨率为 500 m，时间分辨率为 1 h，在同一天内对同一区域进行多次遥感，数据更新很快，能进行高频率的监测，有利于应对突发事件。GOCI 波段设置与 MODIS 有许多相似之处，但信噪比有显著提高，这归功于互补金属氧化物半导体（Complementary Metal Oxide Semiconductor，CMOS）凝视技术的使用，辐射精度校正误差小于 3.8%。

OLCI 是在 MERIS 的基础上发展起来的，搭载在欧洲"全球环境与安全监测"（GMES）卫星上。OLCI 由 5 个倾斜的可见光和热红外相机组成，对海岸带和陆地的空间分辨率为 300 m，对宽阔海域观测的分辨率则为 1 200 km。OLCI 共有 16 个波段，多了 1 个 1.02 μm 波段来增强大气和气溶胶校正功能。另外还设置了一些特色波段，如悬浮物质敏感波段 620 nm、叶绿素荧光性大气校正波段 709 nm、氧气吸收波段 761 nm、大气含水量 900 nm 等，增强了 OLCI 遥感海洋水色的能力。

各国主要海洋水色传感器及其主要性能参数见表 2－5。

表 2－5 主要海洋水色传感器及其主要性能参数

卫星/传感器	国家地区	发射时间	轨道	空间分辨率/m	通道数	波段范围/nm
NIMBUS－7/CZCS	美国	1978	太阳同步轨道	825	6	443～750
IRS－P3/DLR	印度	1996	太阳同步轨道	500	18	408～1 600
ADEOS－1/OCTS	日本	1996	太阳同步轨道	700	8	443～910
Orbview－2/SeaWiFS	美国	1997	太阳同步轨道	1 100	8	402～885
ROCSAT－1/OCI	台湾地区	1999	太阳同步轨道	825	6	433～12 500
IRS－P4/OCM	印度	1999	太阳同步轨道	350	8	402～885

卫星/传感器	国家地区	发射时间	轨道	空间分辨率/m	通道数	波段范围/nm
KOMPSAT – 1/OSMI	韩国	1999	太阳同步轨道	850	6	400 ~ 900
TERRA&AQUA/MODIS	美国	1999	太阳同步轨道	1 000	36	620 ~ 14 385
ENVISAT/MERIS	欧洲	2002	太阳同步轨道	300	15	412 ~ 900
SZ – 3/CMODIS	中国	2002	太阳同步轨道	400	34	400 ~ 12 500
HY – 1A/COCTS	中国	2002	太阳同步轨道	1 100	10	402 ~ 12 500
ADEOS – Ⅱ/GLI	日本	2002	太阳同步轨道	250/1 000	36	375 ~ 12 500
Parasol/POLDER – 3	法国	2004	太阳同步轨道	6 000	9	443 ~ 1 020
HY – 1B/COCTS	中国	2007	太阳同步轨道	1 100	10	402 ~ 12 500
FY – 3A & FY – 3B/MERSI	中国	2008、2010	太阳同步轨道	1 000/250	20	445 ~ 21 500
国际空间站 ISS/HICO	美国	2009	太阳同步轨道	90	—	400 ~ 900
COMS – 1/GOCI	韩国	2010	地球同步轨道	500	8	412 ~ 865
NPP/VIIRS	美国	2011	太阳同步轨道	750	22	402 ~ 11 800
Sentinel – 3/OLCI	欧洲	计划	太阳同步轨道	300/1 200	21	400 ~ 1 020
GCOM – C/SGLI	日本	计划	太阳同步轨道	250/1 000	19	375 ~ 12 500
GOCI – Ⅱ	韩国	计划	地球同步轨道	250/1 000	12	

综上，随着需求的增加与技术的发展，光学遥感器性能不断增强，向多谱段、高光谱、高空间分辨率发展。具体表现为：①辐射探测性能增强，包括卫星传感器探测的亮度范围及信噪比增大，增加了多角度观测功能，可以有效地避免太阳耀斑的影响。②空间分辨率增大，以观测更细致的海洋生态变化。③光谱波段数量增多，光谱分辨率增强，如增加了近红外、紫外等波段用于提高大气校正精度；增加生物光学通道数量，应用范围从大洋扩展到包括近岸水体的全球海洋。④卫星观测方式改变，由太阳同步轨道发展到地球同步轨道观测，实现对同一区域的连续观测，实时性更强。由单星观测发展到多卫星组网观测，以提高卫星观测的覆盖范围。

(二)辐射定标与检验

1. 辐射定标

辐射定标是遥感定量化应用的基础。20 世纪 80 年代以来，国际上提出了多种辐射定标方法，以提高辐射定标的精度。按定标目的一般分为绝对辐射定标和相对辐射定标两类。按定标阶段分为发射前定标、在轨星上定标和在轨替代定标三大类。其中在轨替代定标包括场地定标法、场景定标法和交叉定标法。目前，水色卫星替代定标主要是以场地定标法为主。

不同于星上定标系统，替代定标将卫星传感器和大气校正算法作为整个系统加以考虑。场地定标法是指卫星运行期间，选择地球表面某一区域作为替代目标，通过对替代目标的观测，实现传感器的辐射定标。理想的辐射校正场地是实现在轨替代定标的重要前提。经过多年发展，国际上建立了一系列辐射校正场，而海上定标场相对较少。20 世纪 90 年代后，国外逐步开展海上定标场选划与替代定标工作。在 SeaWiFS 项目的支持下，其定标检验团队在夏威夷附近海域选定定标场区并开展替代定标。同时，在 MODIS 项目的支持下，夏威夷场区及 MOBY 浮标得以持续发展，为 MODIS、MERIS、GLI 等第二代水色卫星遥感器的替代定标和检验提供不确定度小于 5% 的现场光学数据。

除美国外，欧洲对水色卫星替代定标也开展了大量的工作。目前，欧空局的 MERIS 所用到的海上定标场已超过 10 个，基本上都分布在一类水体区域。

自 1995 年以来，意大利在欧空局 MERIS 等相关项目的支持下，在威尼斯近岸建立了 AAOT 光学试验塔（Acqua Alta Oceanographic Tower），为多种仪器进行观测比对、长期定点测量提供了高精度的数据。事实证明利用近海海域上观测平台开展替代定标是可行的，其满足替代定标精度要求。更重要的是，其定标系数完全适应于典型海域，可提高局部海域卫星数据应用的精度和水平。

此外，在法国尼斯外海建立了 BOUSSOLE 光学浮标。浮标设有表观光学传感器、固有光学测量仪、CTD、水文、气象、大气气溶胶厚度等，浮标数据的不确定性小于 10%。

除了以上海洋观测平台外，全球气溶胶－水色（AERONET－OC）网也陆续在世界各地建立了用于海洋水色卫星替代定标和产品检验的海洋光学地面观测系统，为海洋水色卫星的定标检验提供可靠的现场数据支持，表 2－6 是 2002 年至今 AERONET－OC 网建设平台的基本信息。

表 2－6　2002 年至今 AERONET－OC 网建设平台的基本信息

站位名	所在区域	经度	纬度	基座结构	负责机构
AAOT（2002 年至今）	亚得里亚海	45.314°N	12.508°E	海洋塔	欧盟联合研究中心
MVCO（2004 年至今）	中大西洋湾	41.325°N	70.567°W	海洋塔	新汉普郡大学
GDLT（2005 年至今）	波罗的海	58.594°N	17.467°E	灯塔	欧盟联合研究中心
COVE（2005 年至今）	中大西洋湾	36.900°N	75.710°W	灯塔	美国航空航天局
HLT（2006 年至今）	芬兰湾	59.949°N	24.926°E	灯塔	欧盟联合研究中心
AABP（2006—2008 年）	波斯湾	25.495°N	53.146°E	石油平台	欧盟联合研究中心
Palgrunden（2008 年至今）	Palgrunden 湖	58.753°N	13.158°E	灯塔	斯德哥尔摩大学
Lucinda（2009 年至今）	珊瑚海	18.519°S	146.385°E	防波堤	联邦科学与工业组织
LISCO（2009 年至今）	长岛	40.955°N	73.342°W	平台	纽约城市学院
WaveCIS_ Site_ CSI_ 6（2010 年至今）	墨西哥湾	28.867°N	90.483°W	石油平台	路易斯安那州立大学
Gloria（2010 年至今）	黑海	44.599°N	29.360°E	石油平台	欧盟联合研究中心

目前，SeaWiFS、MODIS、MERIS、VIIRS 等许多水色卫星替代定标都依赖于夏威夷定标场。SeaWiFS 项目中定标检验团队（CVT）在夏威夷采用 MOBY 实测数据实现了高精度替代定标，近红外与可见光波段定标系数的不确定度分别为 0.9% 和 0.3%。Franz 等人于 2010 年也指出获取局部区域内特定的替代定标系数可以提高在局部海域卫星产品质量，这对在近海海域或海岸带地区开展替代定标提出具有重要指导意义。

2. 产品检验

卫星在发射后，由于升空时高温和剧烈颠簸、在轨时的低温和宇宙辐射、卫星的传感器性能随时间的衰减等因素，发射后和在轨期间的卫星数据质量都在变化，为保证数据质量需要进行检验。检验的方式主要包括星地检验和星星交叉检验。

Ocean Biology Processing Group(OBPG)是 NASA 进行水色检验的业务化部门。自2009年10月15日之后，收集了超过800个站位的近岸浑浊水体光谱数据，这些数据可以用于水色卫星的定标检验，改进定标系数。同时基于现场数据对 MODIS 和 SeaWiFS 的卫星产品精度进行跟踪验证，发现2005年由于黑暗偏移，数据有很大的跳跃。经过大量的验证证明：在 MODIS 卫星数据经过2013年再处理后，其 Rrs 产品的常年偏差在2%以内。OBPG 采用星星交叉的方式对全球大洋的叶绿素数据进行了长时间跟踪，结果表明各个卫星(MERIS、MODIS、SeaWiFS 等)反演的叶绿素浓度较一致，VIIRS 的叶绿素有异常。

MERIS 的基于 BOUSSOLE、AAOT 等平台的现场数据也进行了 MERIS 卫星现场检验和星星交叉检验工作。经过与 BOUSSOLE 现场数据长时间检验，证明 MERIS、MODIS、SeaWiFS 三颗卫星的差异很小，MODIS 和 SeaWiFS 在443 nm 和490 nm 精度较高，MODIS 和现场在所有波段的相关系数较高。采用了长时间序列的数据检验了三颗卫星的叶绿素和 Kd490 产品，证明了其和现场的一致性，同时也证明了三颗卫星之间的一致性。

GOCI 作为全球首颗静止轨道的水色卫星，在发射后也进行了首次检验。KOSC 组织基于在韩国周边海域和中国黄东海海域的现场实测数据，对 GOCI 卫星的遥感反射率、叶绿素、CDOM 等产品进行了验证，结果验证了 GOCI 卫星在可见光波段的不确定度为18%～33%，叶绿素的误差在35%左右等。采用星星交叉的检验方式对 GOCI、MERIS、MODIS 卫星进行检验，事实证明，三颗卫星在清洁水体反演效果较一致，肯定了 GOCI 在浑浊水体的反演效果，同时也指出 GOCI 由于大气校正的原因导致浑浊海区的数据部分缺失。

（三）大气校正算法

在水色传感器辐射性能不断提高的情况下，大气校正的精度将是实现高精度海洋水色信息提取的决定性因素。在海洋水色遥感大气校正算法的研究及应用方面，到目前为止主要经历了三个阶段。

1. Ⅰ类水体近似大气校正算法

Ⅰ类水体近似大气校正算法主要针对 NASA 于1978年发射的第一颗海洋水色卫星传感器 CZCZ 而研制。奠基性工作主要由美国迈阿密大学物理系 Gordon 教授完成。Gordon 在大气多次散射、逐次散射项法解大气矢量辐射传输方程、粗糙海面对大气校正影响等方面获得重要研究成果，为进一步发展精确的大气校正算法奠定了基础。

2. Ⅰ类水体精确大气校正算法

Ⅰ类水体近似大气校正算法的严重缺陷在于忽略了大气分子和气溶胶的复合散射作用，导致其在气溶胶浓度大的情况下精度较差。针对 SeaWiFS、MODIS 和 MERIS 等第二代高信噪比传感器，提出了Ⅰ类水体精确大气校正算法，并对海洋白沫、地球曲率、离水辐射二向性、波段带外响应、波段 O2－A 带吸收、偏振响应等影响因子进行深入研究。目前，在开阔大洋水体可获得较高的校正精度，443 nm 波段离水辐亮度反演的相对误差小于5%。

3. 浑浊 Ⅱ 类水体大气校正算法

随着 SeaWiFS、MODIS、MERIS 等遥感资料的业务化应用深入，大洋清洁 Ⅰ 类水体大气校正算法日趋成熟。而在近海浑浊 Ⅱ 类水体，由于近红外波段离水辐亮度较大，导致 Ⅰ 类水体大气校正算法"过校"，甚至校正后离水辐亮度出现负值，造成叶绿素浓度偏高。国内外已提出了多种使用的浑浊 Ⅱ 类水体大气校正算法。这些方法可大致可分为 Ⅰ 类水体的改进算法，辐射传输模型算法及区域性大气校正算法三类。但在 Ⅱ 类水体上要达到较高的校正精度，还需要对水体光学辐射特性和大气辐射传输模型进行深入研究。值得一提的是，Wang 等人于 2013 年针对 GOCI 开发了区域性的大气校正算法，利用水体表观与固有光学特性的经验模型实现中等浑浊水体大气校正，这对于开发我国高浑浊水体区域大气校正算法具有重要的指导意义。

（四）生物光学算法开发

经过十几年的发展，海洋水色卫星可以一天或几天提供一幅全球海洋的概括图像，获取水体中的浮游植物色素浓度、悬浮物浓度、溶解有机物浓度等信息，为海洋生态、海洋动力、海洋系统变化等研究提供了有效的工具。这些信息的获取主要依靠于基于水体的光学特性建立的各种水色遥感算法。目前的水色反演算法主要有经验算法、半分析算法、神经网络算法等。

1. 经验算法

在大量实测数据的基础上，找出并建立离水辐亮度或遥感反射率与某一水体组分的统计关系，这种方式建立的算法叫做经验算法。如今，很多通用的算法或区域性算法都属于经验算法，其中典型的代表为叶绿素算法，采用最新的 OCI 算法，该算法相比于全球精度 35% 的 OC4 算法，改进了低值区算法，相关系数 r^2 得到提升（在低值区的 r^2 由 0.85 提高到 0.95，更加符合实际），精度有所提高。经验算法的适用性依赖于建立算法的数据代表性，需要扩大建立算法的数据代表性，提高算法适应性。

2. 半分析算法

半分析算法是将辐射传输模型和经验公式结合起来，根据表观光学量和固有光学量的关系，固有光学量和水体组分之间的关系，反演水体中的水色要素，最具代表性的是 GSM 算法和 QAA 算法。

GSM 算法基于 Gorden 等提出的遥感反射率和吸收系数、后向散射系数之间关系的二次方程建立的。吸收系数被分解为纯水吸收系数、浮游植物吸收系数、有色溶解和颗粒有机物吸收系数。后向散射系数被分解为纯水的后向散射系数和悬浮颗粒的后向散射系数。这些系数可通过几个波段的 Rrs 建立联合方程组进行非线性最小二乘法拟合解出，在 5% 噪声的影响下其精度在 20% 左右。

QAA 算法由 Lee 等开发，主要用于反演深海水体的固有光学参数。QAA 算法反演过程分为两个部分，第一部分反演总吸收系数和总后向散射系数，不考虑浮游植物吸收系数和黄色物质吸收系数；第二部分通过辐射传输方程等将第一部分的总吸收系数分解为主要的吸收系数。目前的 QAA 算法采用了 NOMAD 数据集进行验证，吸收系数（a）和衰减系数（K_d）的反演精度有明显提高，r^2 有所提高，RMSE 由 0.2 降低到 0.16 以下。

半分析算法将水色组分的固有光学特性与理论模式耦合起来，物理意义明确，对水体的反演结果精确。

3. 神经网络算法

神经网络算法作为一种有效的非线性逼近方法，是一种功能强大、灵活多变的水色因子反演和大气校正方法，可以实现复杂的辐射传递模型。网络输入界面是遥感反射率，输出可以使海水组分或光学变量，再由区域光学模式包含的遥感过程进行详细的物理描述，易于区域化，可实时应用。Jamet 通过多层神经网络反演算法用于估算大洋和近岸水体散射消光系数 K_d。该方法不仅适于清洁水体，而且也适于高浑浊水体。参考现场数据，该方法与其他四种算法进行比较，精度非常接近且 $K_d(490)$ 大于 0.25 m^{-1} 时精度更高。

（五）海洋光学遥感应用

海洋水色卫星作为一种光学传感器，可以实现对海洋环境的海温、叶绿素 a 浓度等多个海洋环境参数的监测，并且在此基础上实现对初级生产力、海气界面二氧化碳通量等参量的测量，实现对海洋碳通量的控制机理和变化规律研究，海洋生态系统与混合层物理性质的关系研究，实现海岸带环境监测与管理。

在海洋碳通量研究方面主要包括：利用长期序列的数据来定量分析周期性全球气候现象（如厄尔尼诺）对海洋环境的影响。如联合全球海洋通量研究（Joint Global Ocean Flux Study，JGOFS）利用由海洋水色遥感数据反演得到的海盆 - 全球尺度的浮游植物叶绿素分布场研究海洋生化过程及其与全球碳循环的关系；研究海 - 气 CO_2 净通量与生物过程的关系，这方面的模型强调生物和物理过程对海洋 CO_2 吸收的重要影响及其与全球变暖的关系；开发全球海洋初级生产力计算模型。研究表明，此类模型对输入的表面叶绿素浓度场非常敏感，因此海洋水色卫星数据对海洋初级生产力全球分布的精确计算至关重要。

在生物海洋学及上层海洋过程研究方面主要有：利用海洋水色卫星遥感数据验证某些数值模型所预测的浮游植物分布的真实性，把从卫星数据得到的叶绿素场经同化处理输入到数值模型后，提高了海洋模拟的预测能力，已收到很好的效果；利用海洋水色数据进行海洋上层热平衡计算，这种新方法在阿拉伯海赤道太平洋海区的海气热通量及上层海洋热量垂直分布计算中得到了很好的结果；利用海洋水色图像直接观测气候及其他大尺度现象（如厄尔尼诺）对海洋叶绿素分布的影响，如已经利用 OCTS 和大视野海洋观测传感器（SeaWiFS）图像观测到 1997—1998 年的厄尔尼诺对太平洋表面叶绿素场的影响，并进行了定量分析。

在对海岸带环境监测与管理方面，由于海岸带地区通常是人类的活动中心，受到人类各种活动（如旅游、工业、农业、渔业等）的冲击，自然环境日益恶化，因此海岸带地区的合理规划和科学管理是海岸带地区可持续发展的关键。国际地圈生物圈计划（International Geosphere - Biosphere Program，IGBP）于 1993 年设立的海岸带海陆交互作用（land - ocean interactions in the coastal zone，LOICZ）核心计划，目的就是为海岸带地区的可持续发展提供科学依据。这方面的应用研究主要有：开发面向科研和实际应用的综合信息系统，对近海资源和环境变化过程进行有效的管理和监测；开展适合于近岸水体监测的水色传感器和水色要素反演算法；促进水色卫星数据在渔业中的应用。近几年一些国家已开发了为渔民捕捞服务的专家系统，系统的主要信息源是由卫星遥感提供的温度场及叶绿素场等海洋生态环境参数与有效的渔场信息复合得到的渔业资源分布图。由于鱼群经常沿锋面和特殊的温度和生物量等值线运动，所以利用专家系统可以准实时地监测鱼群活动，并对渔情作长期预报；研究环境变化和海洋生态系统恢复模式之间的关系。

二、国内发展现状

（一）海洋卫星及传感器

2002年5月15日，我国第一颗海洋卫星（HY-1A）的成功发射，实现了我国海洋卫星零的突破，推动了我国海洋立体监测体系和卫星对地观测体系的发展。通过 HY-1A 卫星工程，促进了海洋遥感技术的发展，水色信息提取与定量化应用水平得到了提高，为我国的海洋卫星系列发展奠定了技术基础。

2007年4月11日成功发射的 HY-1B 卫星为 HY-1A 的后续星，针对 HY-1A 设计中的不足，进行了技术指标的优化，寿命从2年提高到3年（目前仍在轨运行，实际运行已远超设计寿命）；加大了水色扫描仪的幅宽，缩短了覆盖周期，增加了境外探测次数和时间；调整了海岸带成像仪波段位置及光谱分辨率，增加了境外中分辨率数据获取功能；加大了星上存储、提高了码速率、增加了多种工作模式，增加了夜间下传数据功能，提高了全球覆盖能力。受各种客观因素的制约，我国海洋卫星在硬件系统方面存在一些不足之处，但通过地面处理技术可以在一定程度上弥补许多不足。

通过 HY-1A、HY-1B 卫星工程，拉动了用户需求，推动了海洋卫星在各领域的应用，实现了对中国近海300万平方千米管辖海域的水色环境实施大面积、实时和动态监测，并具备了对世界各大洋和南、北极区的探测能力。海洋卫星已经成为海洋管理和海洋经济发展不可或缺的重要手段。两颗卫星的成功实践促进了海洋遥感技术的发展，为中国的海洋卫星系列发展奠定了技术基础。以卫星为主的海冰、赤潮、渔场环境、绿潮、水质、溢油、海温、海岸带遥感监测系统以及卫星指导飞机监测海洋灾害的服务系统，已在海洋防灾减灾、海洋资源开发、公益服务、极地科考、大洋渔业开发、全球环境监测、国家重大专项服务、国际事务以及应急监测方面发挥了十分重要的作用。通过建立相关信息化系统、业务化系统、预警报系统和应急监测服务系统，提高了海洋环境监测效率，改变了海洋管理模式，使海洋立体监测系统迈上了一个新台阶。

HY-1 卫星按照业务化运行的需求和规划，后续 HY-1 卫星将实现上、下午各一颗星（HY-1C，HY-1D）同时运行，通过不同时刻对海洋环境的监测，达到提高监测水平和缩短重复观测周期的能力。卫星运行于782 km 的太阳同步轨道，和其他运行于 CAST2000 平台上的卫星一样，采用3轴稳定的姿态控制模式，上午星的轨道降交点地方时10：30；下午星的轨道降交点地方时13：30。通过拓展在轨机动能力以解决太阳耀斑问题，在 HY-1A 的基础上优化设计以消除或减少杂光的影响。

海洋紫外成像仪是 HY-1C/D 卫星的新型载荷，主要目标是实现对海洋水色扫描仪的在轨星上定标以及遥感器在轨运行期间的性能衰减监测，提高海洋水色扫描仪的辐射探测精度，提高海洋水色扫描仪近岸高浑浊水体的大气校正精度，进一步提升近岸水色遥感应用产品的精度和质量，并为海洋溢油遥感监测提供新的技术手段。

（二）定标检验现状

国内在水色卫星辐射定标领域起步较晚，与国际相比还存在较大的差距。我国仅对国内所发射的水色卫星进行一些海上定标检验。例如，国家卫星海洋应用中心和国家海洋技术中心等多家单位在2002年开展了HY-1A发射后的在轨同步观测，在2007年开展了HY-1B发射后的在轨同步观测。由于对定标过程中的误差分析和定标系数验证研究较少，从而无法保证定标系数的有效性。同时，国内卫星通常采用场地定标法或交叉定标法，且没有不同方法定标结果的相互验证，因此不能保证定标系数的准确性。为了获取长时间的现场观测数据，提高现场观测频率，2011年在国家863项目支持下，利用海上在产石油平台（PY30-2）建立了多参数海上定标检验现场观测系统，集成了主/被动微波、红外和可见光观测设备，获取了近两年的连续观测数据，并已经应用于海洋遥感卫星的定标检验和现场反演算法开发中。但是，由于国内尚未形成有效的海上定标系统，在场地定标方面与国外的差距较大。国内定标频率很低，导致无法及时发现传感器辐射特性的变化。因此，建立我国海上定标场并开展多种定标实验显得十分迫切。

（三）遥感应用现状

在海洋光学遥感应用方面，HY-1A/1B卫星以可见光、红外探测水色、水温为主。它通过观测海水光学特性、叶绿素浓度、海表温度、悬浮泥沙含量、黄色物质和海洋污染物，并兼顾观测海水、浅海地形、海流特征、海面上大气气溶胶等要素，掌握海洋初级生产力分布、海洋渔业及养殖业资源状况和环境质量，了解重点河口港湾的悬浮泥沙分布规律，从而为海洋生物资源合理开发利用、沿岸海洋工程、河口港湾治理、海洋环境监测、环境保护、执法管理以及全球环境变化等领域提供科学依据和基础数据。

1. 赤潮监测

利用HY-1A卫星资料进行海洋赤潮监测是HY-1A卫星的重要任务之一，通过对海洋赤潮的监测，展示HY-1A卫星在海洋环境监测中的应用能力，为我国海洋防灾减灾服务。例如，在2002年6月15日、9月3日对发生在渤海、华东沿海和黄海的赤潮进行监测，得到赤潮发生的地理位置和区域大小等数据，为海洋环境保护提供了科学依据。

2. 海冰监测

我国渤海每年冬季都要有3个月左右的结冰期，冰情状况对海上生产活动造成较大影响。HY-1A卫星具有较强的监测海冰能力，利用HY-1A卫星资料可反演出海冰厚度、海冰外缘线、海冰密集度和海冰温度等信息。国家海洋环境预报中心在海冰预报业务中，使用HY-1A卫星数据建成了海冰预报HY-1A卫星应用示范系统，HY-1A卫星资料已成为我国海冰预报业务工作的重要基础数据源，2002年12月8日，HY-1A卫星海冰监测图像开始在中央电视台海洋预报中对外公布，这表明HY-1A卫星资料已成功应用于我国海冰预报和监测业务体系中。

三、发展趋势

自1978年美国发射海岸带彩色扫描仪（CZCS）以来，海洋光学遥感获得了长足的发展。我国也于

2002 年发射了第一颗海洋卫星(HY－1A)。随着海洋遥感应用范围的扩大和深入,对卫星产品的定量化水平提出了更高的要求。各国均在积极发展性能指标已显著提高的新一代海洋水色传感器。在卫星的轨道运行方式上,从以极轨卫星为主,发展到关注静止轨道卫星,以实现在同一天内对同一区域进行多次观测,便于处理突发事件。在水色遥感关键技术发展方面,大气校正算法中的迭代模型由经验算法模型改进为半分析算法模型;新的精确现场数据观测方法得到发展;业务化的生物光学算法不断改进,未来的发展方向是建立纯理论的全分析算法,减少经验参数的参与,保证算法的适用性和精确性。为保证卫星产品精度,提高卫星遥感仪器辐射定标精度,在国际上通常对每一颗星的遥感器都设有专门的定标/检验小组,负责对遥感器发射前后性能变化和产品质量进行跟踪,其中业务化定标检验系统构建是该技术体系业务化的关键一环。他们利用多种类型的定标检验现场观测开展辐射校正与真实性检验,必要时修正定标系数,保证卫星数据的准确性以及产品的可靠性。

此外,海洋光学遥感作为观测全球环境变化的重要手段,也正朝着组网观测的方向发展。

第三节 海洋微波遥感技术

海洋微波遥感技术始于 20 世纪 70 年代,先后有美国、苏联、欧空局、日本、中国等国家或国际机构开展了海洋微波遥感观测。

海洋微波遥感传感器可实现全天时、全天候对海观测,主要的传感器类型包括微波散射计、雷达高度计、微波辐射计和合成孔径雷达。海洋微波遥感卫星所携带的微波遥感传感器可分为主动式和被动式两类。微波散射计、雷达高度计和合成孔径雷达则都属于主动雷达系统。微波散射计利用不同风速下海面粗糙度对雷达后向散射系数的响应,间接地反演海表风场信息;雷达高度计利用卫星正下方的脉冲回波特征分别测量海面高度、有效波高及海面风速;合成孔径雷达利用卫星运动状态下天线阵列的孔径合成技术,获取高空间分辨率的海面二维图像。微波辐射计是被动式微波遥感器,它本身不发射电磁波,而是通过被动地接收被观测场景辐射的微波能量来探测目标的特性。

近年来,多种新型海洋微波传感器发射升空,实现了对地球海洋动力环境更有效的观测,保障了观测的连续性。由于海洋微波遥感涉及的传感器类型较多,本部分将基于不同的传感器类型分别介绍。

一、微波散射计

微波散射计是一种主动微波遥感器,按照扫描方式可分为扇形波束散射计和笔形波束散射计,国际主流的微波散射计主要工作在 C 波段(5.3 GHz)和 Ku 波段(13.5 GHz),C 波段相较于 Ku 波段波长更长,受云雨等因素的影响较小,Ku 波段由于频率更高,对目标的变化更加敏感,更利于探测低速风场。目前,NASA 主要采用 Ku 波段,ESA 主要采用 C 波段。

(一)国外发展现状

欧空局新一代的高级散射计(Advanced Scatterometer,ASCAT)搭载在 2006 年发射的气象业务卫星计划(Meteorological Operational satellite programme，MetOp)的第一颗卫星 MetOp – A 上。

ASCAT 工作波段为 C 波段，拥有 6 根天线，相对于 ERS – 1 和 ERS – 2 卫星上的散射计做了以下改进：①改进了扫描方式，由单边扫描改为在卫星的两侧进行同时测量。②增加了刈幅宽度，ERS 散射计的刈幅宽度为 500 km，ASCAT 的刈幅宽度为 2 × 550 km。③提高了地面分辨率。2012 年 9 月欧洲第二颗极地轨道卫星 MetOp – B 搭乘俄"联盟"号运载火箭，从哈萨克斯坦的拜科努尔发射场发射升空。该卫星在离地面大约 800 km 的极地轨道运行，与该系列卫星中的首颗卫星 MetOp – A 一起对温度、湿度、云层特征、积雪和冰盖、海平面温度和地面植被等进行测量。

微波散射计最主要的海洋应用是获得高精度的海面风场产品，国内外一直在探索改进散射计反演海面风场算法。ESA 根据卫星后获得的散射计风场与现场资料比较，对算法进行改进和完善，开发了 CMOD – 2、CMOD – 3、CMOD – 4、CMOD – 5 模式。1999 年，Wentz 利用 3 个月的 NSCAT 散射计后向散射系数数据、SSMI 辐射计数据以及欧洲中期天气预报的模式风场开发了 NSCAT – 1 模式函数。为了消除 NSCAT – I 反演的风速与浮标数据偏差并改善高风速范围内风场反演的精度，Wentz 又利用了全部 10 个月的散射计数据获得 NSCAT – 2 模式函数。2001 年，Wentz 改进了 QuikSCAT 散射计风矢量反演算法，开发了更为先进的模式函数 Ku – 2001，使得 QuikSCAT 散射计具有了测量风速 30 m/s 以上的台风和热带风暴的能力(图 2 – 6 和表 2 – 7)。

 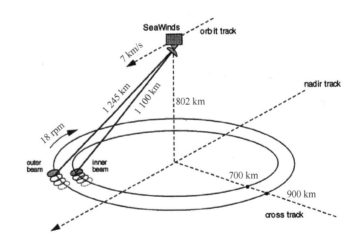

图 2 – 6   QuickSCAT 卫星及工作原理

表 2 – 7   国际主流微波散射计技术指标

卫星	轨道倾角/(°)	轨道高度/km	轨道周期/min	工作频率/GHz	风速测量范围/(m·s⁻¹)	风速精度/(m·s⁻¹)	风向精度/(°)	刈幅/km
ERS – 1/2	98.52	777	100.5	5.3	0.5 ~ 30	2	20	500
QuickSCAT	98.62	802	100.9	13.4	3 ~ 20	2	20	1 800
MetOp – A	98.67	820	101	5.3	4 ~ 24	2	20	550 × 2
HY – 2 SCAT	99.34	971	104.5	13.3	2 ~ 24	2	20	优于 1 700

（二）国内发展现状

在国内，2011年8月发射的 HY-2A 卫星搭载了我国第一个可业务化运行的星载散射计。HY-2A 微波散射计采用笔形波束圆锥扫描方式，通过笔形波束以固定仰角围绕天底方向旋转，在卫星平台顺轨方向的运动中形成一定的地面覆盖刈幅，主要用于全球海面风场观测。散射计系统工作频率为13.256 GHz，包括 VV 和 HH 两个极化方式，分别以不同入射角进行观测，其中内波束采用 HH 极化方式，入射角为41°，对应地面足印大小约为23 km×31 km，刈幅宽度1 400 km。外波束采用 VV 极化方式，入射角为48°，对应地面足印大小为25 km×38 km，刈幅宽度为1 700 km（图2-7）。

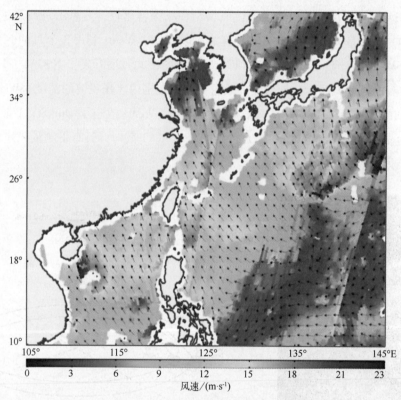

图 2-7 HY-2 微波散射计西北太平洋风场观测（1 d）

国内在散射计风场反演算法开发方面，林明森等在散射计反演海面风场方面提出了风速等值线参考法。李燕初等又开发了圆中数的风向模糊排除方法，使风速风向的反演达到相当的准确度（风速的反演精度达到了2 m/s，风向误差达到了20°），其研究成果达到了当前国际水平。2006年，林明森、宋新改等建立了一个神经网络海面风场反演模型，证明了神经网络反演海面风场的可行性和高效性。总之，卫星遥感资料的应用已成为海洋学科研究中的重要数据之一，从原理到方法都已经比较成熟，数据丰富，研究成果也很丰硕。

（三）发展趋势

星载微波散射计的发展趋势是极化方式和频率越来越多，采样频率逐步提高。今后的研究方向在于如何将散射计与高分辨率的合成孔径雷达影像和被动微波数据结合起来开展研究。

1. 提高空间分辨率

在提高空间分辨率方面，国外已进行了大量的研究，从硬件的设计和实现到图像处理都已提出了一些改进措施。如采用类似合成孔径雷达处理方法的联合距离－多普勒分辨和采用"重复经过"技术的图像分辨率增强算法。该算法采用多次后向散射测量的空间重叠获得高的空间分辨率，最后得到的地面上每一点的雷达后向散射系数都是多次测量结果的加权平均。

笔形波束散射计因其独特的优点而逐渐成为未来散射计主流体制。到目前为止，笔形波束散射计都是真实孔径系统，只使用了距离分辨，分辨率仍然受天线波束宽度限制，因此分辨率相对较低。超越真实孔径限制的一种方法是采用联合距离－多普勒分辨来进一步锐化测量单元的空间尺寸。这与合成孔径雷达获得高分辨率的方法相类似。

2. 采用极化散射计

有风洋面散射的理论研究表明，极化测量可提供正交及互补的方向信息以辅助风的反演处理。采用极化散射计，可在整个观测带内获得一致的反演精度。极化散射计可将大气中雨的影响去掉，可提高降雨情况下风的反演精度。极化测量散射计同时测量常规的同极化后向散射以及同极化和交叉极化的海洋表面雷达回波的极化相关。利用同极化和交叉极化的对称性差异可以解决风向模糊问题，同时提高整个观测带内的风向反演性能。

二、雷达高度计

在海洋动力环境卫星中，高度计通过对海面高度、有效波高和后向散射系数的测量，可同时获得流、浪、海面风速等重要动力参数，还可应用于地球结果和海域重力场研究。雷达高度计的海洋应用主要包括：①大洋环流观测；②海洋潮汐观测；③中尺度海洋现象观测；④大地水准面与重力异常（gravity anomaly）测量；⑤海面有效波高测量。

（一）国外发展现状

国际上，卫星高度计传感器的发展可以分为四个阶段：萌芽期、发展期、成熟期和创新期。相关高度计主要参数参见表2－8。

表2－8　载有高度计的卫星信息

Satellite(Altimeter)	Launch	Funded by	Frequency/GHz	Altitude/km	Footprint for calm surface/km	Precision/m
Skylab	1973 年 5 月至 1974 年 2 月	NASA	13.90	435	8	1.0
GEOS－3	1975 年 4 月至 1978 年 12 月	NASA	13.90	840	8	0.50
SEASAT(Altimeter)	1978 年 7 月至 1978 年 10 月	NASA	13.50	800	8	0.10
GEOSAT(Altimeter)	1985 年 5 月至 1989 年 12 月	US/NAVY	13.50	800	8	0.10
GFO	1998 年 2 月至 2008 年	US/NAVY	13.50	800	—	0.10
ERS－1(RA)	1991 年 7 月至 1996 年 6 月	ESA	5.3	785	1.7	0.10

续表

Satellite(Altimeter)	Launch	Funded by	Frequency/GHz	Altitude/km	Footprint for calm surface/km	Precision/m
ERS – 2(RA)	1995 年 4 月至 2002 年	ESA	5.3	785	1.7	0.10
TOPEX/POSEIDON (NRA 和 SSALT)	1992 年 8 月至 2006 年 1 月	NASA/CNES	5.3/C &13.6/Ku &13.65/Ku	1 300	2.2	0.024
Jason – 1 (NRA/Poseidon – 2)	2001 年 12 月至 2013 年 7 月	NASA/CNES	5.3/C & 13.6/Ku	1 300	2.2	0.03
Envisat(Altimeter)	2002 年 3 月至 2012 年	ESA	13.5/Ku	800	1.7	0.03
Jason – 2 (NRA/Poseidon – 2)	2008 年 8 月至今	NASA/CNES	5.3/C & 13.6/Ku	1 300	2.2	0.03
Crysat	2010 年 4 月至今	ESA	13.575 GHz	717	—	—
HY – 2A RA	2011 年 8 月至今	CAST	5.3/C & 13.6/Ku	971	2.2	0.084
Saral	2013 年 2 月至今	Isro/CNES	35 GHz/Ka	800	—	—

　　萌芽期,首台星载雷达高度计是 1973 年的 Skylab 飞船实验,该高度计没有采用脉冲压缩技术,测高精度 1 m,1975 年 NASA 发射了 GEOS – 3 卫星,测高精度 0.5 m。Skylab 和 GEOS – 3 高度计的主要目的都只是微波测高机理的验证以及提供粗略的大地水准面信息,很难满足海洋应用的需要。

　　发展期,包括 20 世纪 70—80 年代 NASA 发射的 SEASAT 高度计和美国海军发射的 GEOSAT 高度计。SEASAT 高度计采用了"全去斜坡"及滤波器组分辨回波等方法,将信号从时域转换到频域进行处理,首次在星载轨道上达到了 10 cm 的测高精度,此后的海洋雷达高度计都是以 SEASAT 为设计基础。

　　成熟期,以 1992 年的 TOPEX/Poseidon 卫星高度计为里程碑,其测量精度达到了 2.4 cm。其后续的 Jason – 1/2 卫星高度计,欧空局发射的 ERS – 1/2 以及 Envisat 高度计,测高精度都达到了厘米级。

　　创新期,2010 年以来,星载高度计历经 30 多年的发展,尤其是自从 T/P 高度计以来,取得了瞩目的成就,成为业务化海洋动力环境遥感的主要手段之一,实现了连续 20 多年的海面高度观测序列。但传统高度计采用星下点观测,存在空间分辨率不高的缺点。因此学者们提出了新体制高度计,如 2010 年发射的 Cryosat 高度计,在观测海面时相当于一台传统高度计,而在观测海冰时则相当于一台合成孔径高度计;2013 年发射的 SARAL 高度计是第一台 Ka 频段高度计,降低了电离层路径延迟的影响,提高了测高的精度。预期在 2015 年以后,国际上将发射 Sentinel – 3、Jason – 3、SWOT, Sentinel – 3C 和 Jason – CS 系列高度计卫星。

(二)国内发展现状

　　我国高度计的发展起步较晚。1986 年中国科学院长春地理所完成了"全去斜坡"及滤渡器组分辨回波的原理性实验,成功地解决了将信号从时域转换到频域进行处理的关键技术,为厘米级测高精度的高度计研制打下基础。此后机载海洋雷达高度计被列为我国"八五"重点攻关项目。1995 年中国科学院空间中心和中国科学院长春地理所经过多年努力研制成功中国首台机载雷达高度计,其测高精度可达 15 cm,波高测量精度为 0.5 m 或 10%(取大者)。

20 世纪 90 年代,中国科学院在"九五"期间得到了国家"863"计划航天领域的支持,在完成"星载三维成像雷达高度计关键技术"课题的基础上,研制出了三维成像雷达高度计机载原理样机。

2002 年 4 月,成像雷达高度计机载样机进行了首次飞行试验。2002 年 12 月 30 日发射了"神舟 – 4 号"飞船(SZ – 4),上面搭载了我国自行研制的多模态微波传感器,其高度模态(高度计)的波高测量精度可达 0.5 m 或 10%。

2011 年 8 月发射的 HY – 2A 高度计,测高精度优于 8 cm,波高测量精度优于 0.3 m。预期在 2015 年以后,我国将发射 HY – 2B 高度计卫星。

(三)发展趋势

与各种卫星成像装置不同,雷达高度计只能提供其轨道周围一定区域内的海域观测信息,即不同于地面水文站点的观测,高度计测量的是沿卫星飞行方向星下点足印范围内的平均值。因此最终用卫星高度计测量技术替代传统的地面测量,还存在如下技术难点。

①当前卫星高度计测量通常采用 1 颗在轨卫星和星下点观测的工作模式,只能进行沿轨观测,轨道之间的间隔区域没有观测数据,因此数据不能覆盖全球,同时因为工作模式是沿轨观测,因此只能观测沿轨分量,无法进行矢量研究。

②对于 1 颗高度计卫星,其重复周期与轨道间隔是一对矛盾。轨道的重复周期越短,则相邻轨道之间的间隔越大。反之,间隔越小,则重复周期越长,这就造成高度计卫星观测数据的时间采样和空间采样不能同时获得较高分辨率。

③卫星高度计的设计主要是针对较为均一的类型,如大洋、冰盖等,而对于起伏或者复杂的地形,往往会带来数据的丢失和失真,例如浅海海域,受陆地干扰测量数据精度较低,对河流等窄水体观测难度较大。

针对以上技术难点,卫星高度计未来的发展方向比较清晰。主要是提高卫星数据的覆盖范围、时间和空间的分辨率以及提高卫星高度计在近岸和湖泊等区域的测量精度。

(1)采用三维成像高度计,提高卫星高度计数据的覆盖范围。三维成像高度计是传统高度计技术、孔径综合处理技术和干涉处理技术的结合,该系统通过偏离天顶点观测以及孔径合成技术来获得距离向和方位向的地面分辨率,将脉冲有限和波束有限工作方式相结合,通过双天线获取相干信息并从中获取分辨率单元的高度值。

(2)组建高度计卫星星座,提高卫星高度数据的分辨率。星座采用相同配置的高度计,利用星座技术在增加卫星数据分辨率的同时,可以根据不同的需要调整卫星之间的间距,得到高空间分辨率和高时间分辨率的均匀空间覆盖的观测数据;同时星座技术还可以通过计算正交的分量数据,进行观测数据的矢量研究,克服目前高度计只能沿轨观测的缺点。

(3)波形重构等算法的开发与改进,提高卫星高度计在近岸和湖泊等区域的测量精度。尤其在近海和湖泊等区域，可以针对近岸和湖泊的波形特征，提出相应的波形重构算法。

三、微波辐射计

通常用于海洋观测的微波辐射计工作于 6.6 ~ 37 GHz、89 GHz 等探测频段，采用一定入射角的圆锥扫描方式进行对地扫描观测。使用水平和垂直极化的微波辐射计无法进行海面风向测量，而全极化微波辐射计可以测量海面风场(风速、风向)的丰富信息，若频率向下延伸到 L 频段，还可进行海水盐度和土壤湿度的测量。

(一)国外发展现状

2002 年 5 月美国发射 Aqua/AMSR - E [Advanced Microwave Scanning Radiometer for EOS (Earth Observation System)]微波辐射计，日本在 2002 年 12 月发射的第二颗高级地球观测卫星(ADvanced Earth Observing Satellite，ADEOS) ADEOS - II 上搭载了 AMSR(Advanced Microwave Scanning Radiometer)微波辐射计。Aqua/AMSR - E 是搭载在 ADEOS - II 上的 AMSR 的修改版，减小了天线尺寸，采用了可展开天线系统。2011 年 10 月 AMSR - E 停止工作后，2012 年 AMSR2 传感器搭载在 GCOM - W (Global Change Observation Mission - Water) 卫星成功运行(图 2 - 8)。与 AMSR - E 相比，AMSR2 增加了 7.3 GHz 频率通道，这是为了弥补通信信号对 6.8 GHz 的干扰。目前，以上微波辐射计测量海表温度精度约为 0.6℃，海面风速测量精度优于 1.5 m/s(图 2 - 9)。

图 2 - 8　GCOM - W1 AMSR2

数据来源：http://global.jaxa.jp/

针对海表盐度的观测，ESA 在 2009 年发射了用于观测土壤湿度和海表盐度的微波辐射计 SMOS (Soil Moisture Ocean Salinity)，设计盐度探测精度 0.1 psu，但目前为止该产品未达到理想精度。美国 NASA 在 2011 年发射的 Aquarius 传感器(图 2 - 10 和图 2 - 11)中采用了低频微波辐射计和主动微波传感器来探测海表盐度，设计盐度探测精度为 0.2 psu。

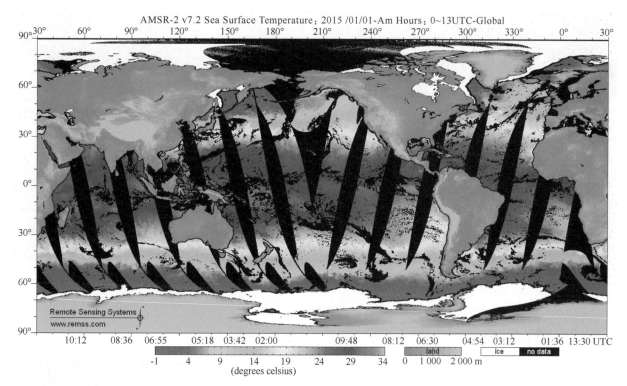

图 2 – 9　AMSR2 海表温度产品

数据来源：http：//www．remss．com

图 2 – 10　Aquarius

数据来源：http：//aquarius．umaine．edu/

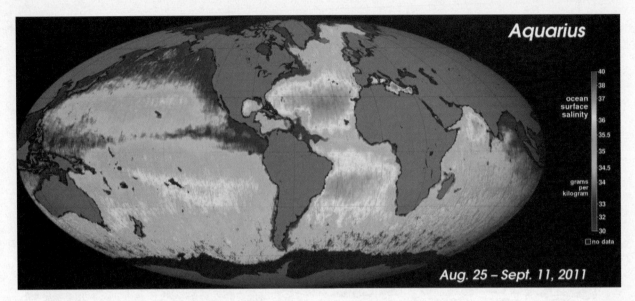

图 2 – 11　Aquarius 海表盐度

数据来源：http：//aquarius. umaine. edu/

　　在传统星载辐射计发展的同时，美国海军研究实验室（Naval Research Laboratory，NRL）研制的全极化微波辐射计 WindSat 搭载在 Coriolis 卫星上于 2003 年 1 月发射，WindSat 是世界上第一颗星载全极化微波辐射计，用以验证全极化微波辐射计反演海面风矢量的能力（图 2 – 12 和图 2 – 13）。

　　在 WindSat 传感器设计经验的基础上，借鉴 Jason – 2/3 高级辐射计的频率设置，采用可以同时接受多频信号的喇叭天线、采用传感器星上内定标等方案，JPL 设计了 COWVR（Compact Ocean Wind Vector Radiometer）新型全极化微波辐射计。COWVR 功率和质量由 WindSat 的 350 W 和 330 kg 降至 47 W 和 58.7 kg，同时实现了 360°旋转扫描，该传感器定于 2015 年校飞，2016 年发射。WindSat 全极化微波辐射计测量海面风矢量精度在风速大于 7 m/s 时优于设计的风向精度 20°，风速大于 10 m/s 时优于设计的风向精度 10°。而 COWVR 在设计时考虑了前后视同时观测对海面风向反演精度的影响，模拟的风向反演精度可以在 WindSat 的基础上有所提升。

图 2 – 12　Coriolis WindSat

数据来源：http：//www. nrl. navy. mil/

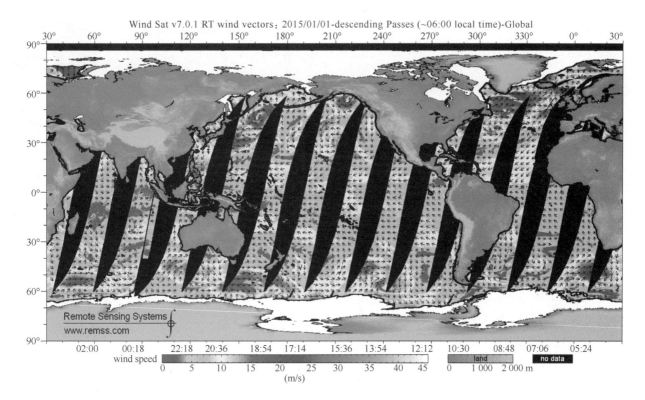

图 2 - 13 WindSat 海面风场

数据来源：http://www.remss.com

（二）国内发展现状

国家气象局分别在 2008 年、2010 年、2013 年发射的 FY - A、FY - B、FY - C 卫星都搭载了微波辐射成像仪用于观测降水、土壤湿度、植被、冰雪等参数。中国第一颗海洋环境动力卫星 HY - 2A 在 2011 年发射，其上搭载的微波辐射计主要用于观测海表温度、海面风速、大气水汽和降雨等海洋大气参数。

（三）发展趋势

新一代微波辐射计正向多波段、多极化、多角度、毫米波、亚毫米波方向发展，微波辐射计的探测能力不断提高。随着更为先进的技术和工艺的发展，空间被动遥感的影响和应用范围将进一步扩大。目前微波辐射计的主要发展趋势包括以下几方面。

①微波辐射探测仪的频率范围和频率通道数大大增加，一方面增强了探测能力，另一方面提高了大气湿度、大气温度廓线的垂直分辨率；

②探测频率升高，特别是毫米波、亚毫米波等探测技术得到发展，拓展了微波辐射测量的应用范围，如利用毫米波、亚毫米波弹出进行中高层大气成分临边探测和冰云探测，利用毫米波、亚毫米波实现地球同步轨道卫星大气微波探测等；

③极化探测技术的发展和应用，特别是全 Stokes 矢量探测的实现，提高了微波辐射计在大气（如降水和云）、海洋探测（如海面风场）和陆地环境要素（如植被、积雪等）探测中的能力；

④新的成像技术，包括干涉综合孔径成像技术和大口径天线及其波束扫描技术等的应用，提高了

空间分辨率，使得低频微波探测的应用（如 L、S 波段用于测量海水盐度和土壤湿度）和毫米波、亚毫米波在地球静止轨道卫星上的应用（如地球静止轨道大气微波探测）成为可能。

四、合成孔径雷达

合成孔径雷达（Synthetic Aperture Radar，SAR）是主动式微波成像雷达，通过测量海面微波后向散射信号及其相位获取海面信息，经数据处理后得到的海面雷达后向散射图像主要与海面粗糙度相关。合成孔径雷达在海洋上的应用涉及高分辨率海洋表面风场的反演、洋流监测、海洋内波的测量、海洋表面波的测量、浅海水深测量、海冰监测和船只监测。由于 SAR 具有全天时、全天候、高分辨率的观测能力，因此在海洋观测领域具有不可替代的重要意义。

近年来，SAR 传感器技术发展迅速，合成孔径雷达在海洋观测中的应用逐渐成熟。星载 SAR 的空间分辨率可达到 1 m 量级，而 SAR 卫星星座的组成大大提高了 SAR 观测的时间分辨率，同时也提升了 InSAR 的观测能力，加之多极化、全极化 SAR 的发展，使 SAR 能够获取更多的海面信息，使其对海观测能力进一步提高。

（一）国外发展现状

随着微波遥感技术的发展，许多国家和地区开发了适应各自应用需求的高分辨率商用 SAR 卫星系统，如欧洲的"欧洲遥感卫星"（ERS）、"环境卫星"（Envisat）（图 2-14）和哨兵-1（Sentinal-1），俄罗斯的 Almaz 系列，加拿大的 Radarsat-1、Radarsat-2 系列，日本的 JERS-1、ALOS 和 ALOS 2，德国的 TerraSAR-X，意大利的 COSMO-SkyMed 系列，韩国的"阿里郎"-5 等。

图 2-14　Envisat 卫星外观模拟

ERS-1、ERS-2、Envisat 是欧洲 20 世纪 90 年代以来发射的 3 颗 SAR 遥感卫星，至 2012 年 4 月 8 日 Envisat 信号失联后全部结束使命。2014 年发射的哨兵-1（Sentinal-1）继承了 ERS-1、ERS-2、Envisat 的工作。

Radarsat - 1 是加拿大研制的 C 波段 HH 极化卫星,它具有 7 种模式、25 种波束及多种入射角模式,可以提供多种分辨率、不同幅宽和多种信息特征。Radarsat - 2 作为 Radarsat - 1 的后续,2007 年年底搭乘"联盟"号货运飞船在哈萨克斯坦拜科努尔航天发射场发射升空。Radarsat - 2 具备全极化观测能力的 SAR 卫星平台,同时具备通过左、右两种视向获取多种模式海面的能力,跨越式提高了对地观测的水平(图 2 - 15)。

图 2 - 15　Radarsat - 2 卫星外观模拟

L 波段合成孔径雷达(SAR)系统已经在多颗日本的对地观测卫星中得到了应用,主要包括 JERS - 1、ALOS 和 ALOS 2。L 波段雷达的特点(波长大约 24 cm)就是可以穿透树木植被从地面收集信息,如森林(针对某一特定范围),当地震或者火山运动引起地壳运动时,相对于其他波段的 SAR,L 波段雷达能更准确地观测陆地的变化。

ALOS PALSAR 传感器在 JERS - 1 单一 HH 极化基础上,增加了多种极化观测方式,卫星提供三种观测模式:高分辨率模式、扫描式合成孔径雷达模式、极化模式,其最高空间分辨率约为 10 m,最大幅宽 350 km。ALOS 2 搭载的 PALSAR - 2 在 PALSAR 传感器基础上又有了许多改进,如增加双向侧摆的观测能力,缩短的重访周期,并增加了 Spotlight 模式,最高空间分辨率达到 1 m×3 m。

2007 年,德国和意大利分别开始发射的 TerraSAR - X 卫星和 COSMOS - SkyMed 卫星 4 星星座(第四颗已于 2010 年 6 月发射),均为 X 波段 SAR。在 SpotLight 模式下,两种卫星均可获取最高 1 m 分辨率的微波遥感影像,如此高的空间分辨率为分析较小尺度的海洋现象提供了可能。

COSMOS - SkyMed 首次实现同型号 SAR 卫星多星组网,极大地提高了 SAR 卫星对特定地区的重访能力,在某些特定时段其重访周期可缩短至 1 h 之内,加之 SAR 自身全天时、全天候的工作能力,使得小时级连续监测重大海洋事件成为可能,对拓展商用 SAR 系统的应用领域发挥着难以估量的作用。

目前在轨运行的 SAR 卫星系统,多数具有高分辨率多极化对海观测能力。在波段种类上,以上各系统覆盖了 C、L、X 多种波段;在极化方式上,已由单一的 VV 或 HH 极化,发展为交叉极化或全极化。

观测波段和极化特征的多样性,增强了 SAR 卫星提取目标物电磁散射特征信息的能力,进而提高了 SAR 对多种地物目标的判别能力。

(二)国内发展现状

海洋三号卫星(HY-3)是我国第一颗民用 C 波段多极化 SAR 卫星,可实现全天时、全天候海面目标与环境监测,主要用于获取海洋浪场、海面风速场、风暴潮漫滩、内波、海冰和溢油等信息,为海洋监察执法、海岛、海岸带调查、海洋资源调查开发、海洋环境监测保护、海洋权益维护、应对气候变化等提供重要技术支撑,同时也为水利、气象、农业与林业等应用提供服务,提高突发事件应急响应能力及灾害预警能力。

HY-3 具有的多模式、高空间分辨率、大成像幅宽、多极化、定量化应用的特点,是我国空间分辨率最高的民用 SAR 卫星。其搭载的 SAR 载荷具有 10 余种观测模式,分辨率范围为 3~1 000 m,观测幅宽为 5~650 km,能够实现单极化、双极化和全极化等多种工作方式,还特别为海洋观测设计了两种专用观测模式——波模式与全球观测模式,卫星采用太阳同步近圆晨昏轨道,轨道高度约 800 km。覆盖周期为 3 d,绝大多数地区可 1~3 次重访。卫星具有双侧视能力,可大大拓宽可视区域,提高重访和快速响应能力,观测能力与国外先进 SAR 卫星水平相当,卫星设计寿命 5 年。

此外,2012 年开始,我国正逐步建设 4 颗 S 波段 SAR 卫星组成的环境(HJ)系列卫星星座,建成后必将有助于提高我国海洋环境监测的能力。

总之,高时空分辨率极化 SAR 的推广应用,可以提高 SAR 系统对海面目标的识别能力,并有望实现对海洋目标的准实时监测。随着 SAR 卫星系统的不断发展,海洋遥感的重点明显地由验证试验性模型产品转变为业务化成果,并逐步进入社会生活的各个方面,从而形成其发展史上一个新的高潮。而如何发挥 SAR 数据的观测优势,提升其海洋遥感产品的反演精度,成为 SAR 遥感应用研究的重要课题。

(三)发展趋势

海洋 SAR 遥感应用技术的发展得益于传感器技术、轨道设计及星座规划技术、SAR 遥感信息提取技术等相关关键技术的长足发展。目前,SAR 遥感的空间分辨率、单幅图像观测幅宽、时间分辨率、极化信息提取能力、干涉测量能力等都得到了大幅度提高,有效推动了 SAR 海洋观测技术的发展,主要表现为:①SAR 精细化观测能力的进步,推进了 SAR 海上目标监测和识别能力的发展,特别是对海上小型人工目标的识别与判读能力得到了有效提高。②超大幅宽 SAR 遥感监测能力进一步提升,有效推动了较大尺度海洋现象的观测能力,如台风结构。③随着 SAR 卫星星座的发展,SAR 的高重访能力得以体现,这对于发挥 SAR 在紧急情况下、恶劣天气条件下的遥感应急监测能力至关重要。④SAR 极化信息提取技术的发展,推动了 SAR 海面风场反演技术、海浪谱技术、海面目标识别技术的发展,通过极化干涉测量，还有望获取海面流场信息。⑤将雷达高度计与干涉 SAR 技术相结合，获取更高分辨率的海面高度数据。

我国 SAR 卫星海洋遥感技术目前已经基本达到世界先进水平，但在以下几方面尚有待提高。

（1）SAR 卫星的定轨精度有待提高。目前我国 SAR 卫星的几何纠正精度仍然不足以满足干涉测量的要求，影响了 SAR 遥感应用在干涉测量领域的发展。

（2）辐射定标能力特别是外定标能力有待提高。虽然我国技术装备水平已经可以制造性能优良的星载 SAR 传感器，并实现了高标准的内定标检验，但具体的遥感应用中更需要可靠的外定标，以实现 SAR 数据的定量化遥感应用，而相关外定标场，特别是海上外定标场建设相对滞后。

（3）尚未实现 SAR 卫星组网观测。目前 SAR 卫星组网观测已经成为趋势，而我国目前尚未形成民用 SAR 卫星组网观测能力。当突发事件发生时，光学卫星往往受天气影响难以满足应急响应要求；而重访周期过长的 SAR 卫星提供的有限数据也难以满足近实时监测的需要，因此亟须尽早建设 SAR 卫星星座，实现 SAR 卫星组网观测。

（4）SAR 遥感机理基础研究不足。根据 SAR 遥感机理，雷达后向散射回波强度主要受目标物介电特性和表面粗糙度影响，而目前许多地物目标的介电特性测量在我国仍属空白，复杂目标的电磁波散射机制更是少有研究。

第三章
海洋环境定点观测技术

海洋环境观测定点平台主要包括岸基的海洋观测站(点)、河口水文站、海洋气象站、验潮站、岸基雷达站等以及离岸的锚系浮标、潜标、海床基和海底观测网等。从20世纪初海洋站(点)的初步应用到60年代锚系浮标的研制成功，再到现在深海海啸浮标的广泛应用，海洋环境定点观测技术的观测方式逐渐增多，观测领域也从海洋–大气相互作用到全球海洋立体环境观测，初步实现了海洋的气象、物理与生物化学等要素的实时数据获取。海洋环境观测定点平台已成为世界各国业务化海洋环境观测的主要手段，在海洋科学研究、海洋防灾减灾、海洋经济发展等方面发挥了重要作用。

第一节 海洋站

海洋站是建设在海滨或岛礁固定的海洋环境观测设施。海滨是海洋能量交换最剧烈，海洋灾害发生最频繁的区域。因此，在海洋站开展海洋环境观测具有重要意义，得到了世界上沿海国家的高度重视。经过几十年的发展，海洋站海洋环境观测技术及业务日趋成熟，海洋站水文气象观测系统已发展成为近海海洋环境观测网的一个重要组成部分。

一、国外发展现状

海洋站海洋环境观测技术是世界沿海国家发展最早，也是最为成熟的、最先实现业务化应用的海洋技术。其中，美国、欧洲和日本等发达海洋国家和地区的海洋观测技术居于世界领先技术水平。美国1807年由总统杰弗逊立法成立海岸测量机构，开始沿海水位观测及航道测量，日本1910年建立了为渔业服务的海岸观测站。近几年来，随着以计算机技术、卫星遥感技术为基础的海洋模型理论和海洋预报理论与技术的发展，海洋观测站布点更为科学、合理，观测数据更为精准，应用服务更为广泛。

美国的海洋站观测网络主要包括国家海洋局(National Ocean Service，NOS)属下业务化海洋观测产品和服务中心(Center for Operational Oceanographic Products & Services，CO – OPS)管理的国家水位观测网(National Water Level Observation Network，NWLON)以及国家气象局(National Weather Service，NWS)属下国家资料浮标中心(National Data Buoy Center，NDBC)管理的近海自动观测网(Coastal – Marine Automated Network，C – MAN)。目前NOS管理着全美232个长期业务化水位站。随着地方和国家需求的不断增加，水位站将继续增多。美国的水位观测站分三级：①主控潮汐站，这是一种

永久性常设潮汐站（232 个）；②二级站（数百个），位于主控站之间，观测时间至少连续一年，为当地提供潮汐预报和水位季度变化资料；③三级站，位于二级站之间，观测周期至少 30 d，主要用于更准确地获取二级站之间特殊地区的潮汐资料。NWLON 的水位仪主要有：空气声学水位仪（多用作主机）；压力式水位仪（包括装设在水下的压力传感器和气泡式水位计，前者多用作副机，后者在北方冰冻地区作为主机使用）；采用绝对轴角编码器的浮子式水位仪（大湖区水位站的主机）；微波式水位仪（未来将逐渐取代大部分的空气声学水位仪和浮子式水位仪）。主要的水位站还安装了 GPS，结合陆基测绘系统监测绝对水位变化（主要海洋观测传感器/仪器见表 3 – 1）。NWLON 的部分潮位站除对水位进行观测外，还对水温、气温、气压、风速、风向等气象要素进行观测（图 3 – 1）。

图 3 – 1　典型 NWLON 验潮站

表 3 – 1　美国主要业务化海洋观测传感器/仪器

测量要素	生产厂家	型号	测量指标
潮位（水位）	美国 Aquatrak	Aquatrak 5000	动态测量范围：>10 m（标准），>15 m（可选），>23 m（定制）；水文变化速率范围：±3 m/s；分辨率：1 mm；标度校准：±0.025%（标准）；±0.01%（可选）；非线性：±0.02%
	美国 WaterLOG	H – 361i	测量范围：0.3～40 m（H – 3611），0.3～70 m（H – 3612）；测量精度：±3.0 mm；响应时间：1～5 s；浪涌保护：内置 1.5 kVA
	美国 YSI	YSI 600LS	测量范围：0～9.1 m；测量精度：±3.0 mm，分辨率 1 mm；响应时间：1～5 s；测温范围：−5～+50℃；精度 ±1.5℃；分辨率 0.01℃
风向、风速	美国 R. M. YOUNG	05106 海洋型	测量范围：0～100 m/s（224 mph）；测量方位：0～360°；测量精度：±0.3 m/s（0.6 mph）或 1% 读数（风速），±3°（风向）
	美国 R. M. YOUNG	27005	测量范围：0～25 m/s（EPS），0～35 m/s（CFT）；直径：22 cm（EPS），20 cm（CFT）
	美国 R. M. YOUNG	81000	测量范围：0～40 m/s；分辨率：0.01 m/s（风速），0.1°（风向）；测量方位：0～360°；测量精度：±0.05 m/s 或 1% 读数（<30 m/s），3% 读数（>30 m/s）±2°（<30 m/s），±5°（>30 m/s）

续表

测量要素	生产厂家	型号	测量指标
风向、风速	芬兰 Vaisala	WMT70i	测量范围: 0 ~ 40 m/s(701), 0 ~ 65 m/s(702), 0 ~ 75 m/s(703), 0 ~ 60 m/s(52); 测量方位: 360°; 测量精度: 70i 型: ±0.01 m/s 或 2% 读数(风速), ±2°(风向), 52 型: ±0.3 m/s 或 3% 读数(风速 0 ~ 35 m/s), ±3%(风速 36 ~ 60 m/s)
	芬兰 Vaisala	WM30	传感器: 风杯(风速), 风标叶片(风向); 测量范围: 0.5 ~ 60 m/s, 0 ~ 360°; 启动阈值: <0.4 m/s(风速), <0.1 m/s(风向); 测量精度: ±0.3 m/s(<10 m/s), <2%(>10 m/s), ±3%(风向)
气温、水温	美国 YSI	EXO	测量深度范围: 250 m; 温度: -5 ~ +50℃(工作); -20 ~ +80℃(存储); 分辨率: 0.01℃; 测温精度: ±0.15℃
	美国 YSI	6600	温度: -5 ~ +50℃(工作); -10 ~ +60℃(存储); 测温范围: -5 ~ +50℃, 温度传感器 6560; 分辨率: 0.01℃; 测温精度: ±0.15℃
	美国 YSI	6000MS V2	温度: -5 ~ +50℃(工作); -10 ~ +60℃(存储); 测温范围: -5 ~ +50℃, 温度传感器 6560; 分辨率: 0.01℃; 测温精度: ±0.15℃
气压	美国 Setra	Model 270	测量精度: <±0.05% FS; 迟滞: 0.01% FS; 分辨率: 无限, 仅受输出噪声限制(0.005% FS); 温度影响: 补偿范围 -1 ~ +49℃; 大气压范围: 0 ~ 10 psig, 20 psig, 50 psig, 100 psig(绝对), 0 ~ 5 psig, 10 psig, 20 psig, 50 psig, 100 psig(表压)
	美国 Setra	Model 276	测量精度: <±0.25% FS; 大气压范围: 0 ~ 20 psig; 分辨率: 无限, 仅受输出噪声限制(0.005% FS); 温度影响: 补偿范围 -1 ~ +49℃; 工作温度: -18 ~ +79℃
	美国 Setra	Model 278	测量精度: <±0.25% FS; 大气压范围: 500 ~ 1 100 hPa/mb, 600 ~ 1 100 hPa/mb, 800 ~ 1 100 hPa/mb; 分辨率: 0.01 mb; 工作温度: -40 ~ +60℃
	芬兰 Vaisala	PT210	测量范围: 50 ~ 1 100 hPa, 500 ~ 1 100 hPa; 测量精度: 50 ~ 1 100 hPa; 型号: 20℃时, ±0.35 hPa; 长期, ±0.2 hPa/a; 500 ~ 1 100 hPa 型(A 型): 20℃时, ±0.15 hPa; 长期, ±0.15 hPa/a; 500 ~ 1 100 hPa 型(B 型): 20℃时, ±0.2 hPa; 长期, ±0.1 hPa/a
海流	美国 FSI	3D - ACM	最大流速量程: 3 m/s; 精度: ±2%; 最大工作深度: 1 000 m
	挪威 NorTek	Aduadopp	最大流速量程: 5 m/s; 精度: ±1% 或 5 mm/s; 采样频率: 1 s 至几小时; 采样位置: 距探头 0.3 ~ 5 m(可选)
	挪威 NorTek	Vector	声学频率: 6.0 MHz; 精度: ±0.5% 或 1 mm/s; 采样频率: 1 ~ 64 Hz; 采样位置: 距探头 0.15 m

续表

测量要素	生产厂家	型号	测量指标
盐度、电导率	美国海鸟	SBE19 Plus SEACAT 和 SBE 911Plus	测量范围：$-5 \sim +35℃$（温度）；$0 \sim 7$ S/m（电导率）；上限 15 000 psig，取决于具体位置（压力）；精度：$\pm 0.001℃$（温度）；$\pm 0.000\ 5/m$ 19 Plus，$\pm 0.000\ 3/m$ 911 Plus（电导率）；$\pm 0.1\%$ 满量程 19 Plus，$\pm 0.015\%$ 满量程 911 Plus（压力）。分辨率：$\pm 0.001℃$ 19 Plus，$\pm 0.002℃$ 911 Plus，（温度）；$\pm 0.000\ 05/m$ 19 Plus，$\pm 0.000\ 4/m$ 911 Plus（电导率）；$\pm 0.002\%$ 满量程 19 Plus，$\pm 0.001\%$ 满量程 911 Plus（压力）
	澳大利亚 Greenspan	EC250	测量范围：$0 \sim 1\ 000$ μS/cm 到 $0 \sim 70\ 000$ μS/cm（可定制），线性度：$0.2℃$（温度）；$\pm 1\%$ FS（电导率）；精度：$\pm 1\%$ FS（25℃标态），$\pm 0.7\%$ FS（25℃非标态）
波浪	荷兰 Datawell	MKIII	测量范围：± 20 m（波高）；$1.6 \sim 30$ s（周期）；$0 \sim 360°$（方向）；分辨率：1 cm（波高）；$1.5°$（方向）；精度：$< \pm 0.5\%$，三年后 $< \pm 1\%$（波高）；$0.4 \sim 2°$（方向）
	挪威 NorTek	NorTek AWAC	测量范围：$0 \sim 30$ m；采样频率：2 Hz；单元大小：$0.4 \sim 2$ m；精度：1%；收集面积：100 cm^2
雨量	美国 R. M. YOUNG	50202	精度：± 1 mm；尺寸：高 65 cm，直径 14 cm；驱动临界：1 mm
	美国 R. M. YOUNG	52202	精度：$\pm 2\%$（25 mm/h），$\pm 3\%$（50 mm/h）；能耗：24 VDC/AC，500 mA；工作温度：$-20 \sim +50℃$；收集面积：200 cm^2

NWS 的 C-MAN 观测站为海洋水文气象预报服务，侧重沿海气象观测，其分布见图 3-2。主要观测海面大气压、气温、风速、风向和阵风，在部分站还观测相对湿度、降水量和能见度。水文观测只在少数站开展，观测水位、水温和无方向的浪高和周期。数据发报与气象浮标相同，每小时一次。

日本是世界上海洋灾害发生最为频繁的国家之一，为了满足防灾减灾的需要，日本各级海洋机构在沿海建设了大量海洋观测站（图 3-3），可观测潮位、水温、盐度等水文参数，观测点密度为世界最高。

此外，欧洲瑞典的海洋观测站（图 3-4）主要用于开展潮汐、海洋气象、波浪、水温和海流观测。

二、国内发展现状

我国自 20 世纪 80 年代开始海洋站水文气象自动观测技术研究。2000 年前后国家海洋局在我国沿海和岛屿初步建成了第一代业务化海洋站水文气象自动观测网（图 3-5），为海洋预报、海洋防灾减灾和海洋科学研究提供我国沿海的波浪、潮汐、水温、盐度、风速、风向、气温、相对湿度、气压和降水等水文气象观测数据。此外，其他涉海单位或机构，如海事局等也在我国沿海建立了多个验潮站（图 3-6），开展海洋水文观测，为航行安全等提供服务。

海洋技术进展 **2014**

图3-2　C-MAN站点

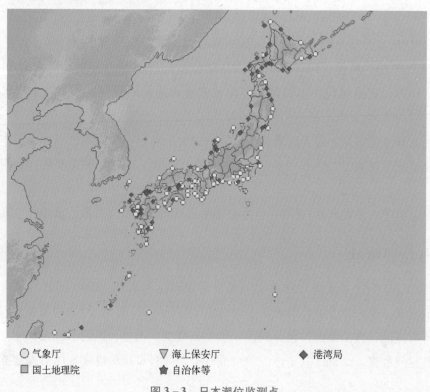

○ 气象厅　　　　　　▽ 海上保安厅　　　　　◆ 港湾局
□ 国土地理院　　　　★ 自治体等

图3-3　日本潮位监测点

54

图 3 - 4　瑞典海洋观测站布局

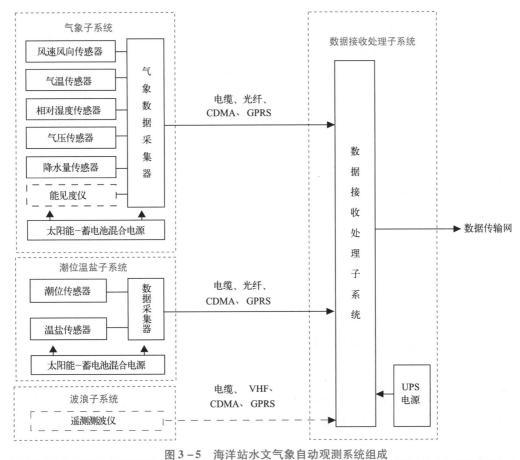

图 3 - 5　海洋站水文气象自动观测系统组成

图3－6　验潮站

第一代海洋站水文气象自动观测网的建成，使我国得以开展业务化海洋站水文气象观测业务，但站点数量少、观测系统功耗及维护难度相对比较大，与发达国家海洋站观测系统相比还存在一定技术差距。2008年以后，随着防灾减灾等海洋观测系统建设专项的实施，海洋站水文气象自动观测网进入了一个新的发展时期。首先是站点的数量不断增加，目前国家海洋局下属的海洋站点数量比2001年前后已经增加了一倍，达到120多个。此外，海洋站水文气象自动观测系统也发展到第二代，实现了低功耗、无人值守和友好人机交互等功能，整体性能与国外基本相当。其中，国家海洋技术中心研制的XZY3型海洋站水文气象自动观测系统得到广泛应用。

随着海洋站水文气象自动观测网的快速发展，相应的海洋观测仪器设备管理、数据处理、数据通信、数据质量保证等配套制度和标准也日益完善。2012年《海洋观测预报管理条例》实施以后，海洋站水文气象自动观测网的发展进入了一个新高潮，全国性和区域性的海洋观测规划不断出台，为实施精细化海洋观测预报打下了基础。

三、发展趋势

随着海洋观测仪器设备技术水平的不断提高和海洋观测业务的深入开展，美国、欧洲及日本等发达海洋国家和地区海洋站观测的发展趋势主要如下。

（一）观测技术水平不断提高

欧美等发达国家的海洋站使用的都是国际知名海洋仪器公司研制的商业化设备，代表了当前最高的技术水平。随着电子、计算机和材料技术的快速发展，新的传感器和设备不断涌现，海洋观测技术水平不断提高。

（二）业务化观测与数据应用紧密结合

美国海洋大气管理局（NOAA）在 2007 年制定的战略发展计划《Strategic Plan（2008－2014）》提出了海洋观测的七项社会目标：①改善气候变化预报和天气预报，为沿海社区和国家产生更多效益；②提高海上作业的安全性和作业效率；③更有效地减轻自然灾害的影响；④增强国家和国土安全；⑤降低公共卫生风险；⑥更有效地保护和恢复健康的海洋生态系统；⑦推进持续性的海洋资源利用。

目前，NOAA 已经形成"实时观测－模式模拟－数据同化－业务应用"的完整模式，持续为海洋预报、科研、防灾减灾、经济发展和国防安全等提供服务。其中，海洋观测站作为海洋观测网的重要组成部分，提供了海滨及近岸海洋环境观测数据。此外，模式模拟、业务应用等也会对海洋站的观测能力及布局提出需求，促进观测业务及布局的优化。

（三）观测系统可靠性不断提高

以美国为例，NOAA 建立了海洋观测仪器设备测试评估机制，开展了 NOAA/CO－OPS 的海洋传感器测试和评估计划（Ocean Sensor Testing & Evaluation Program，OSTEP）。OSTEP 为 NOS 和仪器制造商提供实际的运行环境，对传感器、数据通信和数据采集等软/硬件的性能和可靠性进行评估，并且提供集成测试能力。同时，OSTEP 制定了科学而详细的测试评价标准，提供可靠的场地设施，吸引仪器制造商利用 OSTEP 评估其设备性能。OSTEP 的主要功能包括：①为 CO－OPS 提供数据质量保证；②为 NWLON 评估新设备；③为其他海洋观测系统提供设备评估；④为用户提供数据管理和网络服务；⑤为 CO－OPS 信息系统提供保证。通过 OSTEP 系统的测试和评估，可为美国 NWLON、C－MAN 海洋观测网选择性能优良的观测仪器和设备，进一步提高了观测系统的可靠性。

（四）观测系统业务化保障能力持续加强

美国、日本和欧洲等国家或地区的海洋站观测系统均由专门机构进行维护和管理。为保证观测业务的稳定运行，美国海洋站管理部门拟定了维护日程表、作业手册和标准，维护队伍培训及合同商支援计划，编写了维护队伍及合同商使用的指南与检查单、紧急维修程序，培训维护队伍成员监督合同商。依照计划执行作业系统检测，完成所需要的定期维护及紧急维修。在专业的维护和管理下，观测系统的业务化保障能力持续加强。

（五）海洋观测与监测逐步融合

随着海洋环境问题的日益突出，在现有海洋观测站基础上集成海洋生态要素已经成为发展趋势。目前，国外很多海洋站已经增加了生态参数观测，但限于常规的、易于实现自动观测的参数。如德国联邦海洋与水文测量局 MARNET 监测网络在北海海域和波罗的海海域共建立了 11 个海洋观测站，这些观测站能够采用自动化监测设备开展若干海洋生态参数的监测。

我国海洋站水文气象自动观测技术及业务发展与海洋预报等业务需求息息相关，主要发展趋势为：

（1）观测技术水平不断提高。目前，我国的海洋站水文气象自动观测技术已经发展到第三代，测量性能尤其是水文要素的测量性能日趋提高。此外，为了应对海洋防灾减灾的需要，波浪漫滩、波浪漫堤、风暴潮等的现场测量技术也得到了发展和应用。

（2）观测功能不断增加。根据新发布的《全国海洋观测网规划（2014—2020）》，海洋站的功能将不断得到加强，以应对不断增加的海洋观测预报、海洋防灾减灾和海洋科学研究需求，除对常规水文气象要素进行观测外，还将逐步开展地震、海气边界层等观测。

（3）观测与监测业务不断融合。随着我国海洋生态文明建设的不断推进，海洋生态环境监测需求日益迫切。因此，基于现有海洋观测站开展生态环境监测的尝试陆续开展。例如，烟台海洋环境监测中心站于2011年10月在烟台港码头的验潮站内布放了一套岸基海洋生态环境在线设备，主要监测的参数包括溶解氧、叶绿素、蓝绿藻、浊度、pH值、油类、电导率、硝酸盐、磷酸盐、硅酸盐、氨氮、气温、太阳辐照度等。

第二节　定点观测雷达

常用的雷达观测仪器有以波浪场和流场为观测对象的高频地波雷达、X波段测波雷达、C波段或S波段多普勒测波雷达。

一、高频地波雷达

高频地波雷达（High Frequence Radar，HFR）利用短波（3～30 MHz）在导电海洋表面绕射传播衰减的特点，采用垂直极化天线辐射电波，能超视距探测海平面视线以下出现的舰船、飞机、冰山和导弹等运动目标，其作用距离可达300 km以上。HFR利用海洋表面对高频电磁波的一阶散射和二阶散射机制，可以从雷达回波中提取风场、浪场、流场等海况信息，实现对海洋环境大范围、高精度和全天候的实时监测。HFR被认为是能实现对各国专属经济区进行有效监测的高科技手段。

根据雷达波束特征、确定回波信号方位所使用的方法以及相应天线系统的差异，HFR可分为窄波束和宽波束两类。窄波束雷达一般采用相控阵式天线系统，天线阵列较长，具有测量准确度和空间分辨率较高的特点，如英国的海洋表层海流雷达（Ocean Surface Current Radar，OSCR）和德国的WERA（Wave Radar）。宽波束雷达一般采用紧凑天线阵或阵列，表现为移动性好，易于安装管理等特点，但其角度分辨率和测量准确度要逊于窄波束雷达，代表性产品为美国的CODAR（Coastal Radar）（图3-7）。

单部雷达获取的仅是其覆盖区域内呈扇形网格分布的各雷达元的径向流速，即雷达元区域内表层海流在雷达径向上的投影。通常在一定距离外设置第二个雷达或在多个地点设置多个雷达，获得雷达元区域内另一方向或多个方向上的径向流速，从而得以推算公共覆盖区域的矢量流场。HFR还可以提供包括风、浪等海洋动力学参数，但反演算法和产品的成熟度均不如海流。

CODAR(美国)   WERA(德国)

图 3 - 7　高频地波雷达天线阵

（一）验证研究

表层海流的随机性极强且相对难以观测，传统海流仪器少有大面积的同步观测，而 HFR 的优势体现在其可以连续获取大面积海流且不受天气海况的影响。而要证明其地波雷达的海流结果真实可靠，传统仪器的现场验证至关重要。验证通常以雷达覆盖海域的某点或多点作为代表，使用传统测流仪器进行现场观测，统计同步序列的均方差等参数，以此来评价雷达观测海流的可靠性与精准度。

国家海洋局第三海洋研究所朱大勇等对国外验证研究进行了回顾与总结，地波雷达海流观测所得流速（包括径向流，合成矢量流以及流速 u、v 分量）和传统仪器观测结果的均方差大约在 10 cm/s 的量级，统计均值为 13.2 cm/s，最大值基本不超过 20 cm/s。矢量流流向的验证误差一般在 30°以内，其中宽波束雷达径向流方位角误差一般在 10°以内，最大为 15°。虽然各个验证参数与误差评价方法有所差异，在考虑与传统仪器观测物理实质差别的情况下，地波雷达作为陆基遥测海流的设备是可以使用的。地波雷达可在如黑潮或者湾流等难以获取表层流场信息的深海区域进行观测，并利用其高时空分辨率的海洋过程捕捉能力而成为沿岸动力学的重要手段。

目前国际海洋界已经普遍接受 HFR 能有效探测流场的观点，国内外主要地波雷达的海流探测已达到常规业务化海洋观测的水平。

（二）国外发展现状

美国自 2002 年开始利用 HFR 进行海洋观测，在 2004 年时雷达站数目尚不足 15 个，但从 2005—2006 年呈现爆发性增长，在 2008 年雷达站点达到 100 个，截至目前，已经部署超过 130 个高频地波雷达站。这些雷达站通过"HFRNet"将不同频段、不同模式、不同极化方式的雷达站链接成网，网内雷达的信息汇集至中心站综合处理,形成雷达网覆盖范围内的情报信息,供给不同用户使用(图3-8)。经过10多年的发展,美国的高频地波雷达观测和应用网络已经非常完善,数据产品用于潮流准实时预报、溢油扩散模型研究、应急救援等。

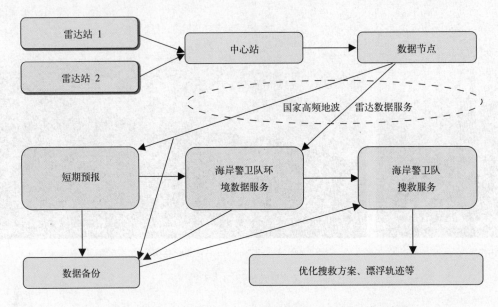

图3-8 "HFRNet"产品——美国海岸警卫队搜救系统示意图

亚洲、大洋洲目前大约有110多个正在运行的HFR。2012年5月,第一届亚洲海洋雷达会议在韩国首尔召开,会议的目的是交流雷达网的发展、雷达数据管理技术以及邻近国家和地区雷达数据反演研究活动和应用情况。

日本的海洋雷达研究始于20世纪70、80年代,最早由海岸警卫队联合气象部门组织实施,目前大约有50余台使用多种频率带宽的雷达已经安装并已用于研究和观测日本沿海地区。如图3-9所示,这些地波雷达分布在13个观测站(点)。每个观测网络由2~7台雷达组成,这些雷达由不同的机构负责运行维护。雷达数据也由各个机构进行收集和存储,一些机构在互联网上发布海流、波高图。但到目前为止还没有在国家层面对全日本的海洋雷达观测网进行管理和集成。

韩国也于1992年开始使用海洋雷达观测表面流,使用的是SeaSonde(CODAR, 25 MHz)系统,设备部署于韩国西海岸的Keum河口。从那时起雷达站开始逐渐建设,至2012年已有25台雷达系统运行于8个海洋站。韩国HFR由韩国水文和海洋管理局(Korea Hydrographic and Oceanographic Administration, KHOA)、韩国海洋科学和技术研究所以及首尔国立大学等建立并运行。KHOA向公众提供实时的观测数据。2011年11月韩国海洋雷达论坛(Korea Ocean Radar Forum, KORF)成立,研究雷达网络规划、运行、维护、数据产品以及讨论运行维护人员和最终用户等共性问题。KORF每年将要办一次研讨会,目标是建立覆盖韩国全海岸的海洋雷达网络。由于目前韩国的雷达网各个节点之间的距离超过80 km,并且大部分的雷达采用13~25 MHz的频率范围,因此目前雷达组网中不存在频率共享以及信号干扰等问题,未来拟引入GPS时间同步技术实现频率共享。

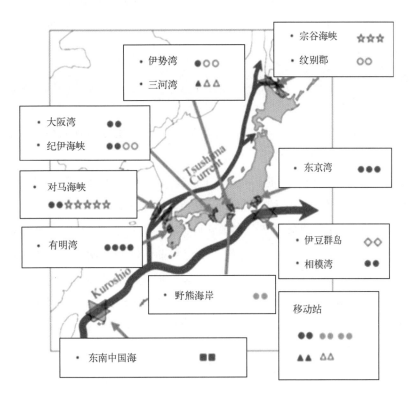

◇ 5.0 MHz　■ 9.2 MHz　★ 13.9 MHz　● 24.5 MHz　● 24.5 MHz　○ 24.5 MHz　▲ 41.9 MHz　△ 41.9 MHz

图 3 - 9　日本地波雷达分布

形状表示频率；实心符号表示阵列式；空心表示便携式天线；符号数量表示雷达数量

（三）国内发展现状

2008 年 7 月，中国台湾海洋科技研究中心（Taiwan Ocean Research Institute，TORI）成立，同时启动一个为期 4 年的通过 HFR 海洋雷达网络同步测量台湾周边海表面流场的项目。截至 2012 年，该项目共建立了 15 个雷达站。TORI 设计开发管理系统统一负责 15 个站的高频地波雷达维护管理和数据存储等。但台湾地波雷达站在使用过程中存在电离层干扰问题。

在"九五"和"十五"国家"863"计划的支持下，海洋动力学参数探测用 HFR 在 10 多年来得到迅速发展，目前已经开发出成熟的 OSMAR 高频地波雷达产品，在可靠性方面不低于国外产品，甚至在环境适应性方面优于国外产品。2009 年和 2010 年，武汉大学成功开展了分布式高频地波雷达探测试验，通过卫星同步实现了三站高频地波雷达分布式组网探测，其中包括一个车载机动式地波雷达。中南鹏力"十一五"期间研制的车载地波雷达，有效地实现了接收天线的小型化。截至 2012 年，大陆沿岸正在运行的 OSMAR 高频地波雷达已有 15 座。

国内也开始了 HFR 海流流场数据的应用研究工作。例如，国家海洋局第三研究所利用福建示范区 2005—2007 年的流场结果数据，发现台湾海峡西南海域表层海流主要由季风导致的顺岸流波动和常年存在的流速约 10 cm/s 的东北向背景流共同组成。2010 年 9 月 2 日，"狮子山"台风正面袭击了福建，东山和龙海的 HFR 观察到登陆过程中台风风眼的移动和变化。2011 年 7—8 月武汉大学联合南京大学、厦门大学在苏北浅滩开展了三站地波雷达联合观测试验，获得一批浅滩海洋回波数据，得到水深初步反演结果。

（四）发展趋势

仅就高频地波雷达观测技术本身而言，已经较为成熟，国产雷达在性能上与国外雷达相当，国内雷达厂家正在移动、双频 HFR 以及 HFR 在水深和水质探测的应用方面开展研究工作。因此，目前我国 HFR 存在的问题主要是应用方面的问题。

HFR 的工作频率频段十分拥挤，广播、海事、民航、业余无线电活动等均使用高频段进行长距离通信，世界上某些地区甚至不存在未使用的连续 3 kHz 以上的空闲频带。HFR 为了得到适合的空间分辨率，一般具有较宽的频带宽度（比如距离分辨率 5 km 时信号带宽 30 kHz）。随着 HFR 在沿海岸地区分布的逐渐增多，HFR 之间的互相干扰也会日趋严重。目前，同频组网技术能够从技术上减小雷达频率占用，国内厂家在这方面也做了大量准备工作，已具备业务化应用能力；同时，也需要从无线电管理上，做好地波雷达频率规划工作，例如，工业和信息化部最新修订发布的《中华人民共和国无线电频率划分规定》（2014 年 2 月实施）已经为海洋雷达指定了适用频段。

HFR 输出的是时间上连续的大面积流场、风场和浪场分布，时间分辨率一般为 10～60 min，所提供的信息在时间、空间、采样方式和所对应的物理含义上与其他测量方式存在很大的不同。国内外海洋学家在地波雷达数据质量控制以及将雷达数据与海洋动力学模型进行同化方面已积累了一定的经验，但是距离建立明确的应用规范还存在一定差距。

我国目前缺少像美国的 HFRNet 那样统一规划和建设的雷达观测和应用网络。需要从国家层面上研究和规划如何利用各种地波雷达实现对领海专属经济区的有效监测，充分发挥各种类型地波雷达的功能，协调多种地波雷达运行。

二、X 波段测波雷达

X 波段测波雷达是一种安装在海岸、海岛或平台上，利用 X 波段导航雷达的海面回波图像，获取表面流（场）、波浪（场）等信息的雷达系统。X 波段雷达还被用来观测海冰和溢油。

（一）国内外发展现状

X 波段雷达测量海流和波浪的基本方法来源于 1985 年 Young 等人发表的经典论文《利用海洋雷达图像进行海洋波向和表面流的三维分析》（A Three－Dimensional Analysis of Marine Radar Image for the Ocean Wave Directionality and Surface Currents）。1991 年德国 GKSS 研究中心成功开发了 X 波段雷达系统 WaMoS，经过 20 年的努力，研发人员对系统许多方面进行了改进，第二代 WaMoS Ⅱ 在海浪观测领域成为具有较高的精度和相对完善的系统。2000 年，由欧盟投资的德国 MaxWave 计划，利用 WaMoS Ⅱ 波浪监测系统可以成功地测量波高并绘制出表面波流，更加肯定了这一系统的高效性能。20 世纪 80 年代末，挪威 Miros 公司研制了 WAVEX 系统，并在 1996—1998 年开始形成商业产品。WAVEX 系统还有溢油监测等功能。

在国家自然基金、"863"计划等支持下，国内哈尔滨工程大学、国家海洋技术中心、中国海洋大

学、中国科学院、武汉大学和天津大学等单位开展了 X 波段测波雷达研究工作，基本原理仍基于
Young 的三维傅里叶分析方法。中国科学院崔利民等研究了双极化雷达的回波图像获取方法以及基于
Radon 变换的海浪参数探测技术。王作超等对 X 波段雷达数据可信度进行了综合分析，同时利用谱相
似原理，完成相对海浪谱到绝对海浪谱的转化，促进 X 波段雷达数据的应用。

X 波段测波雷达已经形成国产化产品，但是尚未见到公开的商用国产 X 波段测波雷达的比测报告。
国内使用的 X 波段测波雷达大部分是 WaMoS Ⅱ 和 WAVEX 系统，有少量站点使用的是国产设备。

（二）存在的问题和发展趋势

目前 X 波段测波雷达对波浪和表面流的测量技术较为成熟，但在风速低于 3 m/s、波高小于
0.5 m/s 或存在降水时，观测结果不可信，这是其原理导致的。此外，一般 X 波段测波雷达有效波高
的观测误差为均方误差 0.5 m，正态分布条件下误差超过 0.5 m 的概率约为 30%，超过 1.5 m 的概率
约为 1%，由此可见其对小波浪观测效果不佳。

从我国近岸 X 波段测波雷达使用情况来看，存在和地波雷达一样的选址问题，部分海区存在养殖
用的网箱等导致在岸基 X 波段雷达图像中存在强反射区域；其次，部分站点测波雷达关键参数没有经
过比测调整；最后，大部分地区近岸波浪很小，有效波高大于 1 m 的海况出现几率很小，X 波段测波
雷达绝大部分时间观测数据是无效数据，对于偶尔出现的恶劣天气过程，比如台风，经常会伴随着降
水，再次降低了 X 波段测波雷达的应用效果。

从国外应用情况来看，多传感器数据融合方法是改善 X 波段测波雷达观测精度的有效手段。如美
国东海岸使用时，通过风数据进行修正可以提高波浪观测精度。加拿大国防研究与开发中心，通过船
舶姿态传感器数据和雷达观测数据进行数据融合，也取得了不错的观测效果，图 3 - 10 是其在 2011 年
的试验效果。

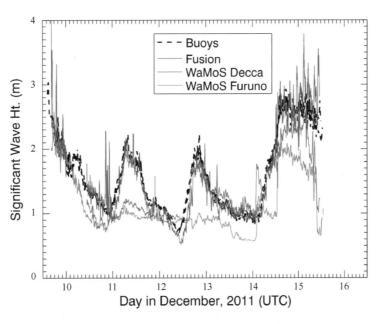

图 3 - 10　加拿大开发的船载测波雷达数据融合算法试验效果

除了提高 X 波段测波雷达的表面流和波浪的测量准确性以外，水深反演和风场等多参数测量也是 X 波段测波雷达的主要发展方向。

三、多普勒测波雷达

多普勒测波雷达是一种先进的微波雷达，通过脉冲多普勒原理测量得到水体质点的速度谱，进而获得海浪和海表面流等参数。该类型雷达具有测量精度高，不需标定，对于非平稳海况也可得到准确的海浪谱和有效浪高、浪周期等要素；工作在 C 波段或者 S 波段，与 X 波段相比，电磁波波长较长，回波特性受雨滴和海面水雾的影响较小；发射功率小，电磁兼容性好等特点。

多普勒测波雷达主要有 MIROS 公司开发的 SM – 050 Wave and Current Radar Mk Ⅲ。我国国内在石油平台上有少量应用，图 3 – 11 是我国南海番禺某平台上的比测试验结果。

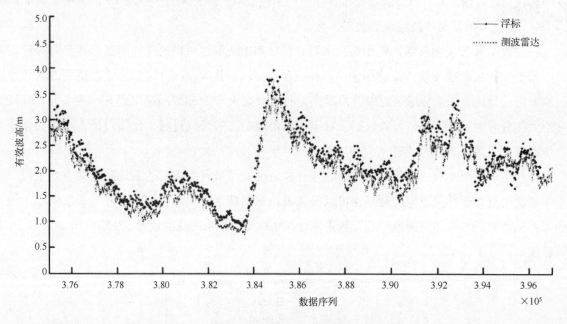

图 3 – 11　多普勒测量波雷达与测波浮标比测结果

武汉大学研发的多普勒雷达与 MIROS 产品类似。与 SM – 050 相比，武汉大学的 S 波段多普勒雷达采用脉冲压缩技术，具有发射脉冲宽，测量精度高，发射功率低等特点。该雷达已经具备商用条件，并在 2013 年参加了上海国际海洋技术与工程设备展览会。武汉大学目前在提高其测量精度和系统可靠性的同时，还在拓展溢油、波浪破碎、小目标检测等功能。

第三节　锚系浮标

海洋观测锚系浮标是实现海洋动力环境和海气界面气象参数长期连续观测的主要手段，已成为海洋业务化观测必不可少的观测系统和离岸海洋观测的主要装备。随着科学技术的进步，锚系浮标的自动化水平、通信能力、可靠性、工作寿命都将越来越高。

一、国外发展现状

20 世纪 40 年代末，国外就开始了海洋资料浮标的研制工作，60 年代开始在海洋调查中试用，到了 70 年代，锚系浮标技术已趋于成熟。

1974 年，美国率先成立了专门管理海洋资料浮标的国家资料浮标中心（National Data Buoy Center，NDBC），多年来一直从事浮体和锚泊系统、海洋和气象传感器、资料通信技术、电源系统等方面的研制工作。NDBC 的成立，加快了浮标技术的发展，使美国的锚系资料浮标趋于定型、完善，并进入实用阶段。

NDBC 的锚系浮标主要有三种（图 3 - 12）：主要用于几百至几千米水深的海域直径为 10 m 和 12 m 的大型圆盘浮标和 6 m 船形中型浮标以及用于近海或者湖泊及河口监测的 3 m 圆盘形浮标。这些资料浮标系统普遍采用了高可靠性的微功耗计算机作为数据采集控制的核心，应用同步卫星或 Argos 卫星传输测量数据。

10 m 圆盘形　　　　　　　　6 m 船形　　　　　　　　3 m 圆盘形

图 3 - 12　NDBC 的锚系浮标

美国的伍兹霍尔海洋研究所（Woods Hole Oceanographic Institution，WHOI）作为海洋研究领域的领头羊，也有着多年研制浮标的经验，图 3 - 13 展示了 WHOI 过去 20 年研发的一系列浮标产品。

美国蒙特雷湾海洋生物研究所（MBARI）也从事海洋锚系浮标的研制，并与其他相关研究机构开展了广泛合作。2009 年起，MBARI 开始开展"波浪发电浮标"项目研发（图 3 - 14），系统设定的功率目标是 500 W，该系统利用液压发动机驱动转轴将波浪垂直运动转换成旋转运动驱动发电机发电，实现了较高的转化效率。

总体来看，美国的锚系浮标平台具有以下优势：

①同其海洋台站和雷达观测网通过卫星和有线数据通信网络，组成一个集数据采集、处理和传输

图 3 – 13　WHOI 浮标产品

图 3 – 14　MBARI 波浪发电锚系浮标

为一体的自动观测服务系统。

②数据处理中心可在 15～60 min 内完成对美国本土海域及全球海域定时观测资料的采集和实况显示，并能在 3 h 内通过分发系统将信息产品传输到全球各用户手中。

③可从 NDBC 网站上实时获得浮标观测资料，NDBC 负责观测浮标的计划、发展、管理和维护，并将观测数据收集、处理、对外发布。

与此同时，世界其他发达国家和地区也纷纷加快了自己的浮标研制步伐，浮标结构型式逐渐确定,如加拿大、挪威、英国等国家均拥有成熟的锚系浮标(图3-15)。

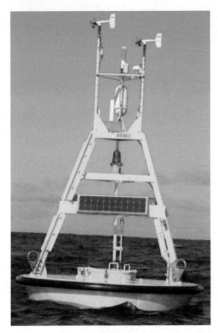  

加拿大3 m浮标   挪威 WaveScan浮标   英国锚系浮标

图3-15 其他欧美国家锚系浮标

之后,这些国家并没有停下浮标研制的脚步,但研究重点已从浮标结构型式的优化逐步转向对浮标内部系统的改进。随着电子技术的进步,浮标内部数据采集系统、数据传输系统、主控系统、电源系统等都取得了飞速的发展。

(1)采用系统集成功能强的处理器,数据处理速度快。处理器能够执行多任务实时操作,从而简化任务调度,提高系统工作效率;接口丰富,类型多,含有开关量、模拟量、串口、网口等标准接口;采用模块化、通用化设计,外围电路通用性广、扩展兼容能力强,方便与传感器及其他设备连接。

(2)传感器测量项目多,性能优良。采用先进的传感器和仪器来扩充浮标的功能。除了能够监测常规的海洋水文气象要素外,还能够监测生态环境类(叶绿素、溶解氧、化学需氧量、生物需氧量、重金属、放射性、营养盐、有机磷、石油碳氢化合物、赤潮细菌等)参数。测量传感器智能化和自动化程度高,采用传感器检测与微型处理器结合的方式来进行海洋参数的监测。

(3)浮标采用多种通信手段,通信可靠性进一步加强,实现遥测遥控功能。数据传输系统由最初的高频和超高频无线电通信方式发展到现在的卫星、电话、无线电等多种通信方式组成。通过卫星传输数据,突破了地理位置上的局限性;采用卫星的双向数据传输技术,使浮标的遥测和遥控功能得到实现。

(4)使用太阳能和其他新型能源。浮标最初使用蓄电池供电,现在普遍使用太阳能和蓄电池结合的供电方式,使浮标的工作寿命大大增加。为提高可靠性,有的浮标采用两个独立的供电系统,每个系统都有蓄电池和太阳能电池板,可以为整个浮标供电,这种设计进一步提高了浮标的可靠性。

这些改进使浮标技术进一步发展,浮标体积不断减小、重量不断减轻,建造成本也有所降低,同时浮标测量精度、可靠性不断提高,连续工作能力不断加强。截至目前,NDBC统计在站的锚系海洋资料浮标有 258 个，其中大部分为 NOMAD 浮标以及 3 m 圆盘形浮标，大型圆盘浮标已趋于淘汰。

在传统的锚系浮标技术持续发展的同时，一种可用于测量垂直剖面海洋参数的新型浮标——锚系浮标自动剖面测量系统也在国外开始投入应用。该类系统可以实现长期、连续、自动观测，可获取具有很高时间和空间分辨率的数据并实时传输，其实现方式主要包括水上绞车和波浪驱动等。

（1）基于水上绞车的剖面测量仪（图 3 - 16）。在浮体上集成水上绞车，通过控制绞车实现观测传感器的水中升降，测量范围一般在 100 m 以内，主要组成模块包括绞车、控制器、电池模块、无线通信模块等。代表系统主要有意大利 IDRONAUT 公司的 601/701 剖面浮标，已累计布放近 100 套，成功应用于科学研究中；以色列的大学间海洋科学研究所研制的锚系自动剖面测量仪；美国华盛顿大学在普吉特湾布放的海洋远程综合分析剖面监测浮标。此外，韩国 OTRNIX 公司、美国 SOSI 公司、挪威的 SAIV A/S 公司等均于近年推出了剖面监测浮标产品。

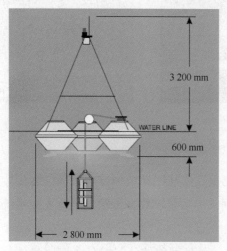

意大利 IDRONAUT 公司 601/701 剖面浮标

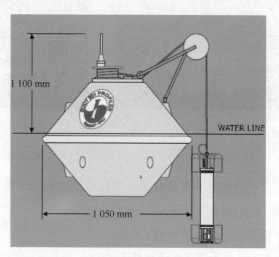

锚系自动剖面测量仪

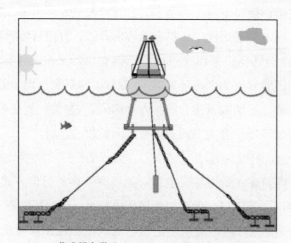

华盛顿大学 Oceanic Remote Chemical Analyzer

图 3 - 16　基于水上绞车的剖面测量仪

（2）波浪驱动的剖面仪。该类剖面仪使用随波性良好的水面浮标，锚系在其带动下随波浪起伏，剖面仪借助棘轮机构将这种起伏运动转化为剖面仪的单向运动（向上/向下），在到达某一位置时释放棘轮机构,剖面仪借助重力/浮力回到起始位置。美国 NOAA 下属的太平洋海洋环境实验室(PMEL)开发的 Prawler 剖面仪(图 3 - 17),目前已在易布放式浮标(ETD Buoy)上应用,剖面深度可达 500 m,在海浪作用下上升,到达顶端后借助重力自由下降,剖面测量的同时使用感应耦合方式将数据传输至水面浮标。一个循环(爬升和下降一次)需时约 1 h。加拿大贝德福德研究所(BIO)研发、ODIM Brooke Ocean 公司生产的 Seahorse(图 3 - 18 左)和美国斯克里普斯海洋研究所研发的 Wirewalker(图 3 - 18 右)同样由波浪驱动。

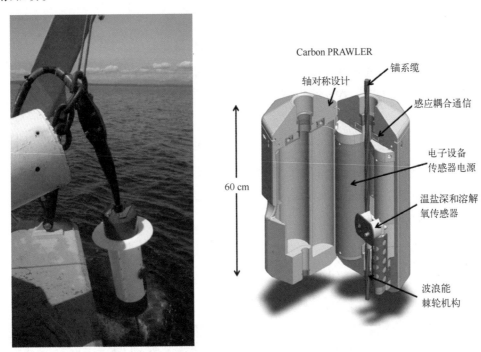

图 3 - 17　NOAA PMEL Prawler 剖面仪

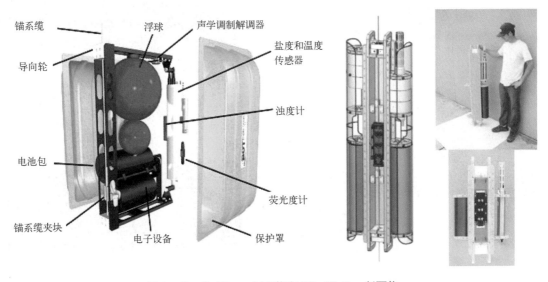

图 3 - 18　SeaHorse 剖面仪和 WireWalker 剖面仪

进入 21 世纪以来，美国、英国、法国、澳大利亚、日本等国家都建立了自己的资料浮标监测网，开展海洋气象、水文、生态等环境要素的监测。通过对浮标网数据的处理和全球共享，服务海洋环境变化监测、促进海洋经济开发、减少海洋灾害。总之，经过多年的技术进步与应用，国外海洋锚系浮标技术已经相当成熟，浮标种类齐全，测量项目多，海上生存能力强，其功能在商业化应用中不断完善，伴随着海洋监测需求的发展，还研制了许多专用化浮标和小型化浮标。

二、国内发展现状

我国锚系浮标的研制工作起步于 20 世纪 60 年代，最初只是研制单一参数浮标，经过国家"863"计划的创新完善，缩小了同国外先进水平的差距，尤其是在新技术应用方面初步建立起了浮标技术研究、管理使用、技术保障体系，然而，在浮标规模、资料应用、管理手段、资料可信度等方面与国外仍有一定差距。

我国目前已经拥有多种型号（10 m、6 m、3 m、2.4 m 和 2 m 等）和不同功能（水文气象监测、海洋动力环境监测、生态水质监测、应急核辐射监测等）的浮标。在位运行的浮标以金属架结构为主，其中 10 m 大型浮标和 3 m 小型浮标已经在国内海洋环境监测和海洋科学研究中发挥了巨大的作用，其他型号的浮标在我国部分海区有一定应用。

（一）大中型海洋资料浮标

目前，我国的大、中型浮标主要由山东省科学院海洋仪器仪表研究所研制，有 FZF4-1 大型海洋环境综合监测浮标及 6 m 拼装式组合浮标（图 3-19）。

FZF4-1

6 m 拼装组合浮标

图 3-19　我国大型浮标

目前，大型浮标的建造常需使用船坞，受建造厂家和场地所限，质量不易控制；海上布放回收采用拖航方式，费时长，成本高，受天气影响大。为解决这些问题，国家海洋技术中心正在研制挂装组合式浮标(图3-20)，通过拼装不同的模块可分别形成6 m中型浮标和10 m大型浮标，这种浮标便于运输、布放及回收。

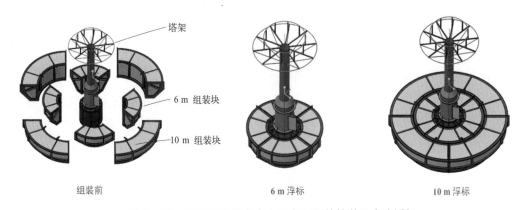

组装前　　　　　　　　　　　6 m 浮标　　　　　　　　　　　10 m 浮标

图3-20　国家海洋技术中心正在研制的挂装组合式浮标

(二)小型海洋资料浮标

国家海洋技术中心多年来一直致力于小型多功能海洋环境监测浮标的研制，目前已研制生产各型号浮标(图3-21)数十台。其中，3 m钢制浮标体采用优质钢板焊接而成，外壳水密并能承受0.05 MPa压力；2.4 m泡沫浮标体由不吸水闭胞弹性泡沫材料(耐腐蚀、永不沉没)制造，外表面喷涂聚脲弹性材料(聚脲材料的断裂延伸率达400%，拉伸强度大于16 MPa)，内有合金骨架，增强浮体的强度，使浮体具有良好的抗挤压和抗撞击能力，重量轻，便于安装及维护。这两种型号的浮标通过搭载不同类型的传感器，可以完成对气象、海洋动力环境、水文和水质参数的长期、连续、自动监测。

2.4 m 泡沫浮标　　　　3 m 泡沫浮标　　　　3 m 钢制浮标　　　　应急监测浮标

图3-21　国家海洋技术中心研制的各型浮标

另外，中国科学院海洋研究所在国家"863"计划支持下研发了海浪驱动自持式海洋要素垂直剖面测量系统。

总体来看，我国的锚系浮标技术呈现出以下特点：①基本解决了长期可靠运行问题；②型号多，品种全，应用范围广，海洋观测网基本建成；③电子系统集成度高，模块化、标准化设计成熟；④整体技术水平已相当接近世界先进水平；⑤在我国海洋资料浮标监测网中占主体地位。

三、发展趋势

面向未来，海洋科学的发展和重大海洋科学问题的解决，更依赖于立体、连续、实时、长期的海洋数据的获取。这就主导了锚系浮标技术向多参数、多功能及立体监测方向发展，其发展趋势主要表现在以下几个方面。

(1)海洋锚系浮标系统实现网络化、立体化。通过布设浮标网或浮标阵列可实现对大面积海域的高分辨率海洋观测，同时将监测到的海洋环境数据实行联网，做到数据的集中质量控制和数据资源共享。

定点垂直升降剖面测量系统可实时、自动获取海面以下水体垂直剖面的连续序列海洋环境要素数据，结合锚系浮标和垂直剖面测量技术搭建综合试验平台，给区域性海洋环境立体监测和海气交界面水文气象资料的获取带来非同寻常的意义。

(2)浮标体实行模块化、标准化设计。对水面标体进行模块化和标准化设计，将浮标结构平台按功能和尺度分成几个便于陆路运输的子部件，采用标准规范接口，由优选的生产商制造，通过陆路运往码头，组装拷机后布放，不仅增加了运输的灵活性，缩短了运输周期，而且可多家并行加工，缩短制造周期且质量易控，从而降低产品生产成本和维护成本。

(3)海洋锚系浮标系统转型为多功能平台。在现代海洋监测网络，尤其是深远海海洋监测网络中，锚系浮标不仅可以承担定点现场观测任务，还可作为水下监测系统和岸站之间的数据中继站，实现系统数据实时传输。同时，大、中型浮标还能利用海面丰富的太阳能、风能、波浪能发电，可从水面向水下仪器供电。

(4)开辟浮标能源新途径。海洋锚系浮标普遍使用太阳能和蓄电池结合的供电方式以满足自身观测需求。采用波能或风能与太阳能互补供电，各供电系统可单独工作也可联合工作，在满足自身观测需求之外，还可为水下观测系统提供电力。

相对而言，我国锚系浮标发展还存在建设规模较小、服务领域较窄、设备和功能单一、传感器技术水平落后、数据共享程度低等问题，且大部分海洋剖面测量系统仍处于试验、测试、示范阶段，缺乏业务化运行的能力。随着海洋在我国社会经济发展、国家权益维护、气候环境保护方面的重要地位日益凸显，国家对海洋观测事业的投入持续加大，我国的锚系浮标技术必会保持快速发展和跨越式发展。

第四节　潜标

海洋潜标系统的主浮体位于水面以下,是隐蔽和长期地开展海洋动力环境观测的有效手段,主要用于海流和温度、盐度等参数的定点、长时序、剖面测量,还可配置生物捕集器等装置,用于开展海洋生态环境观测。潜标已成为海洋业务化观测尤其海洋军事环境保障不可或缺的重要装备。

一、国外现状

20 世纪 60 年代,国外一些海洋发达国家开始发展潜标技术。由于潜标具有长期、定点、连续、多层次、同步观测海洋水下环境要素的能力和隐蔽性好、不易被破坏的优点,迅速在海洋科学研究和军事海洋环境保障等领域广泛应用。目前,常规潜标系统的形式是在单点绷紧型的系留系统上分层挂接不同类型和数量的自容式测量仪器,相关测量仪器及控制、系留、布放回收技术均较为成熟,已成为国外海洋调查的重要手段。

由于常规潜标的测量仪器位置固定,在进行多层测量时需挂接多个测量传感(仪)器或装置,海洋观测成本难以控制。为更好地实现剖面观测,减少在测量仪器方面的投资,研发可在海水中上下运动、实现自动剖面测量的剖面仪,成为潜标技术发展的重点。

已有的潜标用剖面仪,按其驱动形式主要分为:水下绞车式、电机驱动沿锚系缆爬行式、改变剖面仪净浮力式。水下绞车式的代表有 LEO - 15、SeaCycler、POPPS、VPS 和 Thetis;电机驱动沿缆爬行式的代表有 MMP、Aqualog 和 ITP;Yoyo 可视为改变剖面仪净浮力的系统。

美国在 1996 年布放的 LEO - 15 系统,即使用了基于水下绞车的剖面测量仪,水下绞车固定于放在海底的系统节点上,带动剖面仪上下,进行温度、盐度、氧浓度、光透射、叶绿素等的测量。

ODIM Brooke Ocean 公司生产的 SeaCycler 剖面测量系统(图3 - 22)由加拿大、美国、德国、英国等国家合作研制,使用高效水下绞车(位于图中蓝色机构内)带动剖面仪(图中红色筒)作剖面运动,实现近海表剖面测量,并减少设备在海表层附近停留的时间以保护传感器。剖面仪上连接有通信浮标,在浮上水面后可经卫星将测量数据发送回岸站。剖面测量深度为 150 m,剖面速度为 0.2 ~ 0.4 m/s(用户设定),海上工作时长为 1 年(1 天 1 个剖面)。剖面仪长约 2.49 m,直径 0.6 m,重 231.5 kg(水中净浮力 104 kg)。样机于 2011 年 4 月 16 日到 5 月 26 日在距离加拿大新斯科舍

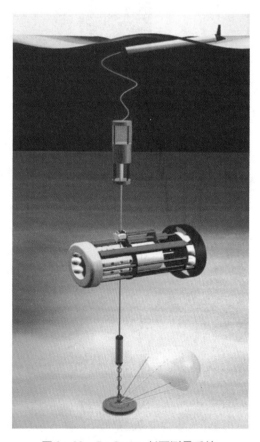

图 3 - 22　SeaCycler 剖面测量系统

省东南 250 km、水深 1 100 m 的海域进行了海上试验，获取了 644 个 150 m 剖面的数据，试验证明在 5.5 m 波浪海况下系统工作正常，并可进行数据传输，在 10 m 波浪海况下系统可无损坏。

日本日油技研（NiGK）公司研发了三种基于水下绞车的剖面测量潜标系统。其中基于 AES 标准型水下绞车的 POPPS 系统（图 3-23），由水下绞车带动剖面仪上下作剖面运动完成测量。与 SeaCycler 不

图 3-23　NiGK POPPS 剖面测量系统（右图即为 AES 绞车）

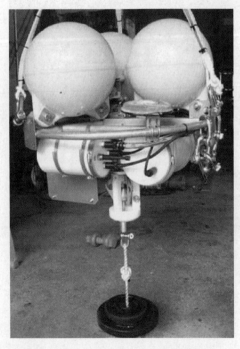

图 3-24　SEA-SAW 剖面测量系统

同，剖面仪自身可上浮至海表面进行卫星通信，工作深度可达 300 m，运行距离可达 50 km，水中净浮力 105 N，AES 绞车直径 1 m，高 1.8 m，重 225 kg（水中净浮力 196 N），上升速度 15 m/min，下降速度 9 m/min。SEA-SAW 剖面测量系统将水下绞车与剖面仪集成为一体（图 3-24），最大工作深度 100 m，运行距离 20 km。该公司还为加拿大海王星系统开发了一种将水下绞车放置在海底的剖面测量系统，剖面仪工作深度 400 m，直径 0.9 m，长 1.45 m，水中净浮力 50 kg。

美国 InterOcean Systems 公司的 VPS 系列（图 3-25 左）同样基于水下绞车，在浅海地区，绞车可直接坐底；应用于深海时，绞车可安装在潜标主浮体等水下平台上。可根据用户需要配置系统，进行水面至 25 m、100 m、200 m、300 m 水深处的剖面测量，剖面速度为 5 m/min（VPS25）和 10 m/min

（VPS100、200、300）。可持续工作
1年。

WET Labs 公司的 Thetis 剖面仪
（原名 AMP，图 3 – 25 右）适用于水深
100 m 以内的浅海，可进行由水面
至距水底 1 ~ 2 m 处的测量，其绞车
与剖面仪集成为一体。剖面速度为
0.02 ~ 0.35 m/s。在剖面仪浮上水面
时进行数据传输。

美国 WHOI 研发、MCLANE
Research Laboratories 公司生产的系缆
式自动升降剖面仪 MMP（图3 – 26），
将测量仪器集成在一个中性浮力载
体中。载体长 1.31 m，宽 0.33 m，高
0.51 m，重 71 kg，其内安装了电机
和电池，可由电机驱动沿系留索作上
下往返运动，实现海水温度、电导
率、压力、海流流速、流向和倾斜度
等参数的剖面测量。测量数据存储
在 MMP 的闪存中，可在回收后处理，
或通过感应耦合式传输向外发送。
剖面深度可达 6 000 m，剖面速度
0.25 m/s。

俄罗斯的 Aqualog 剖面测量潜标
（图 3 – 27）与 MMP 相似，其仪器载体
由电机驱动，沿包塑不锈钢系留索
上下运动，使用感应耦合传输装置将
测量数据传送到主浮体。主浮体经
电缆与通信小浮标连接，数据先由主
浮体发送至通信小浮标，再经卫星
传输至岸站。剖面仪也可以接收来自
岸站的命令。剖面测量深度范围为
5 ~ 1 000 m，仪器载体运动速度 0.1 ~
0.3 m/s，使用锂电池包时运动距离可
达 800 km，可在最大 1 m/s 的海流下

图 3 – 25　VPS 剖面测量系统和 Thetis 剖面测量系统

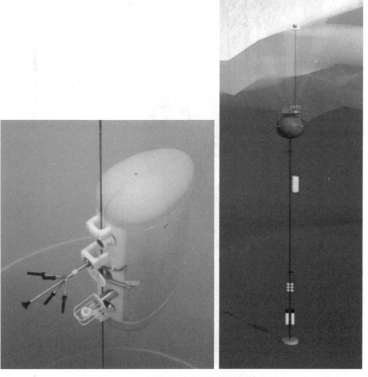

图 3 – 26　系缆式自动升降剖面仪 MMP

工作，主尺寸为 1.2 m×0.35 m×0.55 m，空气中重 62 kg(不含传感器)。

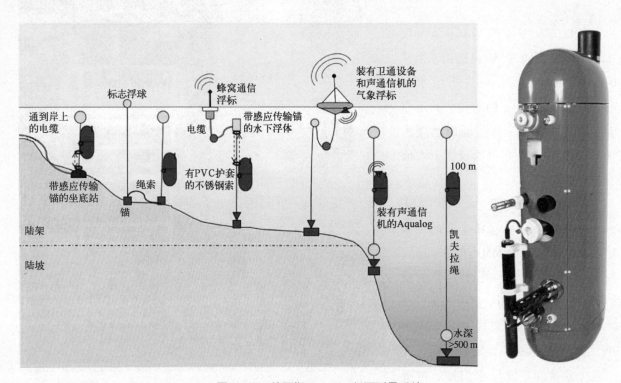

图 3-27 俄罗斯 Aqualog 剖面测量系统

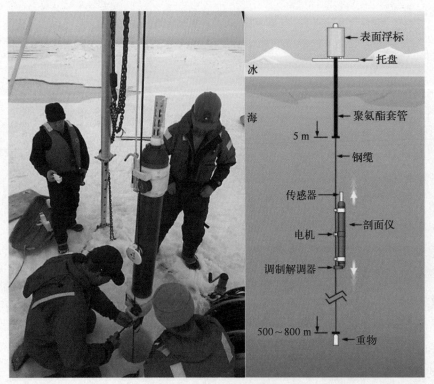

图 3-28 ITP 剖面测量系统

WHOI 研发、MCLANE Research Laboratories 公司生产的 ITP 剖面测量系统(图 3-28)适用于冰区，将表面标固定在冰上，缆绳下端坠有重物，水中中性的剖面仪在自身集成的电机驱动下沿缆绳上下，测量数据经感应耦合传输装置发回表面标。剖面仪长 1.71 m，直径 0.26 m，重 28 kg，最大工作深度 1 000 m，剖面速度 0.25 m/s，可连续使用数年。该系统已在北极地区应用了十年。

德国 Alfred Wegener Institute 的 EP/CC - Yoyo 垂直剖

面测量系统(图 3–29)专为研究极区海洋的冬季对流活动研制。可应用于 4 000 m 的深海剖面测量,每天 1 个剖面。剖面仪长 2.3 m,直径 0.11 m,在下降(速度 0.7 ~ 1 m/s)过程中进行测量,可工作 360 天,温度、盐度和压力数据自容存储。其剖面仪具备正浮力,可自行上浮,在到达顶部时,位于顶部的控制单元会释放一个铅块(690 g),铅块压在剖面仪上,在铅块重力作用下剖面仪下降,到达海底时,铅块被移除,剖面仪再次上升。

二、国内现状

我国从 20 世纪 80 年代初开始海洋潜标技术的研究。自 1986 年研制完成千米测流潜标系统开始,国家海洋技术中心先后完成了深海测流潜标系统、深海和浅海海洋潜标系统、爬绳式海洋潜标系统(图3–30左)的研制。2009 年至 2014 年,研制了浅海和深海海洋水文潜标系统,分别用于获取 400 m 以浅和 4 000 m 以浅海域的水下温度、电导率、深度、海流及其剖面分布等海洋环境要素观测数据;研制了深海海洋声学潜标系统,配置多通道海洋环境噪声剖面测量系统、声学海流计、声学多普勒海流剖面测量仪、自容式温深测量仪及自容式温盐深测量仪,获取 4 000 m 以浅海域水下环境噪声、温度、电导率、深度、海流及其剖面分布等海洋环境要素观测数据。为满足西北

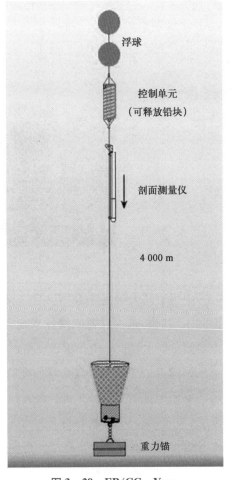

图 3–29　EP/CC – Yoyo
垂直剖面测量系统

太平洋海洋环境放射性长期定点在线监测需求,该中心研发了用于获取 6 000 m 以内水层核辐射、温度、电导率、深度、海流及其剖面分布等海洋环境要素监测数据的核监测潜标。2013 年在西太平洋水深约 5 500 m 海域布放了 2 套核监测潜标;2014 年在西太平洋水深约 5 200 m 海域又布放了 1 套,并回收了 2013 年布放的 2 套潜标。水下在位工作时间分别达到 375 d 和 304 d。目前,该中心研发的定时传输潜标系统已进行了初步海试,根据需求可释放 6 ~ 24 枚通信小浮标。

中船重工集团 710 研究所在国家"863"计划的支持下,"十五"期间与国家海洋技术中心合作,开展了基于卫星通信的实时传输潜标系统的研制工作。"十一五"期间,在原实时传输潜标装置的基础上,应用新型浮力材料,改进了主浮体的耐压性能和抗沉性,增加了安全报警装置,提高了单个浮标的通信寿命,完善了国产自主卫星实时通信传输接口。同期,该所还研制了基于水下绞车的新型实时传输潜标,集实时传输潜标和升降浮标技术为一体,具有可获取海洋动力要素信息、快速实时传输等特点,一次布放可在位 3 个月,最大使用深度 4 000 m,测量深度范围 0 ~ 1 000 m。海上试验表明,其探测目标系统、水下绞车等功能和性能已达到世界领先水平。该所研制的浮力驱动升降平台潜标系统(图 3–30 右)于 2010 年完成了海试。

图 3 - 30　电机驱动的剖面测量仪和浮力驱动的剖面测量仪

中国海洋大学主持的"十一五""863"计划重大项目"南海深水区内波观测技术与试验系统开发"中，研制了实时传输海洋监测潜标系统和自容式海洋监测潜标系统各 3 套，布放于巴士海峡和南海北部，主要测量海水温度、电导率、深度、流速、流向参数，开展南海内波形成机制的研究工作。

2012 年，中国科学院海洋研究所在中国科学院科研装备研制项目的支持下，研制了海床基自治式海洋要素垂直剖面实时测量平台装置，水下绞车放在海底，带动剖面仪运动，进行温度、盐度、压力、浊度、叶绿素、溶解氧等的剖面测量。剖面仪可上升到水面进行数据通信。

近年来，潜标系统在海洋调查中得到了较为广泛的应用。在 908 专项调查中，9 个区块共计 61 个站位，使用了 200 多套次的浅海潜标系统，结构方式主要为防拖网座底式和部分单点浅海锚系方式。回收率约 70% ~ 80%。同时国家海洋局第一海洋研究所、第二海洋研究所、第三海洋研究所及中国科学院海洋研究所、南海海洋研究所等海洋研究单位均利用进口的仪器设备集成为潜标系统，进行海洋调查研究。尤其是 2010 年，在南北极科考中，中国在北冰洋和普里兹湾海域各成功回收布放了一套潜标系统。

三、发展趋势

当前，海洋潜标仍是海洋环境观测中的主力装备，其发展方向主要包括：一是继续提高剖面观测能力，包括水下绞车在内，各种形式的潜标用剖面观测装置仍处于发展过程中；二是与移动式观测技术相结合，例如安装了 AUV 接驳坞，可供 AUV 接驳以充电或传输数据的潜标；三是与海底观测网技术相结合，成为海底观测网的组成部分。

我国已具备较为成熟的自容式潜标产品，以此为基础开发的定时传输和实时传输潜标技术已进入实验阶段。包括水下绞车在内的剖面测量装置也有研发。但总体上，除产业化方面的差距外，新型潜标系统技术仍有待攻克。

第五节　海床基

海床基海洋观测技术是一种坐落在海底对水下环境进行定点、长期、连续观测的海洋技术，其核心技术是水下观测平台的可靠布放、回收、数据通信及安全技术。一般通过自由坠落或借助于辅助装置投放到海底，落实在稳定的位置上进行观测，完成任务后通过抛弃配重物或其他方式返回海面，已经成为海洋观测中的常规手段。由于海床基观测系统在对近海海底过程的原位观测中，能够保持持续、稳定的观测位置，相对于其他类型的观测平台，具有较强的优势，因而成为海洋环境观测中的重要装备。

一、国外现状

20 世纪六七十年代，国外即开始研发海床基观测系统。例如美国地质调查局建造的 GEOPROBE 在亚马逊河口前三角洲 65 m 水深处投放，发现了洪水季节来临时沉积物运移的急剧变化；美国 WHOI 的 ROLAI2D 着底器，在百慕大海域 4 400 m 深处使用时显示出具有灵活而高效的特点；NOAA 的 DART 系统利用坐底式监测设备和水面气象浮标进行海啸监测与预警；美国 NeMO 海底观测系统布放在 1 600 m 水深的火山热液口附近，通过多种仪器监测海底火山活动现象。法国海洋开发研究院（IFREMER）的 MAP 装有沉积物捕捉器、浊度计、海流计等设备，是欧洲深海水动力和沉积作用研究中的重要装备。

海床基系统技术在国外经过几十年的发展，已逐步向产业化方向发展，很多海洋仪器公司和科研机构都推出了海床基平台产品。例如 MIS 公司的 MTRBM 和 Oceanscience 公司的 Sea Spider，其平台结构相对简单，尺寸、重量都较小，具有操作较为灵活、易于进行海上布放、回收作业的特点，当然其负载能力也相对有限。

为了提高在近岸、浅海的海底工作过程中仪器设备的安全性和观测数据的质量，许多海床基系统都采用了防拖网设计，防止浅海渔业拖网作业对海床基系统造成破坏（移位、倾翻甚至带出水面）。系统整体采用锥面、球面或梯台形状的近封闭式的结构外形，使得拖网不易与其钩挂，且系统自身具有一定的重量保证其稳定性。例如 MTRBM、Flotec 公司的 AL200 – RATRBM（图 3 – 31）等均采用了防拖网设计。

海床基系统在海底工作的另一个严重威胁是泥沙淤积。在泥沙淤积严重的情况下，海床基系统回收所使用的释放装置将可能无法正常释放，甚至整个系统被泥沙掩埋，系统观测数据的质量和安全性都无法保障。因此，一些海床基系统也在此方面采取了针对性的措施，起到改善、提高系统安全性的作用。例如 WHOI 的海床基平台 MVCO 在设计上将仪器舱架起到一定高度，使

图 3 – 31　Flotec 公司的 AL200

得泥沙在海流的冲刷下不易淤积。也有其他一些平台在系统底部开设过流孔,以期形成海流通道,减少泥沙淤积,这种方式便于保持原有的防拖网外形,更适于在泥沙淤积不严重的海域工作。

工作于海底的离岸海床基系统,其供电和数据传输会受到限制。可通过海底光/电缆将海床基系统与岸站连接。这种方式可以解决水下设备长期工作的能源限制,数据具有良好的实时性。但海底光/电缆的敷设与整个系统的维护成本会很高,而且系统布放站位的选取受到限制。兼具站位部署的灵活性和数据时效性的解决方式是通过综合水声通信、卫星通信等多种手段构建海底、海面、空中直至地面站的无线数据传输链路,实现海底观测数据的实时或准实时传输。但在这种方式下,水下系统的能源供给仍然要靠其自身携带的电池来保障。

近年来,在很多海洋观测计划中都增强了深海海床基系统数据传输能力的研究,以提高海底观测数据的时效性。例如,欧洲的 MODOO 计划将已有的海洋水体观测锚系设备与海底的海床基设备集成为统一的实时观测系统,基于水声通信和卫星通信建立数据实时传输链路,从而将原来相互隔离的观测设备集成为一体,并可根据需要将系统灵活部署在不同的海区。荷兰海洋研究所研制的深海海床基系统 BoBo(Bottom Boundary)于 2010 年在爱尔兰西南部离岸 350 nmile 的海区进行了布放,可独立在5 000 m 以上水深的海底连续工作 1 年以上。BoBo 的所有电池封装在玻璃球中,其结构框架为六边形,在底部有 3 个 2 m 高的支撑腿,底部最大宽度 4 m(图 3 – 32)。BoBo 集成了多种传感器,在结构空间内根据传感器的工作特点进行布局,使其处于适当的工作位置。例如,在距海底 1 m 处安装光学传感器,在距海底 2 m 处安装了 OBS 荧光计、下视1 200 kHz ADCP(以 5 cm 的层间距测量海流)、摄像头,在距海底 3 m 处安装了温盐传感器,在距离海底 4 m 处还安装了一个带有 12 个储存瓶的旋转式沉积物捕获器。

为解决海床基系统在观测空间上的局限性问题,德国赫尔姆霍茨海洋研究中心研发了模块化多学科海底观测系统 Molab(图 3 – 33),可在几平方千米内对海洋生物、物理、化学及地质学等多种海洋要素进行连续数月的同步观测。Molab 系统具有多个独立工作的海床基系统和锚系设备(潜标),称为观测模块。系统的核心是集成在锚系设备上的通信模块(图中 SYK),可与各观测模块进行水声通信,从而同步记录多个海底观测点具有相关性的观测数据。

图 3 – 32 BoBo 系统

由于无须用海底电缆进行连接，每个海底观测节点可以做得相对紧凑，在运行过程中甚至可以对系统进行重新配置。Molab 使得科学家可以用较低的成本在长时间内更灵活地对海底多种要素之间的交互作用进行观察和研究。2012 年，Molab 被投放在挪威北海岸的珊瑚礁区（水深 220 ~ 350 m），用于观测珊瑚基本生长环境、研究珊瑚礁区生态系统内部交互作用。系统主要测量礁区的海流、潮汐、水温、盐度和氧消耗情况，并用摄像机直接观察珊瑚礁。

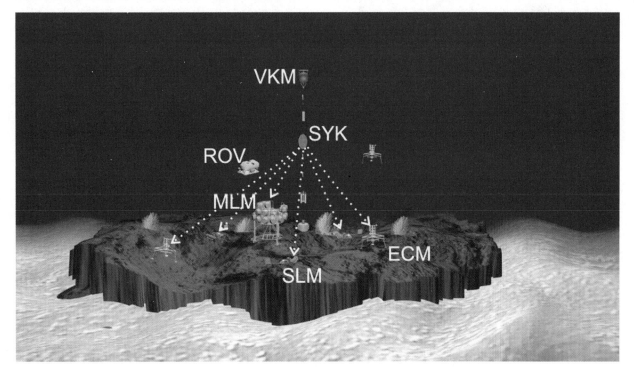

图 3 - 33   Molab 系统示意图

二、国内现状

作为一种重要的海洋环境监测手段，海床基系统在我国海洋资源开发、海洋防灾减灾、海洋科学研究等领域得到了越来越多的应用。我国自主的海床基系统技术已从自容式发展到具有数据实时传输功能的海床基多要素综合自动监测系统，在技术可靠性、水下长期工作能力、数据传输、系统布放回收等技术上取得了很大进展，但主要还是应用于近岸浅海，深海海床基系统技术发展相对滞后。

在国家"863"计划支持下，国家海洋技术中心在"九五"期间研制了自容式海床基海洋环境自动监测系统，主要用于恶劣环境下采集水样并监测悬浮泥沙浓度剖面和粒径谱，监测浪、潮、流动力环境背景，可在 50 m 水深的海底连续工作一个月。在"十五"至"十二五"期间，国家海洋技术中心继续研制了具有实时传输功能的海床基动力要素综合自动监测系统（图 3 - 34）。主要监测对象是波浪、水位、海流剖面、温度、盐度等海洋动力要素，采用水声通信手段将水下数据实时传输至水面浮标系统，再由浮标转发至岸站。系统设计上采用防拖网结构，并针对系统在海底环境中面临的泥沙淤积、海水腐蚀、海生物附着等问题采取了针对性的设计。系统可在水深 100 m 以内的海底连续工作 3 ~ 6 个月，已

图 3-34 国家海洋技术中心研制的海床基系统

在国家海洋环境监测专项及海洋科研、调查中多次应用，取得了良好的效果。

国家海洋局第二海洋研究所研制的自容式近海防拖网监测平台也在海上多次试验和应用中开展了海洋动力、生态要素的观测工作，并对系统的多参数集成监测功能和防拖网能力进行了验证。国家海洋局第一海洋研究所、国家海洋环境监测中心也开展了海床基监测系统技术的研究并开发了适用于浅海的海床基系统。

三、存在的问题和发展趋势

在国外，除通过加装水下绞车来提高海床基系统剖面观测能力外，单体的海床基系统已不再是相关技术的发展重点。国外主要的发展方向是类似 Molab 那样，致力于解决海床基系统的观测范围局限性，或者是在海底观测网系统中用作观测节点。

目前，国内的海床基监测系统在功能上与国外同类系统相当，但在系统的可靠性、稳定性上尚显不足。此外，在海床基监测系统的单元技术上也有待提高，很多设备(如传感器、声学释放器等)还依赖进口。已有的一些技术成果未完成产品转化，影响到技术应用的效果。在下一步的发展中，还需要通过加强海床基系统的安全性和环境适应性研究，提高海床基系统长期在位工作能力；综合应用水声通信、感应式数据传输等水下数据传输方式和卫星通信等水上通信方式，结合定时释放通信舱等技术手段，提高海床基系统的数据时效性，使其更好地满足我国海洋科学研究和海洋观测调查等需求。

随着我国走向深海大洋战略的实施，势必要在深海和远洋地区开展更多的海洋环境调查和海洋科学研究工作，需要重点发展深海海床基系统技术，解决仪器设备的深海环境适应性问题，构建多学科、综合性的海底观测系统。

第四章
海洋环境移动观测技术

移动观测技术克服了定点观测技术只能在固定位置作业的缺陷，能够覆盖更大的区域，具有更高的灵活性，大大拓展了人类进行海洋观测的疆界。深海、远洋甚至以前无法涉足的海底、冰下、海底热液区等区域，都已有移动观测技术的应用，获取了大量的观测数据。因此，移动观测技术在各海洋强国受到高度重视，获得高速发展。

本章论述的移动观测平台主要是指在水面上或水下的移动观测平台，包括自治式水下潜器、无人遥控潜器、无人水面艇、拖曳式观测平台和载人潜水器。

第一节　自治式水下潜器

自治式水下潜器不依赖人工控制，可离开母船独立工作，实施水下海洋环境观测，因此，具有更强的环境适应性。主要包括自治式水下航行器（AUV）、水下滑翔器（Glider）和 Argo 浮标。

一、自治式水下航行器

自治式水下航行器（Autonomous Underwater Vehicle，AUV）是一种可在水下以设定航线航行的自治式巡航观测设备，具有推进器和控制翼面，具备高机动性，可搭载侧扫声呐、成像声呐等多种设备和传感器，多用于冰下、深海等指定目标区域的海洋环境观测。

（一）国外发展现状

传统的 AUV 以鱼雷形、单推进器为主。国外已形成了从微型到大型的系列化产品，以美国 Bluefin 系列和 REMUS 系列、挪威 Hugin 系列、英国 AutoSub 系列、冰岛 Gavia 系列为代表，占据了主要的 AUV 市场。而且这些 AUV 都配备专门的布放回收系统，缩短了 AUV 在航次之间的准备时间。

1. Bluefin 系列

美国的蓝鳍金枪鱼系列水下航行器（Bluefin‑AUV）按照直径分为 9 英寸①、12 英寸和 21 英寸三种（表 4‑1 和图 4‑1），分别命名为 BP‑9、BP‑12 和 BP‑21，重量为 60 ~ 750 kg，潜深 200 ~ 4 500 m，续航能力 10 ~ 30 h，可装备多种传感器和设备，用于海洋环境数据采集、水雷探测、海底地形地貌探测、海底沉积物探测、海底管道探查等。最新型号 BP‑21，潜深 4 500 m，可安装侧扫声呐、

---

① 1 英寸 = 2.54 cm。

多波束测深仪等多种设备。2014 年 3 月马航 MH370 航班失联后，美国海军派出 BP－21 参加海上搜寻失联客机任务。

表 4－1 Bluefin 系列 AUV 主要指标

参数	型号				
	BP－9	**BP－9M**	**BP－12D**	**BP－12s**	**BP－21**
直径×长度/(m×m)	0.24×1.75	0.24×2.5	0.32×4.32	0.32×3.77	0.53×4.93
重量(空气中)/kg	60.5	70	260	213	750
工作深度/m	200	300	1 500	200	4 500
续航力(航速 3 kn)/h	12	10	30	26	25
最大航速/kn	5	5	5	5	4.5
导航	IMU, DVL, CTD, Compass, GPS	INS, DVL, SVS＋T, Depth, GPS, IMU, Compass, USBL	INS, DVL, SVS, GPS, USBL	IMU, DVL, SVS, Compass, GPS (INS 可选)	INS, DVL, SVS, GPS, USBL

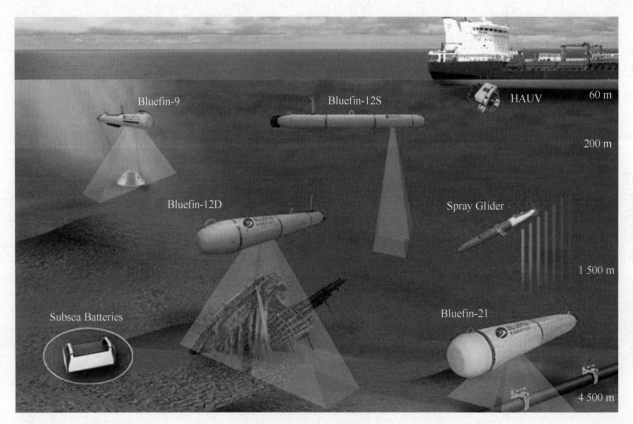

图 4－1 Bluefin 系列 AUV

2. REMUS 系列

美国 Hydroid 公司的 REMUS 系列按照潜深分为 100 型、600 型和 6000 型，其中 REMUS 600 在改变配置后可用于在 1 500 m 水深作业(表 4 – 2)。REMUS 100(图 4 – 2)具有小巧、便携的特点；REMUS 600(图 4 – 3)有一个单独的负载舱，便于安装客户的定制测量设备，具有更广泛的用途；REMUS 6000(图 4 – 4)提供了深海观测解决方案。2003 年 3 月，海湾战争中，REMUS 100 上安装了侧扫声呐，被美国海军用来执行港口扫雷等任务。挪威海军也在使用 REMUS 100。两艘 REMUS 6000 于 2011 年在大西洋参与了法航 AF447 客机残骸的搜索，在一艘 AUV 使用声呐获得了飞机残骸的散落区域成像、另一艘 AUV 使用高分辨率摄像机获得了残骸的清晰光学影像之后，ROV 才找到并打捞出该机的飞行记录仪黑匣子。REMUS 系列由美国伍兹霍尔研究所研发，在 Hydroid 公司归属挪威 Konsberg 公司后，与 Hugin 系列一起构成了潜深 100 m、600 m、1 000 m、1 500 m、3 000 m、4 500 m、6 000 m 的覆盖浅海到深海大洋，由便携型到重型、适合多种用途的完整产品系列。

表 4 – 2　REMUS 系列 AUV 主要指标

参数	型号		
	REMUS 100	**REMUS 600**	**REMUS 6000**
直径×长度/(m×m)	0.19×1.6	0.32×3.2	0.67×3.94
重量(空气中)/kg	37	272	863
工作深度/m	100	600	6 000
续航力(4 kn)/h	6 ~ 10	20 ~ 45	28
最大航速/kn	4.5 (2.1 m/s)	4.5	4.5
成像声呐	甚高频和高频动态孔径、侧扫、PCS	甚高频和高频的合成孔径、动态孔径、FSSS、PCS	甚高频和高频的动态孔径、侧扫声呐
导航	ADCP、GPS、编码 GPS、超短基线、长基线、HiPAP(高精度声学定位系统)		

图 4 – 2　REMUS 100

图 4 - 3　REMUS 600

图 4 - 4　REMUS 6000

3. Hugin 系列和 Munin 系列

挪威 Konsberg 公司的 Hugin 系列 AUV 包含 Hugin 1000(有 1 000 m 和 3 000 m 潜深两个型号,图 4 - 5)、Hugin 3000 和 Hugin 4500。Hugin 系列已经为 8 个国家完成了约 30 000 km² 的海底地形调查任

务以及多项水下探测作业任务。

Hugin 1000 军用型安装的是专用于反水雷的中频 HISAS 1030 系统(该系统可同时获取超高分辨率的干涉合成孔径声呐图像和测深数据),民用型则安装标准侧扫声呐、前视声呐和多波束测深仪。Hugin 1000 安装的海洋环境测量设备主要有温盐深测量仪和光学后向散射计。使用 ADCP、GPS、超短基线定位、长基线定位、HiPAP 高精度声学定位系统、基于地形匹配的导航仪等导航设备,在 4 kn 航速(2.1 m/s)下,续航可达 17 h(军用型)和 24 h(民用型),直径 0.75 m,长 4.5 m,重 850 kg,配置了具备电子稳定功能的摄像头。

图 4 - 5　Hugin 1000 AUV

另外,结合 Hugin 和 Remus 600 的技术特色,Konsberg 公司研发了新的 AUV 产品 Munin(图4 - 6)。该型 AUV 具备细长的外形,可使用志愿观测船布放;采用完全模块化设计且易于拆装,便于空运和现场组装;与 Hugin 1000 系列拥有相同的操作软件和用户界面,可用于执行复杂任务,可与 Hugin 系列协同工作。

图 4 - 6　Munin AUV

视配置不同,该型 AUV 长 3 ~ 4 m,直径 0.34 m,重量小于 300 kg,额定工作深度 1 500 m(600 m 型可选),航速最高 4.5 kn,续航 12 ~ 24 h,配备了惯导(INS)、多普勒记程仪、压力传感器等多种设备组成的导航系统,搭载了多波束测深仪、双频侧扫声呐、干涉合成孔径声呐、带避碰和地形跟随功能的前视声呐、温盐深测量仪等设备。

4. AutoSub 系列

英国国家海洋学中心(NOC)研发的该系列 AUV 主要用于极端环境下的海洋科学观测和海洋工程探测。AutoSub 3 排水量 3.6 t,潜深 1 600 m,航程可达 400 km。AutoSub 6000 潜深 6 000 m(图 4 - 7)。AutoSub AUV 的典型航速为 1.7 m/s,使用光纤陀螺仪测量航向,根据海底反射声波的频移计算对底速度,应用航位推算法进行水下导航。1997 年,AutoSub 首次应用于海上科学任务。目前,AutoSub 3 和 AutoSub 6000 各有一台可用。

AutoSub 3

AutoSub 6000

图 4 - 7　AutoSub 系列 AUV

图 4 - 8　AutoSub LR(AutoSub Long Range,长航程 AUV)

AutoSub LR(图 4 - 8)是该中心以长航程为目标研发的新型 AUV,排水量 650 kg,其重量比 AutoSub 3 和 AutoSub 6000 轻很多,航程却可以达到二者的 10 倍以上,并可反复使用上百次。为实现这一目标,采用了低航速(0.4 m/s)下的高效推进技术,并严格控制传感器和控制系统的功耗。该 AUV 在潜深 6 000 m 时航程可达 6 000 km,续航 6 个月,可用于获取洋盆尺度的海洋和海底观测数据,且不需要科考船;还可以定时浮上水面通过卫星把测量数据传回。

5. Gavia 系列

美国 Teledyne 集团下属的冰岛 Teledyne Gavia 公司提供 Gavia 系列 AUV,包括近海测量(offshore surveyor)、科学(scientific)和军用(defence)三种型号(图 4 - 9)。三种型号 AUV 具有相同的直径(0.2 m),潜深同样为 500 m 或 1 000 m 两个机型(Teledyne Gavia 公司前身为 Hafmyndehf,曾研发大深度 AUV),最大航速同为 5.5 kn,都采用了高度模块化设计,配置灵活。由于配置了不同的传感器、测量设备和导航设备，三种型号 AUV 具有不同的长度、重量和续航力，其中近海测量型长 2.7 m，重70~80 kg，科学型的基本艇体长 1.8 m，重 49 kg，用于反水雷的军用型长 2.6 m，重 62 kg，3 kn 速度下分别可续航 4~5 h、7 h 和 6~7 h，都可以加装电池包来提高续航力。

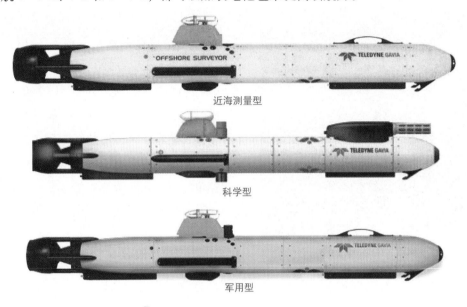

近海测量型

科学型

军用型

图 4-9 GAVIA 系列

6. 其他 AUV

2014 年 11 月 24 日，美国 SeaBED 双体 AUV（图 4-10）海试成功，并首次获得南极冰下 3D 影像。该 AUV 由 WHOI 研发，长约 2 m，重 200 kg，采用双体设计增强了低速摄影机工作时的稳定性，潜深可达 2 000 m，可在海底以上 2.5 m 处缓慢地航行或悬停，航速 0.5 kn，特别适合用于采集高清晰度的海底声呐和光学图像。此次海试中，SeaBED 在水下 20~30 m 深处作业，将探测数据合并处理之后形成冰面下的高分辨率 3D 探测影像。不仅可以绘制高分辨率的南极海冰三维图像，还可以绘制以前无法到达区域的海冰水下部分的图像。

WHOI 还研发了用于深海观测的 AUV——Sentry（图 4-11），于 2010 年夏代替 ABE（同样由 WHOI 研发，2010 年 3 月在智利海域丢失），成为了美国国家深潜装备成员。Sentry 在

图 4-10 SeaBED 双体 AUV

图 4 – 11　深海测量型 AUV – Sentry

继承 ABE 技术优点的同时，在航速、航程、机动性上都有提升，凭借具有更佳水动力学性能的外形，上升和下降速度更快。Sentry 潜深6 000 m，长 2.9 m，宽 2.2 m，高 1.8 m，重 1 250 kg，4 旋翼上各安装 1 个无刷直流电机推进器，航速可达 2.3 kn(约 1.2 m/s)，航程 70 ~ 100 km，续航20 ~ 40 h，每分钟可下降或上升 40 m，可应用超短基线定位、长基线、多普勒计程仪、惯性导航系统等导航设备。Sentry 安装了前视声呐、多波束测绘声呐、温盐深测量仪、后向光学散射计、海底摄影系统、溶解氧传感器等传感器和测量设备，还可配备 Tethys 现场质谱仪、氧化还原电位传感器、生物采集器、3D 摄影机等，除与 ABE 一样可以用于海底测绘、海底摄影、热液观测外，还适用于多种海洋学应用。2010 年，在美国国家科学基金会(NSF)RAPID 航次中，该 AUV 即被用于探测和追踪在墨西哥湾扩散的烃物质。

此外，美国还拥有 SeaHorse、Echo_ Ranger、Manta 等大型 AUV(图 4 – 12)，用于部署回收设备和有效载荷，收集和传输各种类型信息，追踪水下或海面目标等。

Seahorse

Echo_ Ranger

Manta

图 4 – 12　大型 AUV

法国海洋开发研究院(IFREMER)拥有 Aster X AUV(图 4 - 13),潜深 3 000 m,长 4.5 m,重 793 kg,航速可达 5 kn,最大航程 100 km。

图 4 - 13 IFREMER Aster X AUV

2003 年,日本东京大学生产技术研究所研发了 R2D4 AUV(图 4 - 14),长 4.4 m,宽 1.08 m,高 0.81 m,潜深 4 000 m,净重 1 630 kg,最大航速 3 kn,续航 60 km,主要用于深海地貌、浅层地质及海底矿藏的探查。

图 4 - 14 日本 R2D4 AUV

(二)国内发展现状

从1992年6月起,中国科学院沈阳自动化研究所联合国内若干单位与俄罗斯合作,针对我国参与国际海底资源调查的需要,研制开发了"CR-01"型AUV,潜深6 000 m,续航力约10 h,并于1997年6月完成在太平洋某区域的深海考察。在此基础上,20世纪90年代后期又研制了"CR-02"型AUV(图4-15),2003年参加了"大洋一号"科考船的试验任务。

CR-01

CR-02

图4-15 中国科学院沈阳自动化研究所牵头研制的"CR-01"和"CR-02"型AUV

"十二五"期间,在中国大洋矿产资源研究开发协会的支持下,沈阳自动化研究所对"CR-02"型AUV进行了改造与设备更新,研发了新的"潜龙一号"水下航行器(图4-16),长4.6 m,直径0.8 m,重1 500 kg,2 kn航速下续航24 h,并搭载了浅地层剖面仪等探测设备,可完成海底微地形地貌精细探测、底质判断、海底水文参数测量和海底多金属结核丰度测定等任务。2013年10月6日,在东太平洋,该AUV成功下潜至5 080 m深度,水下作业8 h 5 min后成功回收。该AUV是目前国内唯一具有6 000 m深海探测能力的水下无人航行器。

图4-16 "潜龙一号"AUV

哈尔滨工程大学联合华中科技大学、中船重工 702 所和 709 所等单位研制了多型 AUV 样机(图 4-17),实现了 110 km 自主航行(2005 年)、完成了海底沉船和海底地形地貌探测试验(2010 年)。

图 4-17　哈尔滨工程大学等单位研发的 AUV

中船重工 710 所研制了多型潜深几百米范围的 AUV,多功能远程自主运载 AUV、搭载合成孔径声呐的 AUV 等(图 4-18),并开展了 AUV 的工程化工作。

图 4-18　中船重工 710 所研发的 AUV

虽然我国已研发了多型 AUV,但由于种种原因多停留在技术成果阶段,AUV 研发往往既以海上试验成功作为里程碑,也作为结束。目前为止,尚未有 AUV 产品真正投入市场,为用户所接受并广泛应用。如何让企业真正参与并主导技术研发,而非形式上的牵头,以加快技术成果的产品转化,不仅是 AUV 研发,也是我国海洋观测技术发展中普遍存在的问题。

另外,进口 AUV 产品不仅昂贵,而且生产国往往对我国实施出口管制,再加上 AUV 应用仍存在很高的丢失风险,进口 AUV 产品在我国的应用鲜见报道。

(三)发展趋势

在各国对传统 AUV 进行技术升级的基础上,新型 AUV 也不断涌现,主要有以下三类:①应用特殊材料的仿生物 AUV,像波士顿工程公司研发的人工鱼 Ghost Swimmer(图 4-19),不仅拥有鱼一样的外形,还有可弯曲的壳体,该 AUV 已于 2014 年 12 月由美国海军开展了海上测试,长约 1.5 m,重约 45.4 kg,潜深可达 91.5 m;②多用 AUV,如既可以自主航行又可以载人的 Proteus(图 4-20),更像一艘小潜艇；③加装了多个推进器具备悬停能力的 AUV，如瑞典萨伯公司的 Sabertooth 和洛克西德马丁公司的 Marlin(图 4 – 21)。

我国将在加快 AUV 技术产业化发展的基础上，努力实现 AUV 技术的创新。

图 4 – 19　美国海军人工鱼 Ghost Swimmer

图 4 – 20　多用途 AUV – Proteus

Sabertooth

Marlin

图 4 – 21　具备悬停能力的 AUV

二、水下滑翔器

水下滑翔器(Autonomous Underwater Glider, Glider)是一种在水下以锯齿形航线航行的自治式观测设备，基于浮力驱动，可搭载温盐深测量仪等多种传感器，用于大范围海洋环境观测。

(一)国外发展现状

美国最早开始 Glider 研发，也拥有目前世界上最为成熟的 Glider 技术，以 Teledyne Webb Research 的 SLOCUM、Bluefin Robotics 的 SPRAY、华盛顿大学的 Seaglider(现授权 Konsberg 公司生产)为代表(图 4 – 22)，已形成系列产品且在世界范围内有大量应用。法国 ACSA 公司的 SeaExplorer 应用了混合推进器，也已实现产品化。英国、日本、新西兰等国家也纷纷开展了 Glider 技术研发。

Slocum   Seaglider

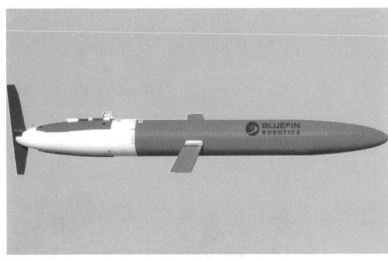

Spray   SeaExplorer

图 4 – 22　代表性滑翔器产品

图 4 – 22 即为四种最具代表性的滑翔器，其主要技术指标见表 4 – 3。

2009—2013 年，水下滑翔器的用户认可度迅猛增长，引起了科学家和政府的高度关注。2009 年和 2011 年，美国海军采购了多达 150 台水下滑翔器。水下滑翔器已应用于海上溢油追踪和飓风引起的海水运动观测中，多台水下滑翔器快速观测大范围海域的应用也开展了多次。

在已有多年支持的基础上，美国海军研究局（ONR）继续投资支持水下滑翔器研发项目。美国斯克里普斯海洋学研究所研发的 X – Ray（图 4 – 23）采用高升阻比机翼设计，长 1.68 m，宽 6.1 m，高 0.69 m，较常规滑翔器扩展了航程，速度更快，最大下潜深度 365 m，航速可达 3.6 m/s，有效载荷更大。2010 年，最新一代"Z – Ray"完成，升阻比提升到 30∶1，携带了 29 通道水听器阵列。

表4-3　代表性滑翔器产品的主要指标

参数	型号			
	电动 Slocum	Spray	Seaglider	SeaExplorer
外形尺寸（长度×直径）/(m×cm)	2.15×21.3	2.13×20	2.8×30	2×25（未含可折叠天线）
质量(空气中)/kg	52	52	52	59
工作深度/m	4~200/1 000	1 500	20~1 000（视配置而定）	700
在位作业时间/d	30	180	300	60（单电池包/可充电/可扩充）
航速/(m/s)	典型0.4	0.19~0.35	典型0.25	0.25~0.5
航程/km	1 500	4 800	4 600	1 200
传感器	标配CTD	CTD，可选溶解氧、荧光度计、浊度计、高度计	CTD，可选荧光度计、溶解氧、光合有效辐射传感器(PAR)	CTD、溶解氧、浊度计、叶绿素、CDOM、藻胆素，可选高度计等
通信	高频无线电、铱星、Argos卫星、声通信	铱星、Argos	铱星、可选Argos	高频无线电、铱星、声通信

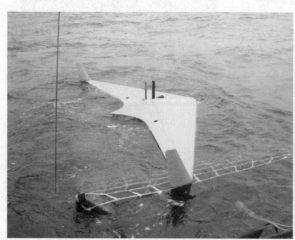

图4-23　X-Ray 和 Z-Ray 的海试场景

　　美国 Exocetus Development 公司研发了 Exocetus 沿海型滑翔器（图4-24，其前身即美国 Alaska Native Technologies 公司在 ONR 支持下研发的 ANT 滨海滑翔器），专门设计用于近岸尤其是河口等流速大和海水密度变化剧烈的地区，其浮力改变装置容积5 L，直径32 cm，使该滑翔器可在2 kn 以上的海流中航行，其设计便于加装传感器和军用装备，可航行60 d。截至2013年年底，已有18台出售给美国海军并运行了4 500 h。

图 4 – 24　Exocetus 沿海型滑翔器

美国佛罗里达理工学院（Florida Institute of Technology）的 Glider（图 4 – 25）在翼上安装了襟翼，形成可活动的控制面，以帮助控制滑翔器的俯仰、滚转和水平运动。该滑翔器设计用于海洋教学活动，还可用作人工智能和导航算法研究平台。其造价约 5 000 美元，尺寸很小。

图 4 – 25　具有活动控制面的滑翔器

美国 Liquid Robotics 公司研发了一种新型的滑翔器——波浪能滑翔器（Wave Glider），该平台主要由水面浮艇、水下滑翔机构和两者之间的连接缆组成，目前常被与水下滑翔器列在一起。事实上，两者除名字相近外，相同之处仅在于前向运动的驱动力都来源于翼面上的升力。波浪能滑翔器由波浪起伏带动的水面浮艇上下运动作为升力来源（图 4 – 26），而水下滑翔器由改变自身净浮力产生的升沉运动作为升力来源。波浪能滑翔器的水面浮艇长 2.08 m，宽 0.6 m，水下滑翔机构长 1.91 m、高 0.4 m，翼展约 1 m，两者间的连接缆长 7m，总重 90 kg。其航速与海况相关，最高可达 2.25 kn。由于该平台以波浪起伏作为运动能源，携带太阳能电池板为设备供电，故航程基本无限。可以自动或遥控模式工作，一般在水面浮艇上安装气象观测设备，在水下部分安装温盐等测量设备，还可集成水质传感器、

ADCP、声学测量装置等测量设备，可将测量数据通过卫星实时传输。视搭载仪器设备，可用于多种海洋环境参数的大范围长时间序列观测。

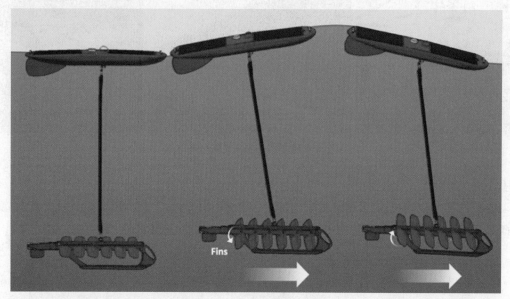

运动原理

布放图

海水中状态

图 4-26　波浪能滑翔器

（二）国内发展现状

在"十一五"和"十二五"两期"863"计划和海洋公益性行业科研专项等项目的支持下，国内的水下滑翔器技术研究正处于百花齐放的状态。

继"十一五"支持中国科学院沈阳自动化研究所开展水下滑翔器技术研究后，"十二五"期间国家"863"计划对水下滑翔器技术予以高度重视，支持由沈阳自动化研究所、天津大学、中国海洋大学、华中科技大学牵头的四个科研团队。中船重工 702 所在 2012 年海洋公益性行业科研专项支持下正在开展水下滑翔器的产品化工作。中船重工710所、浙江大学、国家海洋技术中心等单位也开展了水下滑翔器研究。此外,天津大学、上海交通大学等单位还开展了温差能驱动的水下滑翔器研发。

以当前的海上试验状况而言,沈阳自动化研究所的 Sea – Wing 和天津大学的"海燕"在国内居于领先水平(图4 – 27)。Sea – Wing 长2 m,直径0.22 m,重约70 kg,工作水深1 000 m,续航时间40 d,航程约1 000 km,可搭载CTD等多种传感器;"海燕"长1.8 m,直径0.22 m,重约70 kg,传感器搭载能力为5 kg,工作深度1 500 m,续航时间1个月,在浮力驱动技术的基础上还融合了螺旋桨推进技术,弥补了水下滑翔器机动性较弱的缺陷。

Sea – Wing

"海燕"

图4 – 27 国内领先的水下滑翔器

Sea – Wing 系列已完成3次海上试验,海上累计工作80 d,航程逾2 400 km,观测剖面数超过600个。"海燕"在2014年5月科技部组织的海试评估中,连续无故障航行21 d,运行219个剖面,总航程为626 km,最大下潜深度达到1 094 m。

这些海上试验的成功,考核了自主水下滑翔机系统的可靠性和稳定性,标志着我国已基本掌握水下滑翔器技术,即将达到实用化装备水平,打破了国外技术封锁。

在2013年国家"863"计划项目的支持下,我国正在开展波浪能滑翔器的研发。天津市海华技术开发中心、湖北海山科技有限公司等单位的样机已进入海试阶段(图4 – 28)。

图4 – 28 海华技术开发中心研发的波浪能滑翔器

(三)发展趋势

传统水下滑翔器虽然具有航程大、噪声低、使用性价比高等优点,但其应用仍以单体的海洋观测为主,多搭载传统的温度、电导率、压力等传感器。而且受限于航速较低等缺点,在流速比较高的区域(如河口等)无法使用。

为充分发挥水下滑翔器技术的优势,目前主要有以下发展方向:①大型化,美国正在研制具备大有效负载的 Glider；②集群化应用，Glider 的集群操作和应用在海洋调查中具有相当意义，Glider 集群控制是水下滑翔器技术研究重点之一；③声学水下滑翔器，Glider 由于自身噪声很低，可以应用于海洋水下声学调查等任务，多个国家正在研发此种用途的 Glider；④混合驱动水下滑翔器，引入喷水驱动器等驱动方式，弥补 Glider 驱动能力不足的缺陷，扩展其应用范围；⑤多参数水下滑翔器，越来越多的海洋测量仪器和传感器开始应用于水下滑翔器，使得其测量能力不断提升。

我国将继续加快水下滑翔器技术发展的步伐，实现产业化发展及应用，还将凭借创新性研究实现对世界先进技术水平的赶超。

三、Argo 浮标

Argo 浮标，原名 ARGO 浮标，是用于实施国际地转海洋学实时观测阵计划（Array for Real - time Geostrophic Oceanography，ARGO），俗称 ARGO 全球观测网的专用测量设备。ARGO 计划在与其他项目合并后改称 Argo 计划，ARGO 浮标随之改称 Argo 浮标。Argo 浮标可以在海洋中自由漂移，自动测量海面到 2 000 m 水深之间的海水温度、盐度和深度。跟踪其漂移轨迹，可获取海水的移动速度和方向。据中国 Argo 资料中心数据，截至 2014 年 10 月 28 日，全球共投放 10 336 个浮标(图 4 - 29)。

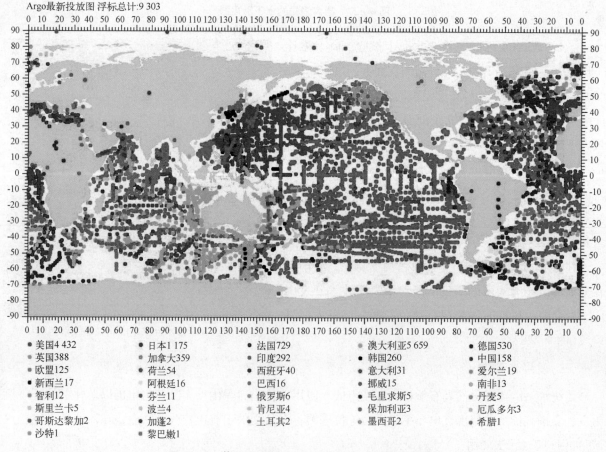

图 4 - 29　截止到 2014 年 10 月全球 Argo 浮标布放图

(一)国外发展现状

构建 Argo 全球海洋观测网的剖面浮标已经由当初的 4 种发展到现在的约 15 种，资料传输的方式也由原来单一的 Argos 单向通信，扩展到可选的 Iridium 或 Argos - 3 双向通信；携带的传感器也由早先的温度、电导率(盐度)和压力等物理海洋环境基本三要素，向生物地球化学领域拓展。代表性产品有美国 APEX 浮标(图 4 - 30)、Navis 浮标和加拿大 NOVA 浮标、法国 PROVOR CTS3 浮标。

已布放在全球海洋中的 Argo 剖面浮标有 67% 是由 Webb Research 公司提供的 APEX 浮标。其技术指标如下：

测量参数：温度、电导率、深度，可计算参考流速，可选装溶解氧、叶绿素荧光仪、浊度传感器。

工作水深：2 000 m(最大)，1 500 m(典型)；

设计使用年限：4 年；

剖面数：150 个；

质量：25 kg；

尺寸：ϕ16.5 cm×127 cm(不含天线)。

Sea - Bird 公司研发了 Navis 系列浮标(图4 -31)，除可满足 Argo 计划需求外，还可应用于生物化学参数测量，技术指标如下。

测量参数：温度、电导率、深度(Argo 型)，可集成溶解氧、叶绿素 a、后向散射、CDOM 等传感器，还可以捆绑形式加装硝酸盐、辐射计、透射计。

工作水深：2 000 m；

设计使用年限：8.2 年；

剖面数：300 个；

质量：18.5 kg(Argo 型)；

尺寸：ϕ14 cm× 159 cm。

图 4 - 30　APEX 浮标　　图 4 - 31　NAVIS 浮标

(二)国内发展现状

我国 Argo 浮标技术研究始于"九五"末期。国家海洋技术中心在"九五""十五""十一五"国家"863"计划和 2012 年海洋公益性专项经费资助下，Argo 浮标技术逐步成熟，已在天津市海华技术开发中心开展了成果转化和产品化生产。现已研发 400 m、1 000 m、2 000 m 三型 Argo 浮标。其中，400 m C - Argo 浮标(图 4 - 32 右)已完成最大剖面数 161 个，1 000 m Argo 浮标最大工作时长 555 d，2 000 m Argo 浮标最大工作时长 600 d(图 4 - 32 左)。可采用 Argos 卫星或北斗卫星通信方式，解决了定深控制、可在线设置、低功耗、可靠性等关键技术问题。国家海洋局东海分局等用户已采购了近 100 台产品。

中船重工 710 所研发了海马 500、海马 2000 型 Argo 剖面浮标，其中后者可实现 110 个 2 000 m 潜深剖面。

（三）发展趋势

目前，Argo 浮标的技术已趋于稳定成熟，其发展以基于现有技术的改进为主，主要有两个方向：①继续多参数化，Sea - Bird 等公司正在研发多种适于剖面浮标应用的传感器，Webb 公司正在为其 APEX 浮标加装水听器等多种物理海洋传感器，实现剖面测量的多参数化；②研发工作深度更大的剖面浮标，如 Webb 公司的 APEX - Deep 浮标（图 4 - 33）工作深度可达 6 000 m。

国内的 Argo 浮标研发以满足中国 Argo 计划需求为主，在 Argo 浮标系统设计和产业化方面接近国际先进水平，但仍需继续提高产品的可靠性，在多参数化、大深度化方面继续努力。

图 4 - 32 自主 Argo 浮标

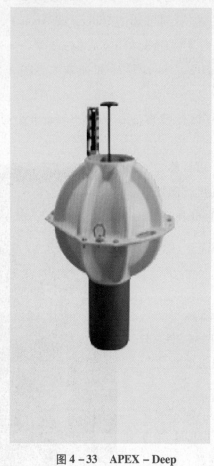

图 4 - 33 APEX - Deep

第二节 无人遥控潜器

无人遥控潜器（Remotely Operated Vehicle, ROV）是一种通过脐带缆与母船连接以获取能源和接受人工控制的水下作业和观测设备。由母船提供能源，在人工控制下可执行复杂操作，因此在大深度和有危险区域，包括海底热液区等的海洋环境观测特别是采样作业中具备独特优势。在无人遥控潜器基础上，结合一定的自治能力，产生了兼具 ROV 与 AUV 优势的自治遥控混合型无人潜水器（Hybrid Remotely Operated Vehicle, HROV）。

一、无人遥控潜器

（一）国外发展现状

美国、日本、俄罗斯、法国等国家已拥有多种 ROV 产品，最大潜深可达 11 000 m，实现了全海深探测和作业。目前，世界上有大型 ROV 厂商近 40 家，美国、欧洲占据主要市场份额，所生产商业化

ROV 产品的工作水深多在 2 500 m 以浅，潜深更大的 ROV 仅为少数机构拥有，商业应用也较少。代表性 ROV 产品有美国 Jason 和 Triton XLX、法国 Victor 6000、德国 KIEL6000、日本 KAIKO Ⅱ 7000 和英国 QTrencher 2800 等。小尺寸的观察型 ROV 产品功能相对单一，未在此论述。

Jason 号 ROV（图 4-34 左）由美国伍兹霍尔海洋研究所研制，设计最大下潜深度 6 500 m。配置有成像声呐、采水器、摄像机、照相机和视频云台等观测设备，还安装了机械手，可进行海底岩石、沉积物和海洋生物的取样。设计水下连续工作时间为 100 h，实际可在水下连续工作 21 h。Jason 号 ROV 已在太平洋、大西洋和印度洋的热液区附近进行了成百上千次的下潜。

Victor ROV（图 4-34 右）由法国海洋开发研究院（IFREMER）研制，主体尺寸为 3.1 m（长）×1.8 m（宽）×2.1 m（高），重 4 t，作业深度最大 6 000 m，推力可达 200 kg，主要用于深海科学调查研究，具备高质量水下成像能力，还允许携带最大 600 kg 的作业模块，作业模块配置由任务需求决定。

图 4-34　Jason 和 Victor

KIEL 6000（图 4-35 左）由美国加利福尼亚 Schilling Robotics 公司生产，德国莱布尼茨海洋科学研究所管理，设计最大下潜深度 6 000 m，可搭载 100 kg 重物。主要用于海底特定研究区域的采样、获取数字视频及图像信息和实施海洋工程。

KAIKO Ⅱ 7000（图 4-35 右）由日本国家地球科学与技术研究中心（JAMSTEC）研发，用以填补 2003 年 5 月 KAIKO（下潜深度 11 000 m）由于设备供电失灵丢失造成的空缺。其设计下潜深度为 7 000 m。

图 4-35　KIEL 6000 和 KAIKO Ⅱ 7000

英国 SMD 公司的 QTrencher 2800(原名 Ultra Trencher，图 4 – 36 左)是世界上最大的 ROV 系统，其主体尺寸为长 7.8 m × 宽 7.8 m × 高 5.6 m，重约 60 t，作业水深可达 1 500 m，最大功率 2 MW，可以在 1 500 m 深的坚硬海床上打出宽 1 m、深 2.5 m 的壕沟，并铺设电缆。

美国 Canyon Offshore 公司的 Triton XLX(图 4 – 36 右)是一种作业型 ROV，其主体尺寸为 3.22 m (长) × 1.8 m(宽) × 2.1 m(高)，重 4.9 t，作业水深可达 3 000 m，最大功率 150 HP。

图 4 – 36　QTrencher 2800 和 Triton XLX

图 4 – 37　多用途 ROV HYSUB 130

加拿大国际潜水器工程(International Submarine Engineering, ISE)公司的多用途 ROVHYSUB 130 – 4000(图 4 – 37)在我国已有应用，其最大作业深度 4 000 m，主体尺寸为 3.8 m(长) × 2.4 m(宽) × 2.2 m(高)，有效负载 250 kg，总重量 5.4 t(不含附件)，配置了深海摄像机、照相机和后置黑白照相机，有 8 个液压桨式推进器，安装了姿态传感器、深度传感器、多频扫描声呐避碰仪和实时 CTD 测量仪，配备了 7 功能机械臂和 5 功能机械臂，举高 1.5 m，持重 275 kg。有 250 W 卤光灯 6 只，4 个前置，2 个后置，还有发光二极管照明灯 2 个。

(二)国内发展现状

我国于 20 世纪 70 年代末开始研究 ROV 相关技术，中国科学院沈阳自动化研究所与上海交通大学合作研制的我国第一台 ROV"海人一号"于 1985 年 12 月首次试航成功，潜深 199 m。沈阳自动化研究所引进吸收国外技术研发的 RECON – IV 型 ROV 实现了产品化，作业深度 300 m。

经过多年发展，代表性的 ROV 研发成果包括沈阳自动化研究所的作业型 ROV 和上海交通大学的

"海龙"号ROV(图4-38)。沈阳自动化研究所的作业型ROV重3.2 t,其载体尺寸为3.3 m(长)×1.6 m(宽)×1.9 m(高),最大作业海况4级,作业水深可达1 000 m,总功率100 HP(约75 kW),前进速度可达3 kn,侧移速度可达1.5 kn。由上海交通大学水下工程研究所研发的3 500 m海龙ROV,随"大洋一号"执行了深海热液科考任务,在东太平洋海隆区域2 770 m处首次观察到了罕见的巨大"黑烟囱",不但使用机械手获取了热液"黑烟囱"样品,还搜集了微生物样本,标志着我国成为世界上少数几个掌握ROV热液调查和取样研究技术的国家之一。

图4-38 沈阳自动化研究所作业型ROV和上海交通大学3 500 m海龙ROV

在国家"863"计划等项目的支持下,上海交通大学又研发了4 500 m海马ROV和11 000 m海龙ROV(图4-39)。2014年4月18日,海马ROV在南海通过了国家"863"计划海上验收,最大潜深4 502 m。

图4-39 4 500 m海马ROV和11 000 m海龙ROV

（三）发展趋势

ROV 技术的发展趋势主要有以下方向：①实用化和综合体系化功能日益完善；②功能可扩展，作业能力更强，更加智能化，作业范围更大；③将发展新型小型化、低成本、具备全海深作业能力的 ROV；④ROV 组件的开发模式发生变革，由改造现有设备以适应水下环境的传统模式，向为水下应用专门设计转变，融入易用和防失误（又称防呆）设计（图 4 - 40），更多地实现自动化操作。

图 4 - 40　液压泵与驱动马达的防失误连接设计

在国内尚未形成 ROV 自主品牌，ROV 产业几乎空白，仅开展了部分潜水器作业工具的研制，尚未形成完善的作业工具体系。ROV 的商业应用，尤其在海上石油开采等产业，目前以进口 ROV 产品（如海狮号）为主。我国的 ROV 研制主要由科研单位完成，亟待有实力的企业加入，加快 ROV 相关成果的产业化和应用。

二、混合式潜水器 HROV

（一）国外发展现状

美国伍兹霍尔海洋研究所的"海神"号（NEREUS）既可以 AUV 模式进行自主海底调查，又可通过光纤微缆与水面支持母船建立实时通信连接，以遥控模式（ROV 模式）完成取样和轻作业，并可根据需要在 AUV 模式和 ROV 模式间切换（图 4 - 41）。从 2007 年起，进行了多次海上试验和应用。2009 年 5 月 31 日，成功下潜至马里亚纳海沟 10 902 m 深处，成为混合式潜水器的标志。2014 年 5 月 10 日，该潜水器于新西兰东北海域丢失，提醒人们水下工作的危险性依旧不可忽视。

法国海洋开发研究院（IFREMER）也在研发设计工作深度 2 500 m 的 HROV。

（二）国内发展现状

中国科学院沈阳自动化研究所研发了主要应用于北极科学考察的混合型水下机器人 ARV（图 4 - 42），同样兼具 AUV 和 ROV 两种工作模式，已随北极科考开展了初步应用。

图 4 − 41　著名的"海神"号

图 4 − 42　沈阳自动化研究所 ARV 北极作业

（三）发展趋势

混合式潜水器本身即为无人遥控潜器的发展方向之一。美国"海神"号（NEREUS）的沉没，对混合式潜水器尤其全海深无人遥控潜水器的发展不啻为沉重打击。但是，由于在目前技术水平下，混合式潜水器仍然是能够结合无人遥控潜器和自治式水下航行器技术优势，提高水下作业能力的主要途径，该技术仍将继续发展。其发展方向：①以全海深为目标；②提高作业能力；③研发小型化、机动性更高的混合式潜水器。

第三节　无人水面艇

无人水面艇（Unmanned Surface Vehicles，USV）是一种能够在海面上按照设定航线自主航行，并完成各种任务的小型水面运动平台，可搭载 ADCP、CTD 等多种传感器和设备，执行大范围的海 − 气界面海洋环境观测。

一、国外发展现状

在无人水面艇研发和使用领域，美国和以色列一直处于领先地位。美国海军从 20 世纪 90 年代就已经开始研究水面无人艇，并于 2007 年发布了《海军水面无人艇计划》，确定了水面无人艇的作战使

图 4 – 43　斯巴达侦察兵 USV

命。下面介绍几种典型的 USV。

1. 斯巴达侦察兵（Spartan Scout）

最具有代表性的 USV 是美国的"斯巴达侦察兵"（图 4 – 43），是"美国先期技术概念演示项目"（ACTD）之一。针对美国海军的需求，美国海军水下作战中心、诺斯罗普格鲁门公司、雷声公司以及洛克希德马丁公司联合量身打造了"斯巴达侦察兵"水面无人艇系统。该艇有两种型号，分别长 7 m 和 11 m，各自可携带 1 360 kg 和 2 260 kg 的有效载荷。无人自我控制能力在技术上已经得到实现，具有遥控和自动运行两种模式，且能根据不同的任务需求更换任务模块。已被正式部署到"葛底斯堡"号巡洋舰上，参加了"持久自由行动"和"伊拉克自由行动"。

图 4 – 44　"X – 2"号

2. "X – 2"号

美国海军最新型的三体无人快速侦察艇"X – 2"号（图 4 – 44），是一种模块化快速航行平台，能够配备雷达、声呐、摄像头、导航系统与防撞系统，还安装了先进的网络通信系统和情报、监视、侦查系统。

"X – 2"号长约 15 m，宽约 12 m，能以 28 ~ 55 km/h 的航速在 8 级海浪中自主巡航。其合成桅杆有 6 层楼高，借鉴了"美洲杯"帆船赛参赛船只的"帆翼"设计。该桅杆还是一根配置了数据链和控制系统的天线。除能依靠风帆航行外，"X – 2"号还配备了一台电动引擎作为后备动力，使其具备了随意变换航线的能力。通过无线电和全球定位卫星系统，控制人员可以在数百千米外的控制平台上输入指令并通过卫星传输至无人艇的控制系统。从输入指令开始到无人艇执行动作只需要 18 s。定位控制精度可达 3 m 以内。

3. 保护者（Protector）

"保护者"（图 4 – 45）由以色列拉斐尔武器发展局与以色列航空防御系统公司联合研究开发，以 9 m 长的刚性充气艇为基础，喷水推进，航速超过 30 kn，最高 40 kn，最大作战有效载荷 1 000 kg。其传感器载荷主要包括导航雷达和"托普拉伊特"光学系统。"托普拉伊特"系统中有第三代前视红外传感器、黑白/彩色 CCD 摄像机、激光测距仪、先进关联跟踪器和激光指示器等。

图 4 - 45 "保护者"

4. C - CAT3

英国 ASV 公司已提供了 50 多套无人水面艇,其 C - CAT3(图 4 - 46)是一种续航力持久的多用途工作级无人船,采用柴电推进系统,续航力大于 12 h,折叠后可装在一个集装箱中。采用特殊复合材料制成,重量轻且耐用,在船只出现损坏或船体进水的情况下仍能浮在水面。具备操纵杆直接控制、航向保持/设定、航点自动跟踪三种工作模式。其主要技术指标见表 4 - 4。

C - CAT3 标准负载有以下两点:①有效载重舱尺寸(船体内)每个船体 1 000 mm × 350 mm × 350 mm;②旁扫/多波束声呐安装位置。

图 4 - 46 C - CAT3

表 4 – 4   C – CAT3 技术指标

指标参数	数值
总长/m	3.4
每个船体长/m	3.0
高(从龙骨计算)/m	1.5
重量/kg	350(包含 30 L 燃料)
最大速度/kn	4~5(取决于负载)
续航力/h	24(60 L 燃料),12(30 L 燃料)
控制范围/nmile	>5(由天线高度和本地频率限制决定)

可选负载包括摄像头云台、集成声呐系统(旁扫、多波束、干涉声呐)、浅地层剖面仪、ADCP、CTD、USBL、相机等。

英国 ASV 公司另一型号 C – CAT4000(图 4 – 47)是一种轻型、易布放、机动性高的多用途工作级无人船,可用于水质取样研究、环境评估和近海调查。

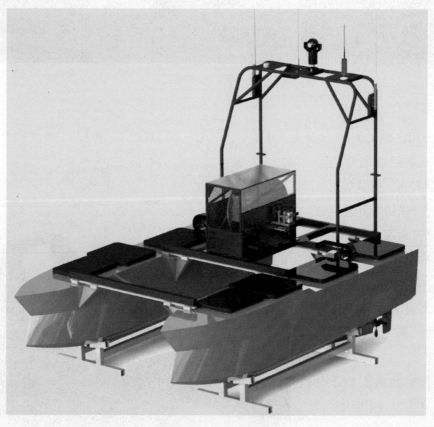

图 4 – 47   C – CAT4000

5. C – Enduro

英国 ASV 公司还研发了 C – Enduro 长航程无人水面艇(LEMUSV,图 4 – 48),长 4.2 m,宽 2.4 m,

高 1.5 m(含天线 2.8 m),吃水 0.4 m,采用双体船结构,满载排水量 500 kg,有效载荷 100 kg,携带 4.4 kW·h 锂电池(可升级至 8.8 kW·h),视任务需要可配备太阳能发电(1 200 W)、风力发电(720 W)和柴油发电装置(2.5 kW)。巡航时速 3.5 kn(最高 7 kn),续航 60~90 d,巡航状态下航程可达 7 500 nmile(13 890 km)。2013 年 12 月开始海试。

图 4-48 C-Enduro 长航程无人水面艇

6. Aquarius

日本 EcoMarinePower(EMP)于 2014 年 5 月对外公布了 Aquarius USV(图 4-49)的设计,采用三体船结构,长 5 m,翼展最宽 8 m,吃水 1 m,船体使用轻量级的复合铝制材料,应用太阳能和电动混合动力,巡航时速最高 6 kn,非常适合在浅水域(海湾、河流、湖泊和城市水道)进行操作。

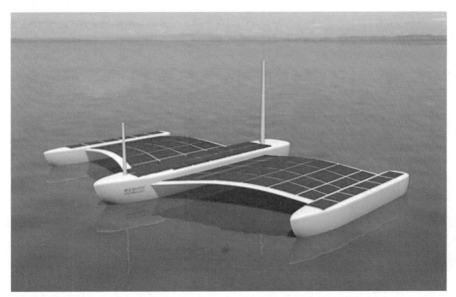

图 4-49 Aquarius USV

二、国内发展现状

鉴于无人艇的重要性和多功能性，我国也开展了自主智能无人水面艇研究。早期的研究仅限于日常训练使用的遥控靶船以及部分改装后用来清除水下障碍物的自爆小艇，近年来开发了多种 USV。

1. "天象一号"

由沈阳航天新光集团与中国气象局大气探测技术中心共同研发的我国首艘无人驾驶海上探测船"天象一号"（图 4-50）在 2008 年北京奥运会前投入使用，成功为青岛奥帆赛提供了气象保障服务。

图 4-50 "天象一号"无人船

该无人船总长 6.5 m，宽 2.45 m，高 3.50 m，重 2.3 t；船体用碳纤维制成，应用了自稳定船体设计，可在高海况下工作；配备有可靠的动力系统，航程可达数百千米，一次可以在海面作业 20 d 左右；具有人工遥控和自动驾驶两种工作模式，还可通过卫星通信系统对无人船进行遥测和通信；可进行风速、风向、气温、湿度、水温和能见度测量。

2. 楚航测控测量型无人船

武汉楚航测控科技有限公司设计研发了测量型无人船，以河川、湖泊、海岸、港湾、水库等水域为主要对象，平面定位采用高精度 GNSS 接收机，可自由选择搭载测深系统（单波束或多波束系统）、侧扫声呐、浅地层剖面仪、CCD 相机、ADCP、水质分析仪、水下三维激光扫描仪和陀螺仪等。该无人船（图 4-51）长 1.8 m，宽 1.1 m，吃水 0.3 m，遥控距离超过 2 km（最远可达 30 km），续航能力 8 h 以上，可按事先设定的航线测量。其主要技术指标及配置见表 4-5。

图 4-51 楚航测控测量型无人船

表 4 - 5　楚航测控测量型无人船技术指标及配置

模块	无线通信	IEE8021.11b 标准, 2.4/5.8 GHz Wifi 点对点通信
	GNSS 接收机	72 通道, GPS L1C/A 代码、L2C、L1/L2 整周载波, GLONASS L1C/A 代码、L1/L2P 代码、L1/L2 整周载波, 4 个 SBAS WAAS/EGNOS 通道。 码差分 GNSS 定位精度: 平面 ±0.25 m +1 ppm, 垂直 ±0.5 m +1 ppm; PKT 精度; 平面 ±100 mm +1 ppm; 垂直 ±20 mm +1 ppm; CORS 精度; 平面 ±10 mm, 垂直 ±20 mm
	测深模块	量程: 0.3~100 mm; 频率 200~2000 kHz(可选); 测深精度; 0.3%×量程
	测扫声呐	波束开角: 水平 0.7dge.@100kHz, 0.21dge.@500kHz; 垂直 40 dge; 最大距离: 600m@100kHz, 150@500kHz
	浅地层剖面	深度范围: 150 m; 地层分辨率: 40 m 的地层穿透为 6 cm; 深度分辨率: 0.01 m; 深度精确度: 0.5%
	ADCP	深距离分析范围: 0.06~80 m; 流速分析范围: ±20 m/s; 深度测量精度: ±0.25%×流速; 深度则量分辨率: 0.001 m/s
	推进力	2 个无测直流电机, 单个功率 250 W; 2 块锂铁电池, 电压 24 V, 40 Ah; 可载重 50 kg
	数据储存	SD 卡, 内存最高 32G, 写入速度最高 7 MB/s, 读取速度最高 16 MB/s
	CCD 相机	摄像头有效范围: 97°
操控	无线通信距离/km	>2
	续航时间/h	>10(搭载 4 块电池)
	航速/(m·s⁻¹)	自动测量速度: 2, 最高船速 5
	抗风力/波浪能力	最高 5 m/s/0.5 m
尺寸	长/mm	1 800
	宽/mm	1 100
	高/mm	750
	重量/kg	标准配置 48 kg
配制	标准	无人船船体及动力装置; GNSS 接收机; 量程 100 m 测深模块; 基准站软件 1 套; 电池两块; 2 km 通信距离
	选配	搭载 ADCP、侧扫声呐、浅地层剖面和多波束测深系统等获取水下地形、地貌、水文、水质等信息的模块; 更大测深量程的测深模块; 更大动力的船载电机(最大船速可达 6~7 m/s); 电池(最多可搭载 4 块电池); 更远距离的通信模块; 单体、双体及其他类型的船体; 水样采集与分析模块

3. 云洲系列

珠海云洲智能科技有限公司研发生产了云洲系列无人船(图 4 – 52 和图 4 – 53),能够应用于环保要求高的水域,功能全、稳定性高、全自动作业,可以实现卫星定位自主航行和智能避障,具备远距离实时视频传输和数据通信、网络化监控等功能。可以灵活搭载和接入第三方监测设备仪器,执行特殊监测任务。该系列无人水面船已实现批量生产。

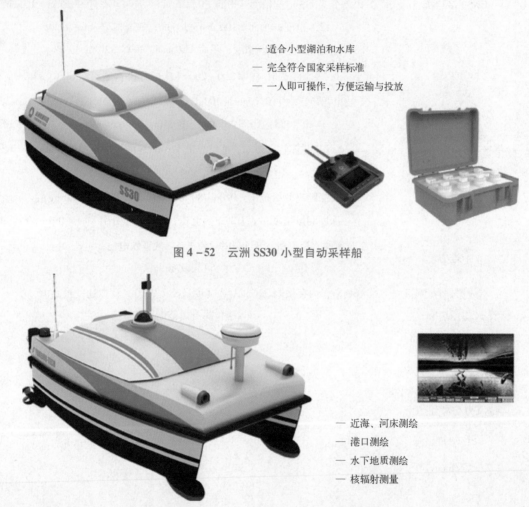

— 适合小型湖泊和水库
— 完全符合国家采样标准
— 一人即可操作,方便运输与投放

图 4 – 52　云洲 SS30 小型自动采样船

— 近海、河床测绘
— 港口测绘
— 水下地质测绘
— 核辐射测量

图 4 – 53　云洲 ME70 中型自动测量平台

三、发展趋势

无人水面艇成为海上无人系统的重要组成部分,并向着智能化、体系化、标准化的方向发展。无人水面艇研究项目持续推进,新船型应用逐渐增多,自主性不断提高,新型动力和推进装置也在开发,续航力和负载能力不断提升。

目前,获得高度可靠、自主排除故障的能力仍然是未来面临的主要挑战。无人水面艇将需要在拥挤的港口、繁忙的航道以及开放的海洋这些充满挑战的环境中工作,还必须面对恶劣的天气,并能够避开船舶和其他来自水面或水下的危险。

第四节　拖曳式观测平台

拖曳式观测平台由船舶拖曳，在航行过程中控制拖曳体的上升、下降和航行轨迹等，开展多参数海洋剖面观测，具有不影响船舶航行、实时、多要素同步观测的特点，是一种重要的海洋观测平台。

拖曳式观测平台的发展始自 1930 年，英国海洋生物学家阿利斯特·哈代努力开发一种固定深度的拖曳系统，用于水体参数收集。但直到 19 世纪 70 年代，加拿大贝德福海洋研究所(BIO)和海洋科学研究所(IOS)研制成功第一代可起伏升降的拖曳系统 BATFISH，实现剖面测量，拖曳式观测平台才正式投入实际应用，相关技术得到较快发展。

一、国外发展现状

目前，世界拖曳剖面观测平台市场由几个主要的海洋仪器公司把持，包括丹麦的 MacArtney 集团、加拿人的 ODIM Brookc Ocean 和英国的 Chelsea 技术集团(CTG)等，代表产品分别为 FLEXUS、Moving Vessel Profiler(MVP)和 SeaSoar 等，国外把此类产品称作 ROTV(遥操作拖曳体)。

丹麦 MacArtney 水下技术集团公司的产品主要有两类：FLEXUS(图 4 – 54)和盒状 Focus 2(图 4 – 55)。

图 4 – 54　MacArtney 公司的 FLEXUS

前者作业深度可达 200 m，最高拖曳速度 10 kn 时，竖直方向的速度可达 1 m/s，可搭载侧扫声呐外的多种传感器和设备，运动灵活，可以完成多种任务。后者应用碳纤维材料制成，使用光缆与甲板系统通信，允许拖曳航速为 2~6 kn，5 kn 时允许作业深度达 400 m，重 120 kg(不含负载)，有效负载 40 kg，主尺寸为 2 m(长) × 1.2 m(宽) × 1.2 m(高)，视传感器配置不同，长度可达 2.7m，拖曳过程中姿态非常稳定。

丹麦 EIVA 公司生产的 ScanFish Ⅲ 系列(图 4 – 56)具有特殊的翼状外形。翼展 1.8 m，翼弦 0.9 m，高 0.26 m，重 75 kg(水中重量为 0)，配绞

图 4 – 55　MacArtney 公司的 Focus 2

车控制装置时作业深度可达 400 m，拖曳速度 4 ~ 10 kn，下潜或爬升速度可达 2 m/s，纵向定位精度 0.2 m，负载可达 50 kg。两边的黑色薄板带有围栏，既可用作把手，又可保护拖曳体自身，还可以减少对操作员的伤害。测量设备安装在拖曳体上或其内时，会受到拖曳体的保护。

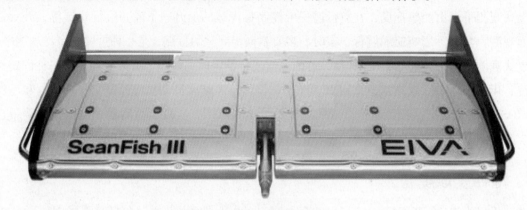

图 4 – 56　EIVA 的 ScanFish Ⅲ

图 4 – 57　CTG 公司生产的 SeaSoar Ⅱ

SeaSoar 是 CTG 公司开发的大型拖曳体，脱胎于 BATFISH，采用锯齿形轨迹实现海洋剖面测量。SeaSoar Ⅱ（图 4 – 57）是最新的改进型，长 2 m，宽 1.6 m，高 0.98 m，空气中重 150 kg，最大工作深度 500 m，拖曳速度 9 ~ 12 kn，可自动或人工操作，安装了 CTD、荧光度仪等多种传感器。美国斯克里普斯海洋研究所和伍兹霍尔海洋研究所设有 SeaSoar 研究组，持续对 SeaSoar 系统进行技术改进，包括甲板控制单元、机翼液压驱动单元和拖曳体自身。由伍兹霍尔海洋研究所开发的 SeaFlight 飞行控制程序改善了 SeaSoar 的控制性能。

加拿大 ODIM Brooke Ocean（现属英国 Rolls – Royce）公司生产的 MVP（图 4 – 58 和图 4 – 59），与传统的具有锯齿形航行轨迹或定深度的拖曳系统不同，采用"自由落体"的方式进行剖面测量，主要由智能绞车、拖曳体和控制计算机组成。传统拖曳系统主要控制拖曳体，而 MVP 系统仅控制绞车。MVP 系统运行可完全由计算机控制，根据用户设定的参数自动控制绞车释放和回收缆绳，拖曳体所在位置的深度信号由拖曳体所载传感器反馈给系统的控制计算机。测量数据也实时传送到甲板单元。MVP 系列可满足用户对剖面深度、作业船速和测量参数的不同需求。我国曾进口 MVP 300 – 3400 系统，绞车重 1 800 kg，占用甲板面积为 2 m×2 m，剖面测量深度与船速关系见表 4 – 6。MVP 系统的拖曳体可配置 CTD、溶解氧、浊度等传感器，MVP 系统还可集成粒子/浮游生物计数仪和现场地球技术测量（Geotechnical Measurements）设备。

图 4-58　MVP30 和 MVP300 系统的绞车

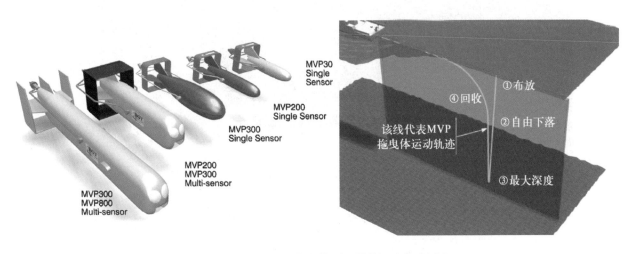

图 4-59　MVP 系列拖曳体(左)及其运动轨迹(右)

表 4-6　MVP 300-3 400 剖面测量深度

船速/kn	0	1	2	3	4	5	6	7	8	9	10	11	12
剖面深度/m	3 400	2 683	2 200	1 900	1 650	1 450	1 250	950	740	580	460	370	300

鉴于 SeaSoar 类拖曳系统和 MVP 系统都具有比较高昂的价格和复杂的组成，美国斯克里普斯海洋研究所研制了一种低成本、结构紧凑的走航 CTD 剖面测量系统(UCTD)，同样采用自由落体的剖面测量方式，体积小、安装方便，既可用于专业调查船，也可用于志愿船。该套系统由探头、绞车、绕线机、吊杆和细缆绳组成，探头带有自容式 CTD(图 4-60)。作业航速可高达 20 kn，航速 10 kn 时剖面测量深度 400 m。但该系统不能全自动运行，在每个剖面测量结束后，需要回收探头，经蓝牙连接读取测量数据，并由操作人员将探头放置在绕线机上进行绕缆操作，而后取下探头并再次布放。当然，所有操作均简单易行。OceanScience 公司实现了 UCTD 的产品化生产。

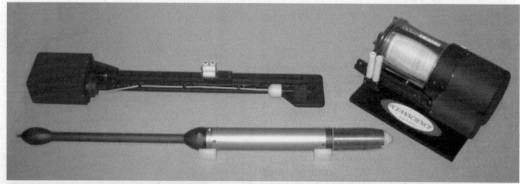

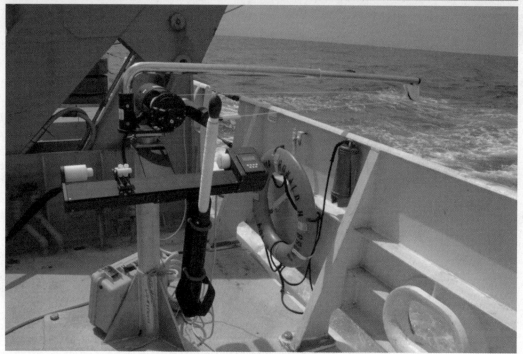

图 4 - 60   OceanScience UCTD

二、国内发展现状

"十五"和"十一五"期间,国家海洋局第一海洋研究所和中国船舶重工集团公司 715 所在国家 "863"计划支持下,开展了拖曳式剖面观测平台的研制。"十五"期间研制了我国第一套 200 m 剖面 深度拖曳系统。"十一五"期间,在"大深度(500 m)多参数拖曳式剖面测量系统"项目支持下,研制 了 500 m 剖面深度拖曳系统(CZT - 4)(图 4 - 61),各项技术指标达到或接近当前国际先进水平:拖 曳体在 8 ~ 500 m 的深度范围内作波浪式运动和定深拖曳,8 kn 航速时最大下潜深度 500 m;拖曳速 度范围为 6 ~ 12 kn;数据实时采集传输。该项目在南海和西太平洋海域开展了多次海上试验。2011 年 5 月 9 日,国家海洋局在青岛组织有关专家对该项目成果进行了鉴定,鉴定委员会认为本成果填 补了国内空白,达到国际先进水平。

图4-61　CZT拖曳系统在"东方红2"号和"海监74"号船作业

　　同样在"十一五"期间，国家海洋技术中心在国家"863"计划支持下成功研制了UCTD工程样机（图4-62），投放船速为6~12 kn，12 kn船速下剖面测量深度可达400 m。2007—2010年，样机开展了5个航次共106次剖面测量试验，最终实现了投放成功率100%、测量数据质量可靠等目标，系统工作状态良好、运行稳定。

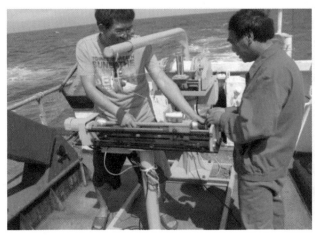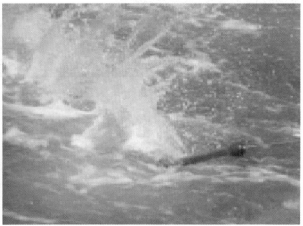

图4-62　国家海洋技术中心UCTD样机海上作业

　　虽然我国已掌握了船载拖曳式剖面观测平台的技术，但相关成果亟待产品化，以实际应用于海洋科学调查。

三、发展趋势

　　拖曳观测平台技术已趋成熟和稳定，在海洋观测中获得了广泛的应用，其未来发展将集中在两个方向：①新型传感器（尤其是中小尺度过程观测装置）应用于拖曳系统，如Microsoar和MARLIN（图4-63）。②剖面测量深度不断增加，锯齿形轨迹拖曳平台的剖面深度已达700 m（例如华盛顿

图 4-63　用于湍流观测的 Microsoar(左)和 MARLIN(右)

大学应用物理实验室委托 CSIRO 开发的 SeaSoar 改进型 TriSoarus，图 4-64)。

我国的拖曳式观测平台技术发展将首先以产业化为主要发展目标，与此同时努力跟踪相关技术的最新发展，并以技术创新为驱动，进一步提高相关技术水平。

◀ 图 4-64　SeaSoar 改进型 TriSoarus

第五节　载人潜水器

无人还是有人的争论，在海洋环境观测技术领域已存在多年且随着经济形势变化愈演愈烈。载人潜水器可以把人送到深海底附近，在目标区域开展相应的观测作业，具有无人平台无法代替的优势。

据美国海洋技术协会(MTS)数据，截至目前，全球共计有 90 多台载人潜水器(Human Occupied Vehicle，HOV，又被称作 Manned Underwater Vehicle，MUV)被应用于海洋调查、旅游、商业、休闲和安全作业。共有 14 台载人潜水器能够下潜到 1 000 m 或更深的地方，分别归属美国、中国、日本、俄罗斯、法国、西班牙、加拿大和葡萄牙。

一、国外发展现状

随着经济形势变化，各国政府的载人潜水器活动预算被削减，私营机构的支持大幅增长，继续推动着载人潜水器技术的革新。"深海挑战者"号即是杰出代表。

自 1960 年"的里雅斯特"号载人潜水器历史性地首次下潜至距马里亚纳海沟海底 5 m 处之后，直到 2012 年 3 月 26 日，深海调查潜水器才再次达到全海洋深度：著名导演詹姆斯·卡梅隆操纵"深海挑战者"号(图4-65)在马里亚纳海沟下潜到10 908 m。

　　"深海挑战者"号高7.3 m、重11.8 t，外形狭长而呈绿色。该潜水器应用了最小化乘员球舱设计、新型高性能复合泡沫塑料、竖直下降设计、携带无人着底器共同下潜等技术措施，从而具有较短的下潜时间和更长的海底作业时间，并可获取更多的图像、视频和相关证据。与传统科考用潜水器类似，该潜水器使用了重达498.96 kg的钢质压载物，抛掉后可使潜水器浮出水面。潜水器还装备了由锂电池系统供电的推进系统、导航系统和通信系统。该潜水器在澳大利亚建造，下潜速度达150 m/min，配置了水下LED灯、高清摄像机和微型3D视频系统阵列。所携带的着底器由斯克里普斯海洋学研究所研发，配备了视频设备。在完成历史性下潜的过程中，潜水器拍摄了相关视频。2013年，詹姆斯·卡梅隆把该潜水器赠与WHOI。

图4-65　载人潜水纪录保持者——"深海挑战者"号

　　在获赠"深海挑战者"号的同时，WHOI的深潜活动小组完成了对载人潜水器"阿尔文"号的重大升级(图4-66和图4-67)。该次升级由美国国家科学基金会(NSF)资助，潜水器将归海军研究局所有。升级后的"阿尔文"号使用了全新的球形载人舱体，装备了最先进的科学仪器，拥有更为舒适的科学家舱室、所有载人潜水器中最大的观察口和一系列新型成像系统，额定最大潜深4 500 m。2014年1月，升级工作完成，通过了美国海军认证，2014年3月，在墨西哥湾海试成功。

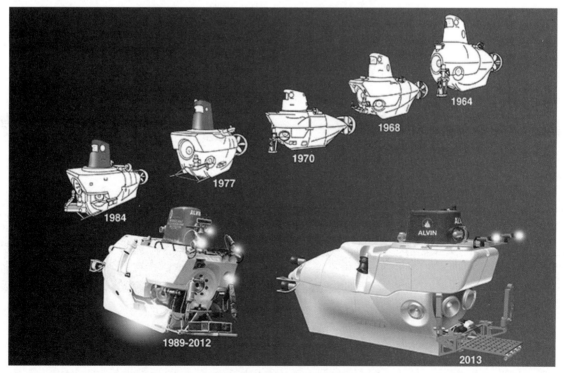

图4-66　"阿尔文"号的演进

图 4 – 67 即将回收的"阿尔文"号

日本"新海 6500"号(图 4 – 68)是代表性的 HOV 之一,1989 年在神户建成,额定最大潜深 6 500 m,可载 3 人,曾保持世界最深载人科考下潜纪录 25 年。2011 年 8 月,"新海"号在"311"大地震的震中地区执行了调查巡航,取得了巨大成功。日本国家地球科学与技术研究中心(JAMSTEC)对"新海"号进行了一系列升级,包括将两个高清摄像机升级至体积较小的型号、在相机上安装广角镜头、使用"iVDR"记录视频数据等。还在 2008—2012 年间更换了"新海"号的推进系统,原有推进器被新型直流电机推进器取代,还加装了尾部水平推进器。接下来准备应用光纤在"新海"号和母船之间传输图像。为了适应这些整修带来的重量改变,又换用了纤维增强塑料(FRP)电池舱。JAMSTEC 计划继续升级"新海 6500"号,直至下一代具备全海深探测能力的 HOV 就绪。

图 4 – 68 升级前(左)和升级后(右)的"新海 6500"号

除以上 3 台载人潜水器之外,著名的深海调查载人潜水器还有法国海洋开发研究院(IFREMER)的"鹦鹉螺"号(Nautile)和俄罗斯希尔绍夫海洋研究所(P. P. Shirshov)的"和平"号(图 4 – 69)。IFREMER

近期并没有研制新 HOV 和升级"鹦鹉螺"号的计划,只是通过在夜间使用潜深 3 000 m 的 Aster X AUV 先行实施声学多波束测绘和调查,而后在白天由"鹦鹉螺"号开展相关作业,提高了作业效率、降低了任务成本。至于"和平"号,2009—2011 年间在贝加尔湖开展了科考活动,自 2012 年起受政治格局影响,国际合作带来的盈利大为减少,未见升级计划报道。

图 4 - 69   法国的"鹦鹉螺"号(左)和俄罗斯"和平"号(右)

印度国家海洋技术研究所(NIOT)于 2011 年发布了采购 6 000 m 载人潜水器的招标书,计划用于开展深海矿产与能源勘探、海洋科考等活动。

除以上科考用载人潜水器外,十余艘商业载人潜水器(含在建)同样可以下潜至 1 000 m 或更深。

美国夏威夷海底研究实验室(HURL)的 Pisces IV 和 Pisces V 最大下潜深度 2 000 m。2008 年,该实验室重新开始使用 LRT - 30a 来布放和回收载人潜水器,这一模式对支援船和海况的要求低得多,还允许潜水器与笨重的科学仪器一起下潜,从而降低了作业成本。2013 年 7—8 月间,LRT - 30a 与 Pisces V(图 4 - 70)在夏威夷群岛周边海域进行了科考深潜。

图 4 - 70   Pisces V 在 LRT - 30a 上

Triton 3300/3(图 4 - 71)额定潜深 1 000 m,由美国 Triton Submarine 公司制造,拥有亚克力乘员舱,可载 3 人,装有水声导航设备和高清视频录制设备。2012 年夏天,该潜水器曾在日本沿海 600 ~ 900 m 深处拍摄到巨型鱿鱼。目前,Triton 公司正在研制两台新型载人潜水器 Triton 5500/2 和 Triton 36000/3,分别可载 2 人和 3 人,设计潜深约 1 676 m 和 10 973 m。

西班牙的 ICTINEU -3(图 4 -72)可载 3 人，设计下潜深度 1 200 m，采用大型亚克力穹顶式窗口来获取自由视野，壳体可自行平衡浮力，不需要使用复合泡沫塑料，还应用新型耐压锂离子聚合物电池作为能源。2014 年 7 月，该载人潜水器在西班牙塔拉戈纳港进行了首次海试，下潜深度 20 m。

图 4 -71 Triton 3300

图 4 -72 ICTINEU -3

美国维珍海洋公司的"深海飞行挑战者"号潜水器(图 4 -73 左)应用了复合耐压壳和蓝宝石玻璃穹顶，设计下潜深度 11 000 m。2014 年 12 月，该公司确认项目已被搁置。OceanGate 公司正在开发的可载 5 人的潜水器拥有大型 180°可视穹顶、碳纤维和玻璃壳体(图 4 -73 右)，将应用轻量化设计和先进的控制系统，预计于 2015 年投入使用。

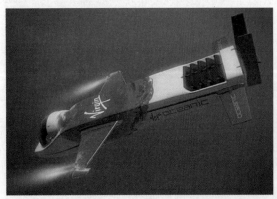

图 4 -73 "深海飞行挑战者"号(左)和 OceanGate 新载人潜水器(右)

二、国内发展现状

"蛟龙"号(图 4 -74)是我国自行研发的载人潜水器，下潜深度 7 000 m，沿用了传统的深海调查潜水器设计，采用焊接式钛合金耐压艇体和复合泡沫塑料，使用银锌电池能源。乘员舱可容纳 3 人，并配有 3 个亚克力观察窗。该潜水器集成了冗余的水下通信转发器，超短基线(USBL)声学定位系统、高分辨率侧扫声呐、声学多普勒测速仪、避障声呐和成像声呐各一套。还安装了 LED 灯，高清照相机和摄像机,以及七功能液压机械臂。"蛟龙"号60% 的部件和设备由我国制造。

图 4 - 74　中国"蛟龙"号载人潜水器

该潜水器的研发持续了 20 余年。自中国船舶科学研究中心(CSSRC)于 1992 年第一次提出建造 6 000 m 载人潜水器被否决开始,至 2002 年中国大洋矿产资源研究开发协会(COMRA)的新深海载人潜水器提案(1999 年提出)获批,CSSRC 持续努力,终使"蛟龙"号项目得以实施。2005 年潜水器设计完成,并做好生产准备。借助 2005 年 8 月中美深潜合作计划,经过在"阿尔文"号上 22 d 的训练(包括两次超过 2 000 m 的深潜),中国驾驶员开始熟悉潜水器的驾驶。2007 年,"蛟龙"号开始了第一次试潜,2010 年在中国南海完成了 17 次深潜,最深一次 3 759 m。2011 年 7 月,"蛟龙"号在太平洋公海水域下潜至 5 057 m。2012 年 6 月,在台风季到来之前,"蛟龙"号下潜到 7 062 m,打破了日本"新海 6500"保持了 25 年之久的科考用载人潜水器下潜深度纪录(该类潜水器可载至少 2 人)。2013 年,完成 4 年海试后,"蛟龙"号开始实施首个航次任务,进入"试验性应用"阶段。

三、发展趋势

虽然载人潜水器的发展不仅持续受到执行载人下潜还是无人下潜这一争论的困扰,且因经济形势的变化,所得到的支持也不如以往,但在看得见的未来,载人潜水与无人潜水相结合仍是最为可行的水下作业解决方案,多个新的载人潜水器建造计划正在执行。已有载人潜水器的升级和新潜水器的开发,大致呈现以下方向:①拥有越来越大的观察窗,从而获取更好的甚至全向视野;②向全海深探测的努力从未停止;③应用新的壳体材料、电池和全电动推进器等来提高潜水器的性能;④载人数量扩展到 3 人甚至以上。

而在国内,继"蛟龙"号之后,CSSRC 将建造新一代 4 500 m 级潜水器,更为小巧、轻便和易用,使用更多自主设备。上海海洋大学深渊科学与技术研究中心也在计划研发 11 000 m 全海深潜水器。我国的载人潜水器研发团队正在全力追赶世界载人潜水器技术发展的脚步。

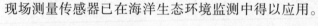

第五章
海洋生态环境监测技术

国外对海洋生态环境监测技术研究起步较早，自20世纪40年代起，相继成立了多家从事海洋仪器开发的研究机构和技术公司，开展海洋生态在线监测技术的研究。近些年来，中国的海洋生态环境监测技术也得到了快速发展，突破了一批国际前沿关键技术，形成了门类相对齐全的监测仪器体系，自主研发的部分仪器逐步得到推广应用。

海洋生态环境监测技术涉及内容广泛，本章将针对海洋水质基本参数监测技术、有机污染物监测技术、海洋营养物质监测技术、海洋油类及重金属监测、海洋放射性污染物监测技术、海洋生物监测技术发展的一些特色技术等内容进行重点介绍。

第一节　海洋水质基本参数监测技术

海洋水质基本监测参数主要包括溶解氧、pH值、二氧化碳、氨、浊度、叶绿素以及水中毒素。这些参数是海洋环境保护的基础测量参数，随着在线原位监测技术、电化学测量技术、光学测量技术、数据传输技术的不断发展，进一步促进了海洋生态水质原位监测技术应用。

一、溶解氧

对于水中溶解氧（DO）的现场测量主要分为化学法和光学法两种方法。依据这两种方法设计的现场测量传感器已在海洋生态环境监测中得以应用。

图 5 – 1　德国 Contros
溶解氧传感器

（一）国外发展现状

美国哈希 HACH 公司的 HQ30d53 便携式荧光溶解氧仪 LDO 采用最新技术开发而成，具有适合于实验室和野外测试两款便携式仪器。LDO 探头为无膜式探头，无需更换膜组件、无需填充电解液，不受典型废水中化学物质的干扰。维护量大大降低，既节省了时间又降低了用户的维护成本。国外还有挪威 Aanderaa 生产的 OXYGEN OPTODE 系列；加拿大 RBR 生产的 RBRvirtuoso 溶解氧；美国哈希 HACH 生产的 LDO、Sc100；德国 WTW 生产的 FDO® 系列；新西兰 Zebra 生产的 D – Opto 等。测量参数见表 5 – 1。

表 5 - 1　溶解氧仪的测量参数

类型	生产厂家	测量量程	测量精度	备注
便携式溶氧仪	美国哈希公司	0 ~ 20 mg/L		分辨率 0.01 mg/L
Hydro Flash™ O₂	德国 Contros	0 ~ 200% 饱和度	±1%	图 5 - 1
ProODO	美国 YSI	0 ~ 200% 饱和度	读数之 ±1% 或 1% 空气饱和度，以较大者为准	图 5 - 2
		0 ~ 50 mg/L	0 ~ 20 mg/L：读数之 ±1% 或 0.1 mg/L，以较大者为准	
			20 ~ 50 mg/L：读数之 15%	

（二）国内发展现状

　　国内研制溶解氧测量仪器的研制单位以国家海洋技术中心、厦门大学和国家海洋局第一海洋研究所为代表。国家海洋技术中心研制的溶解氧传感器采用膜法测量，性能稳定，测量准确，目前已集成到 CSS3 - 1 型多参数水质仪上（图 5 - 3），在海洋现场多种监测平台上得到应用。厦门大学研发了荧光猝灭测量海水溶解氧含量，但未见相关仪器用于海洋监测。国家海洋局第一海洋研究所研制的光纤溶解氧仪（图 5 - 4），应用光猝灭法测量溶解氧原理研发光学溶解氧传感器样机，其测量范围为 0.05 ~ 20 mg/L，准确度为 ±0.02 mg/L。

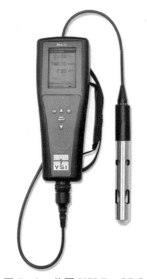

图 5 - 2　美国 YSI ProODO
　　　　　溶解氧测量仪

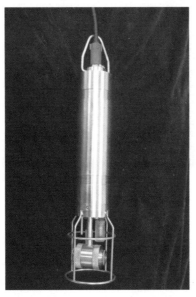

图 5 - 3　CSS3 - 1 多参数水质仪

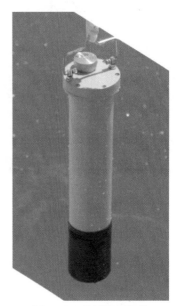

图 5 - 4　光纤溶解氧仪

二、pH 值

　　pH 值常用测量方法为玻璃电极法，由于玻璃电极法自身存在随时间漂移等特点，为适应海洋生态长期连续高准确度监测的需求，人们开发了多种测量 pH 值的方法，例如：利用敏感型场效应管技术研制的敏感电极和利用光纤技术测量水中 pH 值。

（一）国外发展现状

国外生产 pH 传感器的厂家众多，主要有美国哈希 HACH 公司旗下的 YSI、SBEBIRD，德国 AMT 公司，日本亚力克等仪器公司，采用玻璃电极法生产海水水质 pH 值在线传感器。美国 MBARI 研究所、美国 Sunburst Sensors 公司和加拿大 Satlantic 仪器公司分别利用敏感型场效应管技术和光纤技术研制新型在线监测海水水质 pH 值传感器。

1. 敏感电极法

美国 MBARI（Monterey Bay Aquarium Research Institute）、斯克里普斯海洋研究所（Scripps Institution of Oceanography, University of California San Diego）采用离子敏感场效应管晶体 ISFET 研发了场效应管 pH 敏感电极。ISFET 是一块硅晶体片，pH – ISFET 与 MOSFET 结构相似由离子敏感膜代替 MOSFET 的金属栅极，当敏感膜与溶液接触时，在敏感膜与溶液界面上感应出对 H^+ 的能斯特响应电位。加拿大 Satlantic 公司与 MBARI 和 Scripps 合作研制此类海水水质 pH 值监测传感器。

2. 光学法测量 pH

pH 光纤化学传感器是基于光纤感应水质 pH 变化后使其光谱特征（吸光值、反射值和荧光值）产生相应变化。pH 光纤化学传感器的主要部件是在光纤的末端固定一层 pH 感应膜，该膜由 pH 敏感染料组成，一般采用共价化学链接和简单物体包埋法进行固定。

美国 Sunburst Sensors 公司采用上述原理生产的一套水下自容式锚系/现场剖面监测海水 pH 的传感器 $SAMI^2$ – pH（图 5 – 5），能无人值守自动监测海水 pH 值，连续工作时间可达 1 年。$SAMI^2$ – pH 采用可更换的试剂及光纤，精度为 ±0.003，测量范围为 7 ~ 9。

图 5 – 5 $SAMI^2$ – pH 传感器

（二）国内发展现状

国内海洋现场 pH 值测量大都还在沿用玻璃电极传感器，通过定期现场校准，此类 pH 传感器已应用到海洋常规监测中，以国家海洋技术中心研制的 pH 传感器为代表，目前已集成到国家海洋技术中心 CSS3 – 1 型多参数水质仪上，在海洋现场多种监测平台上得到应用。厦门大学在"九五"期间，国家"863"计划期间研制了光纤 pH 传感器，但未见有产品应用于现场测量。

三、二氧化碳分压（pCO_2）

二氧化碳分压表征水中二氧化碳含量，常用测量方法是现场取样分光光度计测量，此方法可用于实验室分析和船载监测使用。国内外研发机构利用光学方法研制用于海洋在线原位测量的二氧化碳测量设备，以适应海洋生态长期连续高准确度监测的需求。

（一）国外发展现状

国外研制二氧化碳现场原位监测仪器公司主要有加拿大 Pro – Oceanus 公司产品、美国 SAMI 公司和德国 AMT 公司，均采用光学测量方法实现现场测量。

CO_2 – Pro 是加拿大 Pro – Oceanus 公司产品（图 5 – 6）。CO_2 – Pro 水下二氧化碳测量仪是世界领先的测量水下二氧化碳浓度的科研仪器，小巧轻便，即插即用。有三种工作模式：走航测量、实验室测量和锚系潜标测量（耐压深度可达 1 000 m）。CO_2 – Pro 内部带有红外线探测器（IR Detector）和最新的 PSI 水泵驱动快速测量界面（专利技术）。CO_2 – Pro 的出厂校准范围为 0 ~ 600 × 10^{-6} 二氧化碳。为了确保精度，仪器提供了自动零点校准（automatic zero point calibration – AZPC）功能。仪器内置

图 5 – 6　CO_2 – Pro 二氧化碳测量仪

非分散式红外气体分析传感器，二氧化碳吸附包，具备自动零点校准功能和自动的压力、温度、湿度补偿功能。

SAMI – CO_2 是一套船载、锚系/现场剖面监测海水二氧化碳分压（p_{CO_2}）传感器（图 5 – 7），采用试剂和光纤监测溶解性二氧化碳（范围：150 ~ 700 μatm[①]），精度大约为 1 μatm。系统布放前后，一般需要实验室标定，也可现场进行标定。

图 5 – 7　SAMI – CO_2
分析仪

图 5 – 8　AMT 二氧
化碳测量仪

德国 AMT 研制了浅水中测量二氧化碳含量的光学盖膜传感器（图 5 – 8）。其内部传感器通过透气性硅树脂膜将样品隔离开，液体和固体不能穿透这层膜。如果传感器放入样品中，一部分的二氧化碳压力就平分给了内部传感器和样品。在传感器里面有一个光学传感器。其工作原理是以单梁双波长无弥散红外线为基础由 CO_2 部分压力的测量值、水中测量到的温度和大气压力值计算出二氧化碳浓度。测量范围为 30 mg/L、50 mg/L、80 mg/L、170 mg/L、340 mg/L。精确度（25℃ 时）为小于 ±3% 之读数。

①　1 atm = 101. 325 kPa。

图 5 - 9　光纤二氧化碳测量仪

图 5 - 10　HydroC/CH₄

甲烷测量仪

（二）国内发展现状

国内研制光学二氧化碳测量仪器刚刚起步，研究机构为数不多，厦门大学采用新型光纤化学二氧化碳测量方法研制成功现场测量仪（图 5 - 9）。该仪器采用长光程及程序控制自动更换指示剂缓冲溶液技术，样品中的二氧化碳通过扩散穿透具有高气体可透过性和低折射率的无定型聚四氟乙烯（Teflon AF）材料制成的波导纤维管壁进入指示剂缓冲溶液，并发生水合、离解、显色等反应，光源发出的光经过光导纤维传输到 Teflon AF 波导纤维管内，经由光导纤维将光强变化的信号传输到检测器，根据检测到的信号即可计算出样品中溶解的二氧化碳含量。

四、甲烷（CH_4）

现场测量甲烷一般采用红外分析法，当甲烷受到红外光束照射时，甲烷选择性吸收特定波段的红外辐射，从而表现为特定波段透射光的强度变小，利用光电器件将透射光强度变化转换为电信号，经过计算可以准确得出甲烷浓度。

（一）国外发展现状

国外主要是德国两家仪器公司研发甲烷现场测量仪器，且已应用于海洋原位在线监测。

甲烷现场测量仪器包括标准型（Classic METS）、快速型（K - METS）、高浓度型（IR - METS）和过饱和型。德国 Franatech 生产的 classic METS 测量范围为 50 nM 到 10 μM。加拿大 PSI 产型号为 Mini - Pro Methane 水下甲烷测量仪，体积更小，即插即用、极少维护，快速提供长时间的高精度 CH_4 浓度变化数据。可应用于藻类生物电池研究、水产养殖试验和碳隔离研究。

德国 HydroC 公司生产的甲烷传感器是利用基于红外分析原理，专利设计的光学分析系统检测海洋（淡水）或大气中的甲烷和烃类，可长期连续监测（图 5 - 10）。该仪器具有钛金外壳，最大工作水深可达 6 000 m。可以集成到移动式海洋 CO_2/CH_4 通量监测站中，进行走航式测量，也可集成到水下机器人 AUV/ROV 上进行测量极低的甲烷/烃类浓度。

（二）国内发展现状

国内未见自产水下甲烷测量设备。

五、水中毒素

水质生物毒性检测一般是从生物学角度来分析水质，综合判断水质情况，现有检测方法有发光细菌法、微生物呼吸法、水藻法、藻类荧光发、鱼性法等。目前，水质毒性分析仪大多应用于工业污水、地表水和饮用水等淡水污水环境，定制于海水水质毒性的设备相对较少。海水中的致病菌有来自陆源的如大肠杆菌、志贺氏菌、单增李斯特菌和沙门氏菌等，也有源自自然海水的如副溶血性弧菌、霍乱弧菌、创伤弧菌等。海水中致病菌的污染不仅会给水产养殖业带来巨大的危害和损失，而且威胁人们的健康安全。免疫生物传感器具有快速、便携、特异性强、制作简单、识别灵敏等特点，因此成为致病菌检测领域的研究热点。

（一）国外发展现状

国外水质毒性分析仪是通过发光细菌法进行毒性物质的检测，是一种简单、快速的生物毒性检测手段，广泛应用于质检、环境监测、水产养殖等领域，并被列入了国际标准 ISO 11348。

日本滨松光子的 BHP9511 水质毒性快速检测仪（图 5-11），通过发光细菌来检测有毒物质。美国 HACH 公司 LUMIStox 300 型生物毒性测试仪，同样是基于毒性物质对发光细菌发光度的抑制作用而设计的，具有色度和浊度的自动补偿，无需进行参比试验；测试过程中，全程监测发光细菌的活性；内置光度计可以测量生长抑制度等特点。

德国 LAR 在线毒性预警系统 ToxAlarm 能够连续检测饮用水和地表水中的污染物质（图 5-12），能够确认较高敏感性细菌对水中潜在毒素的反应。测量时间间隔低于 5 min。具有连续监控毒性；分析仪中的细菌可自我繁殖；响应时间低于 5 min；高敏感细菌；无记忆效应；低运行成本；高繁殖率；低维护成本；无需购买测试有机体等特点。

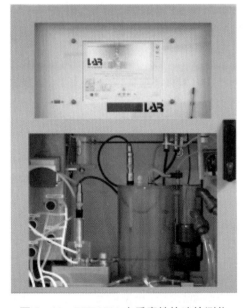

图 5-11　BHP9511 水质毒性快速检测仪

图 5-12　德国水质在线生物毒性预警预报监测系统

图 5 – 13   LAR 在线毒性预警系统

瑞士公司 Endress + Hauser AG 的 TOX – norm、CAS74/CAM74 水质在线生物毒性预警预报监测系统(图 5 – 13),由 E + H 生物毒性仪和 E + HSCAN 全光谱扫描有机物分析仪组成。E + H 生物毒性仪通过连续监测反应器中微生物的呼吸状态即耗氧量来监测水质突发变化。采用水体中混合细菌作为受试生物,混合细菌来源于水体,无需额外添加细菌,维护简单,成本低。具备自保护功能,实现了真正的无间断测量,并且已经在国内外多家单位投入使用。

随着水产业的迅速发展和有害赤潮的频繁暴发,藻类和贝类等生物毒素成为人们日渐关注的问题。免疫传感器技术用于海洋生物毒素的检测,应用于海产品中毒素岗田酸、赤潮毒素、软骨藻酸、河豚毒素的检测,检出限达到纳摩尔级,但复杂的抗体制备过程限制了其广泛应用。

(二)国内发展现状

国内水质毒性分析仪也是通过发光细菌法进行毒性物质的检测,可响应数千种生物/化学污染物的生物毒性,满足 ISO 11348—3 以及 GB/T 15441—1995 等标准要求,保证监督机构对水质变化能够做出快速反应,为全面保障供水安全与环境监管提供一种快速有效的方法,为环境污染事件以及整个地表水体、饮用水等的监测预警提供重要技术支持。

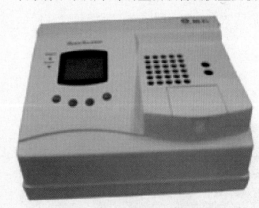

图 5 – 14   LumiFox 6800 多管台式
发光细菌毒性检测系统

深圳朗石公司的 LumiFox 6800 多管台式发光细菌毒性检测系统(图 5 – 14),是一款在实验室使用的高精度水质毒性检测系统,可以进行急性毒性、慢性毒性检测和 ATP 检测功能。具有温度控制功能。可以对样本、试剂、反应过程的温度自动控制,使毒性检测的结果更准确。

中宜仪器的 TOX – 100 水质毒性在线分析仪基于发光细菌急性毒性原理而研发,能直接、客观地反映出水体对生物(发光细菌)的综合毒性,具有连续、快速、自动监测等特点,同时具有较高灵敏度和可靠性。对于因为事故或故意破坏及其他原因造成的污染,毒性测试可以在 15 min 内快速展现饮用水、各种地表水/地下水中的毒性。

中国科学院海岸带环境过程与生态修复重点实验室利用核酸适体对目标靶分子具有强亲和性、高选择性,且核酸适体稳定性好,可以抵抗检测的恶劣环境的特性研发了基于核酸适体识别的免标记、免固定化电位型传感器,实现了海水中致病菌的快速检测。此外,化学合成的分子印迹聚合物具有很强的稳定性,可以抵抗检测的恶劣环境,因此它是海水检测应用中的另一类理想识别分子。

六、发展趋势

当前，我国的海洋环境监测已从单一的水质监测发展到今天的水质、沉积物、生物体内污染物含量监测并举。虽然在线原位监/检测技术对于海洋分析具有潜在的应用价值，但海洋环境监测专用传感器技术较为薄弱。已经开发的多种传感器主要应用于海水环境监测，且一些传感器尚有不少技术问题需要解决。针对海洋环境监测的需求以及特点，深入开发海洋环境现场快速监/检测技术，以期实现对不同介质、多种参数的高灵敏、高选择性在线原位长期连续监测是未来发展趋势。

第二节　海洋营养物质监测技术

海洋中营养物质的监测参数主要包括营养盐和总磷总氮两部分。营养盐测量参数主要是指硝酸盐、亚硝酸盐、铵盐、磷酸盐和硅酸盐。总磷总氮的监测是以对磷酸盐和硝酸盐的监测为主。随着营养盐测量技术的发展，目前市场上出现了多款营养盐分析仪产品，可以满足现场自动化测量的需求。

一、营养盐

海水营养盐分析仪向集成化、小型化、系列化以及深水检测的方向发展，按照分析方法的不同，这些分析仪可以划分为两类：一类是微型实验室法，另一类是紫外光谱分析法。微型实验室法是目前在线营养盐分析仪中最广泛采用的方法，需要添加化学试剂实现对 5 种营养盐的测量，分析仪可在现场自动完成采集水样、添加试剂、光学测量和数据计算等功能。紫外光谱法已广泛应用于淡水中硝酸盐测量，国内外许多学者都开展了这方面的研究工作。但是由于海水组成成分复杂，干扰因素多，此方法针对海水硝酸盐测量的研究和应用，与淡水相比难度要大。

(一)微型实验室法

微型实验室法根据仪器使用环境的不同，分为实验室(船用)营养盐分析仪和水下营养盐分析仪，其中水下分析仪的工作时间和工作深度因不同公司的产品而有所不同，工作时间总体范围是 7 ~ 180 d，工作水深度最多达到 250 m。

1. 国外发展现状

营养盐分析仪的主要生产厂家有英国 Eco - Sense 公司、英国 Seal 公司、美国 EnviroTech 公司、美国 Subchem 公司、意大利 Systea 公司、荷兰 SKALAR 公司等。其中在中国市场占有率较高的主要是英国 Seal 公司、荷兰 SKALAR 公司生产的营养盐分析仪，这两种仪器均采用流动注射分析法，主要应用于实验室中对营养盐的检测，在海洋现场方面的应用较少。

美国 EnviroTech 公司生产的营养盐自动分析仪已形成系列化产品，EcoLAB 2 多通道水下原位营养盐监测系统(图 5 - 15)，压力舱充气可用于水下 200 m，如采用充油时可用在更深的深度；MicroLAB 紧凑型营养盐监测系统(图 5 - 16)，是以易用、可靠、经济以及小尺寸理念设计的超过十年经验的第五代营养盐监测系统；NAS - 3X 原位营养盐分析仪，是一种用在营养盐分析的坚固的潜水式湿化学机器人，系统使用一个注射泵和新型旋转阀来获取每个水质样本并发生反应。

图 5 - 15　EcoLAB 2 多通道水下原位营养盐监测系统

图 5 - 16　MicroLAB 紧凑型营养盐监测系统

美国 SubChem 公司研制了 SubChemPak 水下化学分析仪，可对硝酸盐、铁及其他营养盐进行快速、现场测量。主机软件遥控仪器操作，自动现场标定，采集数据。营养盐的浓度读数即时显示在计算机屏幕并存储于硬盘。SubChemPak 分析仪及甲板单元可与海洋学 CTD 及其他仪器方便地集成在垂直或水平剖面测量平台上。

德国 SubCtech 公司的 Marine SYSTEA 营养盐分析仪（图 5 - 17）以一种独特的在线营养盐测量技术，服务于工业、环境监测以及专业的海洋学研究等多个领域。由于它极低的检测极限和长期稳定性，因此是具有长期监测的能力。SubCtech 已经为全球提供了数百台移动式小型营养盐分析仪。它的试剂消耗量极低，每次分析只需 100 μL。维护间隔也很长，运行费用成本较低。

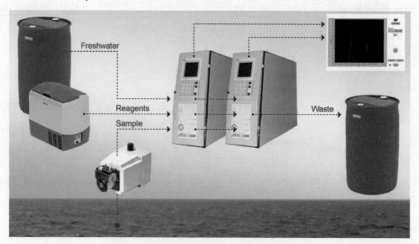

图 5 - 17　Marine SYSTEA 营养盐分析仪

2. 国内发展现状

国内营养盐分析仪研究起步相对较晚，近几年发展迅速，研发和生产单位主要有国家海洋技术中心、四川大学和北京吉天仪器有限公司等，采用的方法均为传统的湿化学法。

四川大学和北京吉天仪器有限公司开发的实验室用营养盐分析仪，所采用的原理是流动注射法，仪器分析快速、自动化程度较高，适用于实验室中大量样品的集中快速测量。国家海洋技术中心研制的应用于船舶和实验室的营养盐自动分析仪以及海洋现场的水下营养盐自动分析仪，采用的方法为非连续光度法，实现了过滤、取水样、添加试剂、化学反应、光学测量和数据处理的全程自动化，可在现场无人值守情况下自动完成五种营养盐的同时测量，是一套可应用于海洋现场的全自动微型化学分析系统，目前分析仪已在东海和北海多个海洋站和监测船上得到应用。

国家海洋技术中心和四川大学研制的营养盐分析仪在"十一五"期间国家"863"计划项目"船载海洋生态环境监测系统"和"赤潮现场快速监测与检测技术"中，均集成到"向阳红08"号和"海监47"号船上，进行了多次海上现场试验，获得了大量实时在线监测数据，为渤海海洋生态环境评价和东海赤潮预警预报提供了数据支持。

（二）紫外光谱法

紫外光谱法是基于硝酸盐在紫外波段200～400 nm具有强烈吸收，通过在不同波长处测定样品吸光度，来校正水体中其他干扰物质的影响，从而得到硝酸盐的浓度值。该方法最突出的特点是无需化学试剂参与，而直接进行光学测量，检测速度快，同时避免了对海洋环境的二次污染，测量过程简便、快速、准确，特别适用于海水硝酸盐的在线测量，可在现场长期无人值守的情况下对硝酸盐进行自动测量。

1. 国外发展现状

国外对于紫外法测量海水硝酸盐含量的理论研究较早，并且已有成熟的仪器应用于海洋监测中。紫外吸收光谱法测量硝酸盐市场上代表产品是Santlantic公司生产的ISUS和SUNA传感器（图5-18）。

该产品无需化学试剂，测量方便快速，并且可以搭载到CTD、AUV以及海床基等设备，进行现场剖面测量、走航测量、定点测量等，最大工作深度可以达到1 000 m。

图5-18　Santlantic公司ISUS传感器

2. 国内发展现状

近几年，国内针对紫外光谱法测量硝酸盐也开展了许多研究，但大部分处于实验研究阶段。根据淡水检测方法来测量海水中硝酸盐，需要对水样进行复杂的前处理，通过加入盐酸消除碳酸根和碳酸氢根等阴离子的干扰，加入氨基磺酸消除亚硝酸根离子的影响，再采用沉淀吸附等操作来降低有机物的影响，然后在双波长220 nm和275 nm处分别进行测量，利用公式$A_校 = A_{220} - 2A_{275}$，计算得到硝酸盐校正后的吸光值。这种方法通过沉淀吸附、加入试剂等前处理措施来降低海水中有机物、盐度等干扰因素对硝酸盐测量的影响，但不能摆脱化学试剂的参与。

国家海洋技术中心率先开展了基于紫外光谱法的海水硝酸盐传感器的研制工作，不添加化学试剂，通过光谱数据处理实现对硝酸盐的准确测量，目前已完成原理样机的搭建和设计。完成了紫外吸收光谱结合偏最小二乘法海水硝酸盐测量技术模型的研究；同时研究了 Savitzky-Golay 卷积平滑、一阶导数法、附加散射校正(MSC)、标准正态变量变换(SNV)和小波去噪(WDS)5 种光谱预处理方法对特定光谱分析系统海水硝酸盐紫外光谱 PLS 模型的预处理效果；对光谱接受系统进行了软件的二次开发，实现光谱数据采集与预处理，以便实现仪器的微型化。

海水中营养盐现场自动分析仪器正在向集成化、小型化、系列化以及深水检测方向发展，分析仪器逐步集成到浮标/海底观测系统，岸基自动观测系统以及搭载到 CTD 系统开始进行现场监测。采用的工作方式以微型实验室法为主，并已在海洋现场得到实际应用，但微型实验法存在操作繁琐、维护周期短等缺陷，使其应用受到限制，微型实验室法营养盐分析仪和光学法营养盐测量仪器将是未来发展趋势，提高仪器可靠性，延长其维护周期，拓宽其在海洋领域的应用势在必行。

二、总磷总氮监测

(一)国外发展现状

由于总磷总氮监测仪器主要应用于河流、湖泊、污水的监测，在海洋现场的应用较少，国外只有美国、澳大利亚和日本等国有相关研究。

目前，国外的代表性产品有美国 HACH 公司的 PHOSPHAX sigma 总磷分析仪(图 5-19、图 5-20)，澳大利亚 Greenspan 总磷分析仪采用过硫酸盐消解-光度法进行测量；日本 HORIBA 总磷总氮自动测量装置 TPNA-300，岛津在线总氮、总磷分析仪 TNP4100 均采用过硫酸钾紫外消解-光度法测量；日本 TORAY 公司总磷自动分析仪 TP-800 采用紫外线照射-钼催化加热消解，FIA-光度法测量。日本 HORIBA 公司 TPNA-200 型总氮/总磷在线自动分析仪采用过硫酸盐消解-光度法进行测量；日本 TORAY 公司 TN-520 型总氮在线自动分析仪采用密闭燃烧氧化-化学发光分析法测量。

图 5-19　美国 HACH 公司 NPW-160
总磷/总氮在线分析仪

图 5-20　美国 HACH 公司 Phosphax∑
Sigma 总磷在线分析仪

(二)国内发展现状

与国外相比，我国在总磷总氮测量技术方面起步较晚，近年来，在国家"863"计划的支持下，国内也开展了海水中总磷总氮相关技术的研究，中国海洋大学对海水中有机磷的现场分析技术进行了研究，采用生物酶传感器技术测量海水中的有机磷农药，筛选海洋中对有机磷农药具有敏感专一性响应的鱼类胆碱酯酶，在对该敏感酶的固定、稳定技术进行优化的基础上，制成了酶传感器识别元件(固定化酶或酶片)，同时研究固定化酶失活后的复能技术和海水中共存物质干扰及消除技术。中国海洋大学展开了对海水中溶解有机氮、磷自动消化技术的研究。河北科技大学采用的方法为紫外微波连续流动注射法，开展了总磷总氮自动分析技术的研究。国家海洋技术中心采用紫外氧化消解－非连续光度法开展了海水总磷、总氮在线测量方法的研究。国内一些科研机构应用美国 LACH 公司的 QC8500 水质分析仪在实验室中检测海水中的总磷总氮，该仪器是在测量 5 种营养盐的基础上，增加了一个消解器，将总磷总氮转化为磷酸盐和硝酸盐后再进行测量。该仪器既可测量 5 种营养盐，又可测量总磷总氮，但目前仅限于在实验室中应用。

我国对海水总磷总氮的测量还停留在现场取样后带到实验室检测阶段，操作方法繁琐，监测频率低，不能满足目前海洋生态环境监测的需求。从分析性能上讲，目前国内外商品化在线总氮总磷仪已能满足污染源和地表水自动监测的需要，但由于海水中总磷总氮含量相对较低以及海水基体对测量的影响等，总磷总氮在海洋现场方面的应用相对较少。

(三)发展趋势

目前，国内外商品化的总磷总氮分析仪已有多种，基本能满足污染源和地表水在线自动监测的需要，但尚无应用到海水中的成熟仪器，未来需要加强总磷总氮现场快速消解技术研究，研制适于现场原位测量的微型化快速消解装置，结合现有营养盐自动分析技术，实现对海水总磷总氮的现场自动监测。

第三节　有机污染物

有机物是水体中普遍存在的污染物，水体中的有机污染物种类繁多，很难分别测定各种组分的定量数值。有机污染监测可以通过直接测定有机污染物的含量——总有机碳(Total Organic Carbon，TOC)，也可以测定有机污染物对环境的影响——生化需氧量(Biochemical Oxygen Demand，BOD)，BOD 测定方法操作复杂，测定需要 5 d 时间，时效性差，因此提出了用化学氧化剂代替微生物氧化的测定方法——化学需氧量(Chemical Oxygen Demand，COD)。因此 TOC、BOD、COD 均是水质有机物污染的综合指标。

一、BOD 测定方法

BOD 快速测定是环境监测急需解决的问题，也是 BOD 测量技术的发展方向。BOD 快速测量技术主要分两种方法，即微生物膜电极法和生物反应器法。近年也出现了利用有机物在紫外波段有吸收的原理而用于测定 BOD 值，但该测量方法的稳定性不理想。

(一)微生物膜传感器法

1. 国外发展现状

自从 1983 年，日本的 Nisshin Denki 公司成功研制出了世界上第一台商业化微生物膜 BOD 传感器以来，人们对 BOD 传感器进行了多方面的改进，但现有的多数 BOD 电化学传感器难以在海水中应用，这主要是由于海水中 BOD 值通常在 5 mg/L 左右，部分传感器的灵敏度难以满足海水监测的要求；电极表面固定的微生物难以在高盐度条件下使用；电子媒介体等额外试剂的加入限制了部分传感器的在线使用。目前国外商品化的仪器主要有日本的 Nisshin Denki & Central Kagaku Co. Ltd、DKK Corporation，德国的 Aucocoteam GmbH、Medingen GmbH、Gro – Umstadt，美国的 Bioscience Inc、Bethlehem、US Filter 和比利时的 Kelma 等。

2. 国内发展现状

我国自 20 世纪 80 年代起开始对 BOD 生物传感器进行了一系列研究和探索。厦门大学陈曦研究组利用具有离子交换功能的聚硅氧烷将电子媒介体 – 铁氰化物离子固定在电极表面，该固定方法不仅利于传感器的在线监测使用，而且提高了传感器的灵敏度。传感器通过固定海洋细菌 *Exiguobacterium marius*、*Bacillus horikoshii* 和 *Halomonas marina* 消除了海水盐度的影响，实现了海水 BOD 的检测。2002 年 7 月，国家公布了 BOD 微生物传感器快速测定的国家标准。沈阳分析仪器、上海雷磁仪器厂、青岛长虹环保公司、北京中西远大技术有限公司、天津赛普公司以及北京华夏科创仪器技术有限公司分别开发出了 BOD 快速测定仪产品。

赛普公司 BOD – 220 型(图 5 – 21)和青岛绿宇 LY – 07 型(图 5 – 22)测量范围为 2 ~ 4 000 mg/L。这两种型号都可以用于在线测量。

图 5 – 21　赛普公司 BOD – 220 型

图 5 – 22　青岛绿宇 LY – 07 型

(二)生物反应器法

生物反应器法是由活性污泥曝气降解法演变来的一种 BOD 快速测量法。生物反应器是一个密闭的容器，内部放置了大量的微生物，当待测水样进入反应器后，有机物被微生物降解，测量进水口和出水口的溶解氧，并与标准曲线对比就可得到 BOD_5 值。目前成熟的产品有：利用连续进样生物氧化平衡法的代表产品 STIP 公司生产的 BIOX – 1010 型(图 5 – 23)，采用间断式以非平衡法测量的澳大利亚梅姆特克公司生产的 BOD 测定仪等。测量范围为 5～1 500 mg/L。

国家海洋技术中心在"十五"期间研制出了以间歇式平衡法测量的海水 BOD 在线监测仪器(图 5-24),已申请了国家专利。该仪器使用了从海水中培养的复合生物菌群,因而对不同水质的"普适性"好。菌种活性能长期保持,系统的自动化程度高,可实现在线监测。该仪器更适合定点连续监测,测量范围为 1～10 mg/L,测量间隔大于 1 h。

图 5-23　BIOX-1010 型

图 5-24　船载间歇式平衡法 BOD 分析仪

二、COD 测定方法

COD 测量技术从纯手工操作到半自动测量,再到全自动在线测量已走过了将近百年的历程,目前 COD 的测量依据传统手工操作方法为标准方法,结合半自动测量技术和在线技术方法,达到了及时掌握重点水域的水质状况、预警预报跟踪重大污染事故、解决污染纠纷、监督排污总量等目的。与此同时,用于测定海水 COD 传感器也在研发过程中,采用二氧化铅涂层的铂金电极作为工作电极,电极表面产生大量羟基自由基,羟基自由基能够氧化水体有机物导致电流信号的变化。通过测定输出的电流信号,该传感器可以实现海水中 COD 的快速检测。

(一)国外发展现状

国外 COD 在线分析技术起步于 20 世纪 80 年代,日本学者伊永隆史首先将流动注射分析技术引入 COD 在线测定中,随后其他学者发展了不同的流动注射 COD 测量法。20 世纪 90 年代之后,各国相继开发出了多种 COD 在线分析仪。如美国的 SICO 公司、德国 WTW 公司、法国 SERES 公司、加拿大 AVVOR 公司以及日本岛津公司等,产品实现商品化,成熟度较高。

德国 WTW 公司 CarboVis COD 型在线 COD 分析仪采用紫外可见分光光度法,采用光谱分析技术,现场连续监测传感器技术,传感器直接浸没在待测水样中,无需样品输送及预处理。此在线 COD 分析仪可在紫外可见波段内精确地分析待测水样的 COD 浓度。

加拿大 AVVOR 公司的 9000 – COD$_{Mn}$ 型高锰酸盐指数水质在线分析仪适用于 COD 值为 0.5 ~ 20 mg/L，氯离子浓度低于 300 mg/L 水样的测定。

(二)国内发展现状

我国开展 COD 在线分析仪的研制已有十多年的历史，目前已有 20 多家厂商开发出了 COD 在线分析仪产品，由于海水中存在着大量的氯离子，干扰海水 COD 的测量，所以国内现有的 COD 在线分析仪大都只能在淡水中应用，不能用于海水 COD 的测量。我国国家标准规定海水 COD 分析必须采用碱性高锰酸钾法，因为碱性条件下高锰酸钾的氧化能力稍弱，不能氧化海水中的氯离子，从而避免了氯离子的干扰。采用碱性高锰酸钾法的在线分析仪很少，只有日本 Yanaco 公司的 308 型和山东恒大公司的 SHZ – 2 型海淡水两用型，可以用于海水 COD 测量。

兰州连华科技公司的 5B – 5 型 COD 在线监测仪(图 5 – 25)测量范围为 0 ~ 1 500 mg/L，这一款只可用于氯离子不超过 4 000 mg/L 的水样。

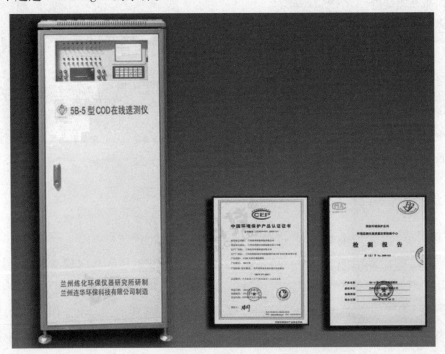

图 5 – 25　兰州连华科技公司 5B – 5 型 COD 在线监测仪

采用碱性高锰酸钾法测量周期较长(因为是完全反应的测量)，准确度稍差，此外体积和重量也偏大。因此国家"十五"期间的"863"计划开展了海水 COD 在线测量技术的研究，国家海洋技术中心承担了流动注射法海水 COD 在线监测技术研究，山东省仪器仪表研究所承担了臭氧法 COD 在线监测技术研究。为了缩短测量时间，国家海洋技术中心采用了流动注射技术，即不完全反应的测量；山东省仪器仪表研究所采用了高氧化能力的臭氧法，该项技术是从俄罗斯引进的。两种方法均研制出了实验样机。

国家海洋技术中心研究了海水 COD 测量的常温催化反应工艺，采用流动注射技术，用比色法代替硫代硫酸钠滴定法，开发了海水 COD 现场分析仪(图 5 – 26)。山东省海洋仪器仪表研究采用了臭氧法

COD在线监测技术，测量过程不需添加试剂，测定时间只需几分钟即可完成。但是对标准物质的比对有较大误差。因此还应加强臭氧法与高锰酸钾法（标准方法）的相关性研究。燕山大学也采用光谱分析技术研制出了水下原位COD分析仪。

三、TOC测定

TOC测量主要采用两种原理：差减法和直接测定法。差减法是先测定水样中总碳（TC）和水样中无机碳（IC）含量，然后相减得到两者的差值即为有机碳（TOC）。直接法是将水样酸化，使水样中无机碳转换成二氧化碳，通入不含二氧化碳气体将二氧化碳赶出，再将有机碳氧化成二氧化碳，进行二氧化碳测定以确定有机碳。按照TOC氧化方法的不同可以分为燃烧氧化和湿法氧化。燃烧氧化是将有机碳在高温下通过燃烧氧化成二氧化碳的过程；湿法氧化是在水样中加入氧化剂，水样在湿态条件下氧化的过程。

图5-26 国家海洋技术中心COD分析仪

（一）国外发展现状

Tekmar公司Torch总有机碳分析仪（图5-27）采用催化燃烧法，检测范围可以从10^{-9}量级到10^{-6}量级。Tekmar公司Fusion总有机碳分析仪（图5-28）采用紫外-过硫酸盐氧化法（湿法），检测范围可以从10^{-9}量级到10^{-6}量级，适用于海水中检测。

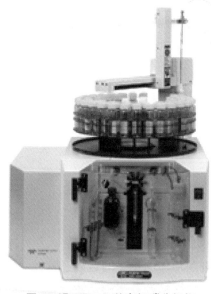

图5-27 Torch总有机碳分析仪

图5-28 Fusion总有机碳分析仪

德国 WTW 公司 CarboVis TOC 型在线 TOC 分析仪采用光谱分析技术，在直径为 40 mm 的传感器内含有一组精密的光谱分析组件，可在紫外可见波段内精确地分析待测水样的 TOC 浓度。测量范围为 0.1~4 000 mg/L。光谱分析技术摒弃了传统的测量原理，它是通过光谱分析直接测定有机物的量，省去了氧化过程，大大缩短了测量时间。

（二）国内发展现状

国内开发研制海水 TOC 测量仪器的研究机构较少。山东省海洋仪器仪表研究所在国家"863"计划的支持下进行了臭氧法（属于湿法中的一种）海水 TOC 测量仪研制，已经研制出样机（图 5-29），测量过程中不需要添加试剂，可无人值守自动完成测量全过程。

图 5-29　山东省科学院海洋仪器仪表研究所海水 TOC 现场测量仪

四、发展趋势

我国近年来虽然开展了海水 TOC、BOD、COD 自动化测定技术的研究，但目前此类仪器未能在海洋环境监测领域使用，一方面是由于仪器自身的可靠性、环境适用性有待提高，另一方面原因是虽然设定标准方法与仪器法对标准物质的测定结果的相关性较好，但对于实际水样的测定结果相关性较差，因而无法使其合法地使用于海洋日常监测中。目前海水 TOC、BOD、COD 仪器均未获得业务化运行准入资质，未来不但需要提高仪器的稳定性和可靠性，而且应开展仪器法与标准方法相关性研究。

第四节　海洋油类及重金属监测

一、海洋油类监测

海洋油类监测主要是针对溢油事件，从发生到平息全过程需要两类监测。一般情况下，海上溢油高概率事件是轮船溢油，重大事件是海上石油平台溢油，还有其他和油相关的近海经济活动引发的溢油。所以海上溢油监测系统是大范围、多对象的。一个有效快速运转的海洋溢油监测系统能及早发现油污、确定污染范围、查找污染源、预测溢油漂移趋势，使海洋管理部门快速制订应急计划，最大限度降低溢油事故对海洋环境的污染程度，是海洋执法部门执法、维护海洋安全、保护海洋经济的有力工具。目前溢油监控系统有卫星监测系统、航空监测系统、船载监测系统、固定平台监测系统和浮标监测系统五部分，具体介绍如下。

（一）卫星监测

卫星监测系统是依靠星载溢油监测传感器（SAR）合成孔径雷达来监测溢油，此系统不受日照和天气条件的限制，可以全天候、全天时地空对地监测，而且具有较高的分辨率，并且对某些地物具有一定的穿透能力。

1. 国外发展现状

国外早在 20 世纪初就已应用 SAR 卫星进行油污染监测，并将此方法推广应用，形成业务化系统建设框架。

1997 年意大利提出应用现代 SAR 卫星建立综合海事交通监管系统，对意大利地中海内的港口、重要航道进行油污染监测，而且可以根据卫星图像和港口船舶资料找出污染责任船舶。1996 年 12 月开始，欧空局利用环境监测卫星 ERS－2 SAR 图像进行处理和对比，系统分析了欧洲沿海水域船舶溢油污染的特点，总结了溢油发生的季节规律。2001 年 MagedMarghany 利用 1997 年原油泄入马六甲海峡 SAR 图像数据建立了溢油自动识别模型。2003 年又一次利用当时 Radarsat C 波段 HH 级化频率接收到的卫星图像数据，模拟了油在海面上的移动，获得了当时海面上的油污面积和移动方向。2002 年欧空局利用其 ERS－2 和 Envisat－1 两颗卫星对溢油附近海域进行了连续的溢油监视，通过 Envisat－1 ASAR 图像的处理，提取了溢油信息，从中清楚地识别出西班牙海域溢油污染区域、油膜长度及溢油船舶位置和岸线。荷兰国家宇航实验室（NLR）利用 ERS－1 和 ERS－2 SAR 数据进行了北海溢油探测试验，探讨了 SAR 溢油探测业务化能力，提出了业务化系统建设框架。挪威污染控制局、加拿大海岸警卫队、德国的联邦海事污染控制组织以及荷兰的交通部门等多个西方国家都把卫星遥感与航空、地面遥感结合起来，以加强海上溢油的监视效果。

2. 国内发展现状

近年来，我国研究者利用国外 SAR 卫星数据对海上溢油监测也做了很多工作，并建立了渤海溢油遥感监测业务化系统，并于 2007 年 1 月 1 日起正式投入试运行。该系统采用实时接收的欧空局 Envisat－1 卫星和加拿大 Radarsat－1 卫星 SAR 图像资料，经过数据预处理、快视图生成、图像分析、溢油识别、几何校正、面积量算、专题制图等流程，最后形成溢油监测报告，以电话、传真和 FTP 方式实时向中国海监总队发布溢油监测信息。

大连海事大学使用 NOAA 卫星数据（AVHRR）对 2005 年 4 月发生在大连湾附近的"阿提哥"号溢油事件进行分析和研究。对出事海域的卫星数据进行了拉伸和彩色合成等图像增强处理，获取了溢油信息。烟台海事局利用 SPOT 卫星、Landsat 卫星和我国气象卫星，提取珠江口"12.7"船舶溢油信息，估算溢油面积和溢油量。大连海事大学环境信息研究所针对油膜光谱特性开展了大量的数据获取工作，形成了船舶主要运输油品的光谱库，并且开展了多源卫星遥感溢油信息提取技术的研究，多次利用 TM

数据、MODIS 数据和 AVHRR 数据成功进行了溢油的识别和监测。另外，张永宁等对海上溢油的波谱特征进行了测试和分析，提出利用 Landsat. TM 和 NOAA. AVHRR 数据监测煤油、轻柴油、润滑油、重柴油和原油的最佳波段组合；国家海洋环境监测中心也对原油、柴油和润滑油的可见光近红外波段地物光谱特征曲线进行了对比分析，揭示了油膜随厚度变化的光谱特征、油水反差规律及吸收特征参数等；利用 ASD 光谱仪针对较薄油膜进行了海面油膜光谱响应室内实验，模拟海面油膜厚度连续变化过程，测量并分析油膜光谱的变化及其与油膜厚度的关系。

（二）航空遥感监测

目前在轨用于遥感监测的卫星数目有限，而且运行周期比较长，不能够及时通过同一地区，且星载 SAR 用于溢油监测的费用很高，而飞机速度快、机动灵活、覆盖面积较大、视距范围较宽、光谱和空间分辨率高。在海岸带、资源调查、近岸海底地形、海冰、赤潮、限定范围的海上溢油监视、监测等方面具有独特的优点。是目前发达国家进行海洋监视、监测的必要工具。标准的航天遥感器包括：机载侧视雷达（SLAR）、红外、紫外扫描仪（IR/UV 扫描仪）、微波辐射计（MWR）、航空摄像机、电视摄影机以及与这些仪器相匹配的具有实时图像处理功能的传感器控制系统。

1. 国外发展现状

以瑞典为代表的海洋航空遥感监测技术先进的国家，目前正在采用第三代航空遥感监测系统用于航空油监测。系统配备的传感器有 SLAR、IR/UV、照相机、微波辐射计（MWR），并且具备了计算机辅助操作、绘图、编辑报告、违法取证、记录存档等功能。

美国"空中慧眼"系统是在航空油监测系统基础上改进研制的监测系统，侧视雷达采用 2 000 kW 的发射机，提高了发射功率（原为 454 W）。采用干式胶片镀银雷达信息处理机代替湿式化学信息处理机；采用三通道的红外、紫外扫描仪，紫外灵敏度比原先提高 9 倍，能发现 21 km 远处的船甲板灯光；能在斜距 300 m 时，辨清船上 15 cm 大小的字母。挪威污染控制局在海事监测飞机上装备的海事监测系统由侧视航空雷达、红外扫描仪、紫外扫描仪组成。侧视航空雷达提供一个宽幅搜寻视野，而红外扫描仪、紫外扫描仪则以较窄幅宽进行成像。加拿大海岸警卫队（CCG）为探测海洋污染，在沿海水域部署了一系列的双涡轮螺旋桨飞机。目前主要机载设备是扫描激光环境探测航空荧光遥感器（SLEAF），可以对荧光遥感器的数据进行实时处理、分析，及时确定被探测海域或海岸带是否有溢油污染。ESD 的 Convair 580 飞机装备了具有 C 波段和 X 波段的合成孔径雷达（SAR）。就海事监测而言，SAR 一次飞行就能探测大面积的海域或海岸，并可获得实时图像。这种实时图像被录入 VHS 录像带，原始的 SAR 信号被录入数字录像带以备日后处理。

2. 国内发展现状

我国交通部海事局部署了海监飞机，已经用于港口、锚地、航道等区域的船舶溢油监测。大连海事大学研发的便携式机载海上溢油遥感监测系统由远红外/紫外/多光谱遥感设备、便携式计算机、GPS、电子海图、图像采集软件、数据管理及图像处理软件等组成，能够有效识别海上油膜、油带、零星油花、有油吸油毡、无油吸油毡、海滩上的溢油、岩石上的溢油，从而能够对重大溢油事故中溢油的漂移进行跟踪监测，对溢油清除效果进行评估。航空遥感监测海上溢油系统已在广东省海事局安装，并在"圣狄"等多次溢油事故中得到应用。

在国家"863"计划支持下，中国海监飞机对现有设备进行技术改造完善，完成机载成像光谱仪、微波辐射计、微波散射计和激光雷达的系统集成，提高了对溢油等海洋环境污染的航空遥感监测能力。目前我国海监总队拥有9架飞机，海事局拥有10架中型救助直升机、4架大型救助直升机、4架固定翼飞机。而美国海岸警备队装备各型飞机200架，其中，固定翼飞机62架（HH-130 大力神30架，HV-25 守护神25架，另有小型机7架），直升机138架（HH-65 海豚96架，HH-60 鹰42架）；26个航空基地，每个基地至少编3架以上直升机和不同数量的固定翼飞机。日本海岸保安队拥有固定翼飞机31架，中程直升机42架，短程直升机4架。

航空遥感监测由于飞行高度、飞行时间及其性能的原因，监视覆盖的范围有限，对于较大、离岸较远海域监测的效率降低；而且飞机容易受天气、海况等客观因素的影响，虽然机动性能好，但在这些条件下无法完成全天候、全天时的监测；目前我国飞机飞行一次的成本较高，机载遥感设备如激光遥感器价格昂贵，这些都限制了航空遥感的作用。

（三）船载监测

针对油污离岸线比较近的特点，采用船载遥感系统进行监测，相对航天飞机监测可以节省很多经费。其次，船载遥感系统提供卫星数据处理用图像数据库。

1. 国外发展现状

加拿大海岸警卫队的船用 X 波段航海雷达监测海面溢油系统通过适当调谐，可以很容易发现一定范围的海面溢油，而且在风速达到30 km，涌浪小于 8～10 m 的情况下，就可以清楚地辨别出油污。荷兰的 TNO 物理与电子实验室研制了基于常用的 X 波段船用航海雷达设备 SHIRA（船舶雷达）传感器用于监测海面的溢油，这些连续的雷达图像可以提供有价值的油污跟踪信息。荷兰 SEADARQ 雷达监视系统在"威望"号溢油事故中得到成功应用。

2. 国内发展现状

我国长江船舶设计院分别为中海油田服务股份有限公司、中国石油化工集团公司、中国石油天然气集团公司、青岛海事局、广西海事局和浙江海事局设计了溢油监测船舶各一艘，其中中海油田服务股份有限公司所定制的溢油监测船已投入使用，这些溢油监测船设计方案中的溢油监测设备均为"荷兰 SEADARQ 雷达溢油监视系统"。由于海事工作人员很少夜间巡航，因此船载系统常用于白天巡视监测以及溢油事故发生后跟踪监测。

（四）固定平台监测

固定平台可以进行全天候溢油监测，而且还可以自动报警。可固定在港口和石油平台上，也可架在流域上的浮标或浮筒上，对特定区域进行精确监测。该监测模式所使用的传感器主要有 C 波段、X 波段雷达、激光荧光传感器和电磁能量吸收传感器等。

1. 国外发展现状

美国 Interocean 公司的 Slick Sleuth 溢油泄漏自动探测和控制系统，是将传感器安装在漂浮平台上。具有易于布放和锚泊；低保养要求，可用标准洗涤剂清洗；传感器有坚固的铸造结构；直接控制泵、

阀门或收油机的操作等特点。适用于事故频繁的石油产品泄漏地点。

美国 Sepctrogramde 公司的 OSPRA 溢油远程报警系统是基于原油和各种成品油的自身荧光特性，分析不同油品的独特"油指纹"。该系统是由一个基站和若干个(最多 63 个)安装于特制的浮筒或固定于特定位置上的探测器组成的。当有油品被探测到时，探测器会发出预订频率的射频信号，使海域管理者能够立即进行分析和评估并采取相应的应急处理措施。如果被探测到的油品参数超过了预定的参数指数，基站会根据设定的参数指数定时地检测各探测点的情况。但有溢油被发现时，基站的计算机系统会根据预设的数据模型分析判定溢油种类，为管理者提供参考。可根据需要设定成有线或无线报警系统。

美国通用公司的 ID – 227 水上油检测系统是将高频发生器天线安装在一个可上下波动的浮筒撑架上，该浮筒可以保证尽管在波浪和潮汐情况下，发射天线仍可以精确地保持定位在液气界面上。此系统能够准确检测到最小 0.3 mm 厚度的水上油层。因此可以设置高低油位报警。由于该系统能够在线监测油层厚度的连续变化，最大达 25 mm。为防止信号波动或噪声的影响，设置继电器响应时间延迟，确保了检测的准确性和可靠性。仪器内置自诊断功能，可连续监视传感器的工作状态。适于安装在海上石油平台。

2. 国内发展现状

目前我国深圳盐田港使用了美国 InterOcean 公司生产的 Slick Sleuth 溢油监测系统。2009 年 10 月 15 日，盐田中心海事处在 1 号泊位水域溢油应急演习中，首次实地检验了溢油监测系统全部工作流程，演习效果证明该系统反应灵敏，报警时间短，具有很好的实际意义。

(五)浮标跟踪监视

浮标跟踪监视是在溢油事故发生后立即将其投放在厚油膜层中随油膜一起漂移。监测中心通过 GSM 移动通信网实时接收 GPS 浮标发出的定位信息，并应用地理信息系统实现对溢油位置、漂移速度、轨迹、方向的实时跟踪和信息显示。

1. 国外发展现状

目前国外这种产品已经有多种。如加拿大 METOCEAN 公司的产品 Argosphere，Global Ocean Dynamics 有限公司的 Pathfinder，Aanderaa Data Instruments 公司的 AIS Oil Drift Buoy 和 MOB Tracking Buoy。

2. 国内发展现状

目前国内尚没有用于溢油跟踪的浮标产品，也没有国外产品在国内进行相关应用的实例。但 2000 年之后，大连海事大学开始了大量的溢油跟踪浮标的设计研究。交通部水运科学研究院、东北大学等在跟踪浮标通信方面也做了大量研究工作。

(六)发展趋势

虽然我国的溢油检/监测技术研发起步较晚，但利用现有技术手段，提高监测能力，必将实现我国溢油预防、监测及治理。首先，在我国海监有关部门有人/无人巡逻飞机上安装高清晰度的测视雷达、红外扫描等监测仪器，在其飞行过程中将及时获取最新溢油准确情况，是对近海航线区域、海上工程区域进行溢油监控的有效手段。其次，开展各种场合溢油量测量技术研究，对薄层大面积、厚层但海上波浪很大，重油下沉、海底喷油等各种情况的溢油量测量，从而加强我国的环保执法力度。最后，我国在海洋信息提取方面已经有了很大进步，但还不能完全达到真正仅依靠卫星数据进行定性的水平。提高识别技术实现快速识别溢油，第一时间可检测到溢油事件，测量溢油面积，减少溢油轮船逃逸事件，及时预测溢油漂移轨迹，对指导溢油处理行动的有效性有极大意义。

二、海水重金属监测技术

重金属目前尚没有严格的统一定义，一般指比重大于 5 g/cm³ 的金属，大约有 45 种，在海洋监测中，重金属主要监测项目有铜、镉、锌、铅、铬、砷、汞 7 种。重金属对环境污染主要表现是指汞、镉、铅、铬以及类金属砷等生物毒性显著的重金属元素。重金属传统检测方法主要有原子荧光光度法、原子吸收光谱法、紫外 – 可见分光光度法、电感耦合等离子体质谱（ICP – MS）分析技术、电感耦合等离子体原子发射光谱（ICP – AES）分析技术、中子活化分析法、高效液相色谱法、伏安溶出法、电化学分析法以及激光诱导击穿光谱法等。一些新的生物检测方法也逐步开始应用，生物传感器包括酶抑制法、免疫分析法、酶传感器、特异性蛋白生物传感器、微生物传感器、组织传感器等。

（一）国外发展现状

目前，国外对于海水重金属快速监测都开展了广泛的研究，并有相关成熟仪器应用于海洋监测。代表性的产品是意大利 IDRONAUT 公司研发的 VIP 系统（图5 – 30），该系统由 IDRONAUT 与 CABE – Geneva 大学及 Neuchatel IMT 大学在 MAST – Ⅲ项目（"监测水柱和水体 – 沉积物分界面痕量金属的 VAMP – Voltammetric Autonomous Measuring Probes"）中研发，是目前世界上唯一能在水下现场监测并对痕量元素进行剖面测量的伏安探测仪器，可以应用于河流、湖泊、港湾和海洋，在 0 ~ 500 m 之间做剖面测量。VIP 系统能够现场连续的监测/剖面测量自然水生生态环境系统中的痕量元素，测量的数据具有很好的再现性和可靠性。VIP 系统能同时测量 10^{-3} 量级灵敏度 Cu^{2+}、Pb^{2+}、Cd^{2+}、Zn^{2+} 离子，10^{-9} 量级的灵敏度同时测量 Mn^{2+} 和 Fe^{2+} 离子。

（二）国内发展现状

图 5 – 30　VIP 重金属原位分析传感器

国内燕山大学、中国科学院海岸带研究所、浙江大学、天津师范大学、中国水产科学研究院黄海水产研究所等都开展了相关研究。

黄海水产研究所发明了一种海水中重金属铜、铅、锌、镉的现场快速监测方法，采用方波阳极溶出伏安法，以导电碳黑 – 离子液体糊电极为工作电极、Ag/AgCl 为参比电极、铂丝或玻碳为对电极组装电化学传感器，具有灵敏度高、重现性好、操作简便、费用低、响应快的特点。

天津师范大学发明了一种海水中重金属镉污染的生物学灵敏检测方法，通过将青蛤分别置于含有重金属镉和不含重金属镉的海水中，提取肝脏组织 RNA 并反转录为 cDNA，利用实时荧光定量 PCR 方法测定实验组青蛤 HSP70 基因的表达量与对照组的差别来检测海水中镉的含量，这种检测方法分析灵敏度高，对比性强。

燕山大学发明了一种海水重金属实时检测系统，采用紫外－可见分光光度法，包括光源、第一光纤耦合器、校准样品池、待测样品池、第二光纤耦合器、光电探测器和控制以及数据处理单元，光源通过滤光片、会聚透镜连接到第一光纤耦合器的输入端，输出端通过校准样品池和待测样品池后连接到第二光纤耦合器输入端，光电探测器接收第二光纤耦合器的输出，将光信号转化为电信号，最终转化为待测重金属离子浓度。

浙江大学在国家"863"计划和"973"计划的支持下，研制了应用于船载集成的海水重金属在线分析仪，采用电化学三电极系统结合溶出伏安法，可以同时测量海水中的锌、镉、铅、铜等金属离子。该分析仪搭载于"向阳红 08"号调查船，利用船载采水设备进行取样，进行富集后测量，并进行了多次海试验和第三方检验，系统运行稳定，具体技术指标见表 5－2。

表 5－2　浙江大学重金属在线分析仪技术指标

检测项目	测量范围/($\mu g/L$)	检出限/($\mu g/L$)	准确度
Zn	10～500	10	10～20 $\mu g/L$，准确度 ±25%，20～500 $\mu g/L$，准确度 ±15%
Cd	0.5～10	0.5	0.5～1 $\mu g/L$，准确度 ±25%，1～10 $\mu g/L$，准确度 ±15%
Pb	0.5～50	0.5	0.5～1 $\mu g/L$，准确度 ±25%，1～20 $\mu g/L$，准确度 ±15%
Cu	2～50	2	2～5 $\mu g/L$，准确度 ±25%，5～50 $\mu g/L$，准确度 ±15%

（三）发展趋势

目前，在众多的海水重金属检测方法中，现场监测应用最广泛的是传感器法，并且国内外已经研制出成熟仪器。但是，由于传感器敏感电极材料长期浸泡在海水中，极易发生表面结构变化，导致电极法传感器普遍存在精度不高，稳定性不足，受环境干扰严重的问题。同时，由于海水中重金属含量较低，也使电极应用受到限制。因此，海水重金属检测方法未来发展方向主要包括两个方面：一方面开发新型的、稳定的、灵敏度高的电极材料，另一方面改善海水萃取富集的方式，提高富集效率，也会提高重金属测量精度。

第五节　海洋放射性污染物监测技术

海洋放射性污染包括人为产生的放射性污染以及天然放射性元素，而大部分污染的产生为人类活动产生的污染物质。如核能的使用，由于各种原因，使得大量核污染物质进入到海洋，而核污染物质首先集中于表层海水，在风、浪、流等各种动力因素作用下，逐渐往下移，可到达海面以下几千米深度，通过海水的潮汐作用，破坏沿岸生态系统。海洋放射性监测即是海洋中主要污染物放射性核素的监测，主要围绕采样—制样—测量—数据分析等过程进行调查。通过测量海洋中各种介质放射性核素浓度判断分析污染程度。2011 年 3 月，发生日本福岛核电站泄漏事故后，世界各国更是加强了核辐射在线监测工作，为环境质量评价和应急决策提供支持，为核能发展提供了保障。

一、国外发展现状

国外对海洋放射性污染物在线监测技术的研究和应用起步较早，很多国家都自行研制开发有海洋放射性在线监测的传感器并用于实际的海洋放射性环境监测、调查和研究工作，有的国家已经利用海洋放射性在线监测传感器建立了由若干海中或岸边监测站以及移动监测船组成的海洋放射性环境监测和污染预警网络。

（一）海洋放射性污染物在线监测网

目前国际上已经建立的海洋放射性污染物在线监测网主要是德国的 Marine Environmental Monitoring Network（MARnet）系统。该监测网于 1987 年开始由德国海事与水文局 BSH 和 German Bight 在波罗的海西部建立，是以海基浮标为主体，同时包括岸基、船基的海洋放射性污染物在线监测网（图 5 – 31）。

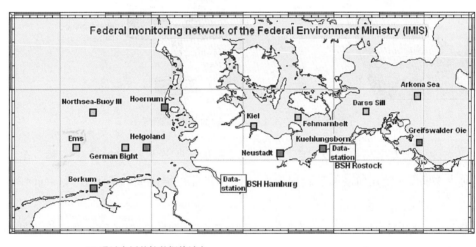

■ 通过电话传输数据的站点
□ 通过卫星传输数据的站点

图 5 – 31　德国的 MARnet 观测网

目前 MARnet 由位于海上或岸站的 12 个永久监测站组成，主要用于监测北海和西波罗的海的核辐射。海洋上的核辐射仪主要放置在浮标系统上，岸基站点的核辐射仪放置在验潮站内和 4 个船基系统。水下 γ 辐射仪测量接近海表 2 ~ 6 m 深度的海水核辐射，其探测深度主要依赖于当地的具体情况。所有永久台站的记录数据通过卫星（海洋）或无线电（岸站）传输到 BSH 的计算机上。

（二）独立的海洋放射性污染物在线监测平台

独立的海洋放射性污染物在线监测平台是指在海洋环境中使用的监测范围较小，目的性很强且单独使用的在线监测系统。

2000 年国际原子能机构的海洋环境实验室 IAEA MEL（Marine Environment Laboratory）和爱尔兰辐射防护研究院 [Radiological Protection Institute of Ireland（RPII）] 合作，应用 MEL 的检测器和 Oceanor 公司制造的浮标，在爱尔兰近海监测来自英国 Sellafield 的处理厂排放流出物中的 ^{137}Cs。

2003 年，美国的劳伦斯·利弗摩尔国家实验室（Lawrence Livermore National Laboratory，LLNL）研制了两套辐射探测浮标（Radiation Detection Buoys，RDB），布放在美国佐治亚州的 Kings Bay 海军基地等处，以防止恐怖分子携带核武器潜入潜艇基地。该浮标重 6 800 kg，直径 2.4 m，高 8 m。在浮标水上部分建造了一个不锈钢室，放置了多种中子和 gamma 射线探测器，并比较其探测效率（图 5 - 32）。

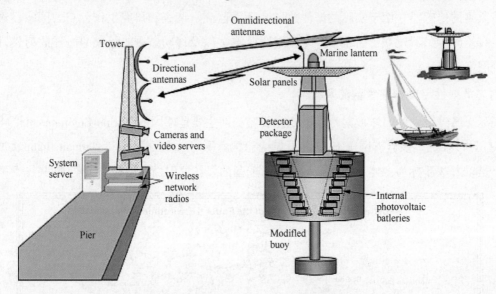

图 5 - 32 美国 LLNL 研制的辐射探测浮标

2011 年，日本福岛发生核辐射泄漏后，美国为了监测太平洋水域辐射异常预警，在太平洋领域部署了 Intellicheck Mobilisa 公司研制的核辐射监测浮标，并且在华盛顿州的普吉湾（Puget Sound）也布放了 6 个。

希腊的 Poseidon 地中海监测与预报系统建立于 1997 年，在部分 Seawatch 浮标上安装 Oceanor 公司的 RADAM 核辐射检测器（图 5 - 33），监测海水中核素浓度变化。

图 5 - 33 爱琴海浮标观测系统的位置

　　IAEA MEL 与 RPII 在爱尔兰海利用轮船拖曳测量水下 γ 能谱的方法对海底沉积辐射拖曳测量系统 EEL 进行了测试(航速约 4.6~7.4 km/h，最大水深 45 m)，每分钟测量一次 γ 能谱，在 Sellafield 附近海床上很容易就测到了 ^{137}Cs。EEL 系统(图 5－34)由英国地质调查局和 Kernfysisch Versneller Instituut (KVI)联合研制，采用了纯锗酸铋为闪烁体的核辐射探测器。探测器被安装在不同的抗压密闭容器中并且封装在软管 EEL 中，这个 EEL 可以悬浮在水中或是在水底拖曳，它可以保护探测器在牵引和操作中不受破坏。系统是通过带有上千米缆绳的绞车运行(这根缆绳为系统提供能量并返回信号)；到目前为止，最深探测深度为 1 500 m。EEL 还是美国加利福尼亚近海、北冰洋等多个核倾废场核素现状调查项目中的主角，长期以来一直应用于核事件应急调查、地质绘图、矿产勘探、海底核武器检测等许多领域。

图 5－34　英国海底沉积辐射拖曳测量系统 EEL

(三)海洋放射性污染物在线监测传感器

1. 德国 BSH 水下放射性污染物在线监测传感器

　　MARnet 使用的是德国联邦海事和水文局 BSH 自行开发的基于 $\phi 7.5 \times 7.5$ cm NaI(Tl) 的海洋放射性在线监测传感器(图 5－35)，处理结果存储在仪器内部并且按小时传输到汉堡的 BSH。探测器与其他海洋传感器一起被集成在传感器组合中，悬浮安装在这些观测站的海水中。传感器通过电缆与"平台"上的数据传输和电力供应单元连接。在岸站监测平台，为了补偿 γ 计数受水层的影响，把一个压力装置与传感器配套使用，并使用硅作为水下系统外壳来预防海洋生物的附着。

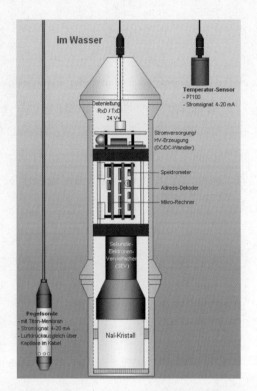

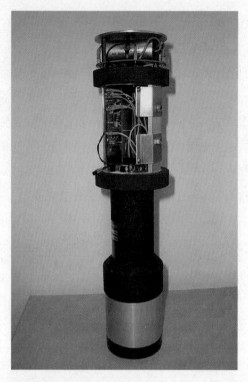

图 5 - 35　BSH 的 NaI 闪烁体探测器结构与外形

图 5 - 36　德国的 IGW810 传感器

2. 德国 ENVINET IGW810 水下放射性污染物在线监测传感器

德国 ENVINET 公司于 2012 年底最新推出一款水下现场核污染监测传感器 IGW810（图 5 - 36），采用 $\phi3\text{in} \times 3\text{in}$①NaI(Tl)晶体，探测下限达到了 0.043 Bq/L（^{137}Cs、24 h），能量分辨率为 7%。

3. 挪威 Oceanor 公司的 RADAM 放射性传感器

RADAM 是挪威 Oceanor 公司生产的一种辐射探测器，可用于陆上和水下测量，该传感器可集成到其他锚系仪器或漂流浮标上以及垂直剖面仪上，或者作为独立单元单独工作。该传感器使用 $\phi3 \text{ in} \times 3 \text{ in}$ 的 NaI(Tl)闪烁晶体，对 ^{137}Cs 的能量分辨率是 6%，对海水中 ^{137}Cs 核素的探测下限是 0.019 Bq/L（24 h）、0.007 Bq/L（7 d）、0.004 Bq/L（30 d），有硬件和软件的设计来提高探测器长期运行的稳定性。该探测器水下工作深度大于4 m，运行功耗 1 W，适合海洋浮标等长期自动化监测平台使用。国际原子能机构海洋环境实验室（IAEA - MEL）用于爱尔兰海海上浮标监测系统的即为该类型探测器。

———————————

① 1 in = 2.54 cm。

4. 希腊 KATERINA NaI(Tl) 在线监测传感器

希腊 POSEIDON 海洋放射环境监测网络，最初使用的是挪威 OCEANOR 制造的 RADAM 在线监测传感器。后来希腊海洋研究中心 HCMR 自行研制开发了 KATERINA NaI(Tl) 在线监测传感器(图 5 – 37)，传感器使用 ϕ7.5 cm × 7.5 cm 的 NaI(Tl) 闪烁晶体，对 ^{137}Cs 能量分辨率达到了 6%，探测下限为 0.02 Bq/L(24 h)，功耗约 1.2 ~ 1.4 W，水下使用深度 400 m，目前已开发出工作深度为 4 000 m 的升级版本。使用 KATERINA 传感器可以在 3 h 测量时间内探测出 19 ± 4 Bq/m^3 的 ^{137}Cs 活度浓度变化，灵敏度比在原来 POSEIDON 网络中使用的 RADAM 高 30%，因此可用来放射性核素的定性和定量分析。该系统安装在浮标测量系统中，可进行实时数据传输，已经在实验室完成了能量刻度与探测效率刻度工作，并在许多地区进行了安装使用，其准确度和稳定性已经得到验证。

图 5 – 37　希腊的 KATERINA 传感器

5. 俄罗斯 REM – 10 水下放射性传感器

俄罗斯 Kurchatov 研究所为监测水域放射性污染，开发了 REM – 10 系列水下 γ 能谱传感器(图 5 – 38)，用于失事核潜艇和放射性废物倾倒场的调查上。传感器由 NaI(Tl) 晶体、后端信号处理模块组成，可通过内置电源长时间工作，通过长达 200 m 的线缆与上端计算机连接，可以实时记录周围环境的放射性情况。

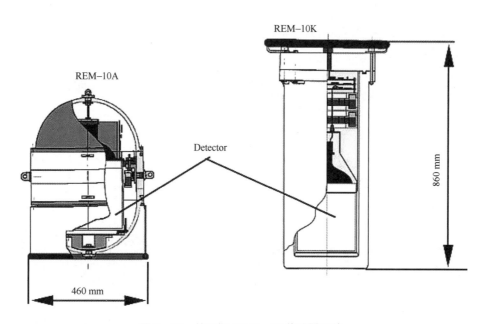

图 5 – 38　俄罗斯 REM – 10 传感器系统

除上述以外，国外还有一些关于海洋放射性在线监测技术的理论和应用研究工作，但是，目前形成产品实现销售的并不多。根据市场调研，白俄罗斯的产品已经在独联体国家获得了销售应用，挪威OCEANOR 的 RADAM 传感器也被多个国家采购应用。但是，目前国内能够购置到的海洋放射性监测传感器产品只有 2012 年新推出的希腊 HCMR 的 KATERINA 和德国 ENVINET 的 IGW810，价格较昂贵。

二、国内发展现状

国内对海洋环境放射性在线监测工作的开发与研究工作开展比较晚。近年来，随着日本福岛核事故后将巨量放射性废物向西太平洋海域违规排放以及我国正在东南沿海大力推进各类型核电建设项目，我国政府和公众越来越关心海洋环境放射性对公众健康的影响问题。由于诸多原因，长久以来我国海洋放射性监测采取实地采样、实验室处理分析为主的监测方式。每年在重点海域若干站位采集海水、生物和沉积物样品，然后带回实验室进行分析与处理。这样的处理模式测量时间周期长（特别是对短半衰期核素测量影响严重）、测量成本高、数据产出严重滞后、数据采集效率低下，难以对海洋放射性环境进行及时有效的监测，更难以对海洋放射性污染进行应急响应、预报和预警，并可能对现场采集人员造成辐射伤害。与发达国家相比，国内在海水核素现场监测技术的水平和海洋放射性监测系统建设上还有很大差距，目前尚无海洋核辐射现场监测设备和系统的产品。

鉴于此，国内相关海洋机构在 2011 年 3 月 11 日福岛核事故发生之后，开始海洋环境放射性在线监测技术的研究工作。清华大学研制了基于 $\phi 40~\text{mm} \times 40~\text{mm}$ NaI(Tl) 晶体的海洋放射性监测传感器，对 ^{137}Cs 的能量分辨率为 14.8%。清华大学同时还与国家海洋局第三海洋研究所合作开展了小型化HPGe 现场监测仪器的研究开发工作。国家海洋技术中心承担了西太平洋海洋环境放射性在线监测设备研发和在线监测任务，在现有海洋环境在线观测平台技术上，研发了海洋环境放射性总辐射剂量在线监测漂流浮标和海洋环境放射性在线监测锚系浮标系统两类在线监测设备。

海洋环境放射性总辐射剂量在线监测漂流浮标是国家海洋技术中心在现有技术基础上根据海洋环境放射性总辐射剂量率监测的需要，设计的新型现场在线监测设备，利用漂流浮标结构和漂流特性，搭载表面和水下总辐射剂量（率）探测器，实现对重点关注海域（尤其是我国船舶无法到达海域）的放射性总辐射剂量率无人自动观测，观测数据由卫星通信系统实时传输到岸站。

海洋环境放射性总辐射剂量在线监测漂流浮标，主要由水下 γ 剂量率仪和表面漂流浮标两部分组成，其中水下 γ 剂量率仪采用 3 in × 3 in 的塑料闪烁体，配套相应光电培增管以及电子学电路，能够对被测环境中的 γ 剂量率做出快速响应。表面漂流浮标标体内放置电池、卫星传输装置等相关模块。水下 γ 剂量率仪工作水深为 3 m 左右，并与表面漂流之间用水密电缆连接实现供电与数据传输（图 5 - 39）。

漂流浮标工作方式如下所示，技术指标见表 5 - 3。

监测时次：1 次/3 h；

通信方式：Argos 或北斗卫星通信；

使用寿命：30 ~ 90 d。

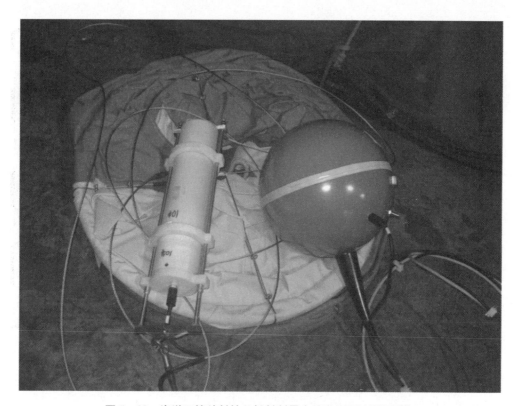

图 5-39 海洋环境放射性总辐射剂量在线监测漂流浮标样机

表 5-3 核辐射监测表面漂流浮标主要测量指标

参数	测量范围	能量响应范围	准确度
海洋水体环境总辐射剂量率	$(1\sim100\ 000)\times10^{-8}\mathrm{Gy/h}$	25 keV~3.0 MeV	10%
海水表层温度	0~35℃		0.3℃

该核监测浮标在针对日本福岛核泄漏事故对海洋环境影响调查中进行了多航次的试验使用,实时获取了监测海域海洋环境辐射 γ 剂量率原始数据资料,初步形成了对西太平洋重点海域海洋环境辐射 γ 剂量率等监测要素的实时在线监测能力,并为浅表层受污染海水的扩散预测、核事故重点监测海域选址提供了重要的参考依据。其中 2011—2012 年,针对日本福岛核泄漏事故对海洋环境影响调查中所布放的漂流浮标随海流运动,在我方人员和船只无法到达的情况下,实现了抵近日本观测(图 5-40),取得了敏感海区的监测数据。

监测结果表明,福岛核电站东南海域总辐射剂量率明显高于其他海域,该海域受到了来自福岛核泄漏的污染,被排放的受污染废水在这一海域形成了一个较大面积的富集区域,日本福岛东南方向西太平洋海域已受到福岛核泄漏事故的显著影响。该类型在线监测设备可广泛用于大面积海洋环境总辐射 γ 剂量率的调查,用于核电站、滨海涉核设施的预警监测。

海洋环境放射性在线监测锚系浮标科研样机是在已有 3 m 锚系浮标和潜标系统上,在标体水下部分增加 γ 辐射剂量率仪和 γ 能谱仪,浮标系统将辐射监测数据利用北斗或 CDMA/GPRS 等通信系统发

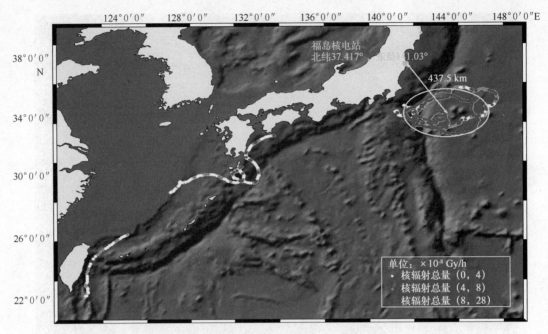

图 5-40　核辐射表面漂流浮标海上运行轨迹与 γ 剂量率异常区域(红色区域)

回岸站，岸站软件对辐射监测数据进行分析、处理、预警等。同时，监测常规的风速风向、海流等信息，可对辐射扩散预报提供依据。

该型在线监测设备可以通过 γ 剂量率仪进行放射性异常的快速报警，同时使用谱仪进行能谱分析，能够更进一步在线准确判断和分析导致异常的核素种类和核素活度浓度，实现对监测海域的放射性的定量分析。该类型现场在线监测设备可以考虑重点部署于有核电设施的经济发达沿海省市、沿海重点旅游资源城市、海水复合利用率较高产业集聚地、重要海洋战略通道、涉核运输线路及海军基地等部位进行长期连续监测。

目前，海洋环境放射性在线监测锚系浮标和潜标系统关键设备——海洋环境放射性在线监测 γ 能谱仪科研样机，2013 年搭载两套潜标系统进行了为期一年的长期连续在线监测。在国产传感器性能上，潜标搭载在线监测能谱仪系统均稳定运行将近一年，数据的有效率均达到 99% 以上，国产传感器具有非常好的稳定性，在线监测数据具有高置信度；通过与进口仪器进行比测，KATERINA 传感器探测下限为 0.02 Bq/L(^{137}Cs，24 h)，国产仪器则为 0.01 Bq/L(^{137}Cs，24 h)，国产在线监测传感器在关键指标上比进口仪器表现出充分的优越性。

三、发展趋势

国际上的发达国家大多已经建立了业务化的海洋放射性监测系统或网络，主要分布在核电站周围海域监测其排放情况，同时也有系统或设备部署在关键的海上战略通道，肩负着海上核反恐的责任。我国海洋环境放射性在线监测方面基本空白，一旦发生海洋相关核泄漏等事故，没有快速有效的现场在线监测手段，难以开展有效的应急监测，无法满足业务化和放射性应急监测的需要。因此，急需针对相关业务需求进行关键技术创新，实现多平台、多要素在线监测能力，为建设业务化海洋环境放射性监测预警体系提供技术支撑，重点应该关注海洋放射性在线监测传感器研发与监测预警技术研究两方面内容。

（一）海洋放射性在线监测传感器技术研究

海洋环境放射性具有的低活度、大体积、液态的特殊性，针对于这一特点，目前我国还未有专门针对海洋环境使用的放射性传感器，现有移植使用传感器存在探测下限过高、能量分辨率差等方面的缺陷，因此海洋环境在线监测传感器技术研究应以传感器低探测限、低温漂、耐高压、耐腐蚀等指标为重点，配合以低水平放射性解谱、能量与效率刻度、稳谱等关键技术研究，研究真正适合于海洋低放射性活度、高腐蚀、高压环境要求，并具有温度校正功能的高灵敏探测器。

（二）海洋放射性在线监测预警技术研究

在现有海洋观测与在线监测系统基础上，重点针对放射性监测特点进行技术升级和改进，满足其对电源供给、数据传输等要求，并通过无线电远程传输、卫星传输和互联网数据交换，将设立固定在海上的浮标/潜标、岛屿上的陆基监测系统、水下滑翔器和巡查船上的仪器组成实时在线连续监测系统，突破在线监测系统的实时数据分析与预警关键技术，实现对海洋放射性核素的实时在线监测与预警。

第六节　海洋生物监测技术

目前海洋浮游生物的观测更多依赖于传统手段，其自动观测的应用非常有限。常用的浮游动植物种类鉴别方法有图像识别技术、色素分析技术、荧光技术等，藻类监测方法多采用传统的镜检法，这类方法对检测人员的专业水平要求较高，并且眼睛极易疲劳，容易发生漏检和错检，效率低，操作复杂并且需要大量的时间，具有一定的滞后性，不能及时为环境决策部门提供科学的依据。

一、国外发展现状

目前已经得到一定程度应用的海洋生物原位观测技术主要包括以下几种：声学的观测技术、光学的观测技术、流式细胞技术和分子生物学的生物传感器。

美国伍兹霍尔海洋研究所设计的 BIOMAPER Ⅱ（Bio – Optical Multifrequency Acoustical and Physical Environmental Recorder）采用了多频率（5 个波长）声学系统，这套系统已经成功应用于南大洋锚定观测平台达数年时间，观测到多种中型浮游动物优势种群空间分布与种群变动过程。基于声学的原位观测方法虽然在观测频率、空间范围与长时间观测上具有突出的优势，但是其对浮游动物种类组分的分辨能力差，定量不准确，通常需要结合光学成像分析方法或其他传统浮游动物采样方法。

海水光学特征与浮游生物的存在紧密相关，具有丰富的信息，因此，产生了一系列的海洋生物光学原位观测方向与设备，如 SeaTech 公司的透射仪（Transmissometer）以及 Hobil Labs 的水体光学剖面测量系统（HydroProfiler）等。生物光学传感器具备低能耗、高频率与应用空间范围大的特点，也成为经常应用于原位观测平台的传感器。海洋生物光学在原位观测上一个较成功的应用是 Bio – Argo 浮标。

Bio – Argo 浮标是在只用于物理海洋学观测的 Argo 剖面浮标基础上结合几种生物光学传感器形成的新的综合性海洋观测平台，是目前 Argo 项目的一个主要发展方向。

利用水下成像系统对浮游生物进行直接的图像记录是进行海洋浮游生物观测最直观的方法，特别是对中型以上粒级的浮游动物，已经有多种成像系统成功地应用于大面调查或种类鉴定，如浮游生物录像记录仪（Video Plankton Recorder，VPR）、水下录像剖面仪（Underwater Video Profiler，UVP）和浮游动物可视与成像系统（Zooplankton Visualization andImaging System）等。这些水下成像系统可以记录从 10 μm 到几厘米大小不同的浮游生物光学图像，通过图像识别系统对浮游生物进行种类鉴定与定量。

流式细胞仪（flow cytometer）的应用发现了原绿藻。特别是流式细胞仪正以它快速、灵活和定量的特点而被广泛应用于多个学科。Fluid Imaging Technologies 开发的 FlowCAM 系统，其可以应用于走航系统或剖面分析平台；荷兰 Cytobuoy 公司开发的 Cytobuoy 系列水下流式细胞仪，也已经成功应用于浮标、Ferrybox 等观测平台；美国伍兹霍尔海洋研究所开发的自动流式细胞仪（FlowCytobot）已经在美国 LEO – 15 海底观测站持续运行数月。

荷兰 CytoSense 是全球第一款专业做浮游植物研究的流式细胞仪（图 5 – 41），可对大小在 0.4 ~ 4 mm 的浮游植物进行分析。当细胞颗粒在流动池中通过检测区域时，仪器可以扫描记录各种光学信号（散射、荧光）的动态变化（全球唯一），这些信号包涵了丰富的细胞形态学信息，利用这些形态学信息可以建立浮游植物特征信息数据库，进而进行浮游植物的详细分类，有助于了解浮游植物的种群变化和水华预警。仪器整合式设计，结构坚固，适合野外使用，且仪器移动后无需另外校准。

图 5 – 41　浮游植物流式细胞仪

奥地利维也纳 TissueGnostics 公司最新研发技术——类流式组织细胞定量分析（TG），由 Tissue-FAXS + HistoFAXS（图像获取与管理系统）及 TissueQuest + HistoQuest（类流式分析系统）两部分组成（图 5 – 42），整个拍摄及图像拼接过程由 TissueFAXS + HistoFAXS 软件操纵全自动实现，通过颜色拆分—鉴定（细胞核，细胞质，细胞膜）—定量分析的软件分析流程。

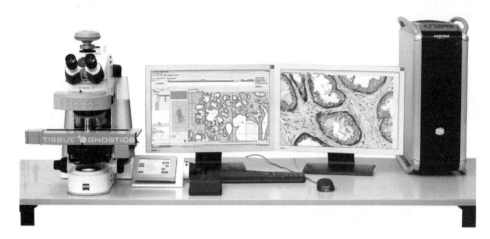

图 5-42　类流式组织细胞定量分析(TG)

目前可以实现水下原位分子生物学分析的设备有限，如环境样品处理系统(ESP)和自动微生物基因传感器(AMG)。ESP是由美国蒙特利湾水族馆研究所(Monterey Bay Aquarium Research Institute, MBARI)开发的。ESP采样、样品处理与分析模块，可以进行非连续采样、富集浮游生物、分子探针杂交、荧光检测等操作，结合特定的探针芯片，能够鉴定细菌、古菌、浮游植物、浮游动物等多个物种，也可以应用于赤潮生物素的ELISA检测。ESP已经成功应用于蒙特利湾、缅因湾等海域，可以在浅海中连续工作1个月，并可以在4 000 m水深工作数天。

二、国内发展现状

国内缺乏针对浮游生物分类定量的设备仪器。针对藻类分类的辅助软件数量也较少，其功能的实现，主要依靠国外显微镜和图像传感器等重要硬件设备，对国外产品依赖性强。

杭州万深 AlgaeC 藻类计数及辅助鉴定系统内置有32种不同的几何模型，并对常见藻类进行了多模型的编码对应，会根据属名自动推荐该选用的几何模型。该系统能分类统计浮游生物数量，并配有功能强大的浮游生物智能搜索图库，以帮助相关人员快速、简便地分类统计及鉴定浮游生物，该系统还包含有高效的浮游植物生物量测定模块(图5-43)。

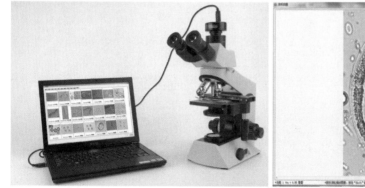
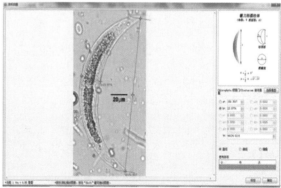

图 5-43　杭州万深 AlgaeC 藻类计数及辅助鉴定系统

采用流式细胞仪对浮游生物进行分析，对于生物类别分析准确率不高，精度不足，依旧需要人工辅助分类。

三、发展趋势

随着水下浮游生物成像系统在三维成像、全息成像与新图像识别算法等方面技术的发展，基于分子生物学的生物现场测定设备是海洋浮游生物原位观测技术的重要发展方向之一。未来电子技术、电池技术、计算方法和新材料的创新发展，将促进光学仪器、浮游生物流式细胞仪等达到在浮标或潜标等原位观测平台上连续工作数个月的要求。

第六章
海洋环境安全保障技术

　　我国是一个海洋大国，拥有逾 18 000 km 海岸线，6 900 多个岛屿和 300×10^4 km² 管辖海域，海洋为我国的经济发展提供了源源不断的资源。与此同时，随着近年来海上经济活动的日益频繁和各国对海洋资源竞争的日益加剧，我国面临着海洋管理、海洋环境保护、海洋维权、海岛保护、海上航行和海洋安全等安全保障问题，因此，针对各种海上活动，开展海洋环境安全保障技术研究，对于有效地利用、保护和管理海洋具有重要的意义。

　　海洋环境安全保障技术涉及内容广泛，难以尽述，本章重点介绍近几年海上目标预警监视技术、航行保障技术、海洋环境信息获取技术发展的一些特色技术。

第一节　海上目标预警监视技术

　　海上目标预警监视是海洋管理、海洋环境保护、海洋维权、海上航行和海洋安全等方面的重要保障，雷达、视频、船舶自动识别系统（Automatic Identification System，AIS）和水声技术在海上目标预警监视中发挥着重要的作用，这些技术的不断发展，进一步促进了海上目标预警监视技术的应用。其中 AIS、视频和雷达探测技术，近年来得到越来越多的关注和研究。

一、AIS 目标监视技术

（一）国外发展现状

　　AIS 是由国际海事组织（IMO）、国际助航设备和航标协会（IALA）以及国际电信联盟（ITU）共同提出的技术标准，能够在一定的作用距离范围内，在规定的频道上，用甚高频（VHF）无线电台自动进行传输船舶的识别、导航和通信信息，协助改善船舶航行安全和航行效率，保护环境，同时改善船舶交通管制（VTS）的工作性能，广泛应用于船舶避碰、水上交通管理及海域监视等领域。

　　AIS 作为一种自动发送船舶信息、获取海上船舶航行数据的新型设备，在海洋环境目标监测技术领域起着重要作用。通过收集并转发周边船舶的 AIS 信息，可以大大扩展船舶的监视范围，对于提高船舶动态的监控能力和海上安全的保障能力具有非常重要的意义。

　　AIS 船舶信息分为以下 3 类：

　　（1）静态信息：IMO 编号、呼号和船名、船长和宽、船舶类型、GPS 天线在船上的位置等。

　　（2）动态信息：船位、国际协调时、对地航向、对地航速、航行状态、转向率和航倾角等。

（3）航行相关信息：船舶吃水、危险货物类型、目的港和航行计划等。

AIS 可以加装在多种形式的信息监测平台上，包括船舶、海岛、海上平台、航标、海洋数据浮标和海洋环境监测站。接收装有 AIS 系统的船舶在航行时不断发送的 AIS 信号，以便自动对船舶进行识别和监测，进一步分析船舶密度分布和航迹分布，得到反映海上船舶运动组合的空间特性。因此，通过海上 AIS 监控项目和海上各类载荷加装 AIS，加强海洋环境监测，对于海洋安全具有特别重要的意义，受到各国的广泛重视。例如，美国国土安全部主导建设了全美 AIS 系统（Nationwide Automatic Identification System，NAIS）项目，美国海岸警备队（USCG）和美国海洋大气管理局（NOAA）在海上平台、海洋数据浮标和 C - MAN 海洋环境监测站上加装 AIS，提取海上船舶动态信息。

美国 NAIS 运作系统中除了 AIS 射频发射和接收装置、NAIS 网络设施，还包括卫星、船舶、海上平台、浮标和区域指挥中心（Sector Command Centers，SCC）等，利用多源获取 AIS 数据开展信息融合目标监测，通过融合各个 AIS 数据得到比单独的 AIS 更多的信息，从而扩展了目标监测的空间覆盖范围，也提高了可信度。图 6 - 1 是美国 NAIS 高层运作示意图。

图 6 - 1　美国 NAIS 高层运作示意

美国 NOAA 在浮标上加装了 AIS，图 6 - 2 是加装了 AIS 的 3 m 浮标。AIS 采用 VHF 频段，它的信息传播范围取决于天线高度、发射功率、接收机灵敏度、海况和气象条件等。VHF 频段无线电通信通常作用距离为可视距离，在海上通常为 20 nmile 左右。但是如果 AIS 天线有一定高度，加上波的绕射较强，就会接收较远距离的 AIS 信息。

美国 NOAA 对不同类型的浮标上加装 AIS 后，接收 AIS 信息的最远距离进行了统计分析：

①在 3 m 浮标上 AIS 天线高度约 6 m，典型的探测距离是 30 nmile 左右；

②在 3 m 浮标上 AIS 天线高度约 6 m，大约 40% 的探测距离大于 40 nmile；

③在 3 m 浮标上 AIS 天线高度约 6 m，最大的探测距离甚至大于 340 nmile；

④在 6 m、10 m、12 m 等大型浮标上随着 AIS 天线高度的增高，探测距离有望成倍增长。

美国 NOAA 在海洋环境监测浮标上加装 AIS 后，船舶信息可以通过数据传输链路回传。图 6 - 3 是美国 NOAA 的各种浮标收集 AIS 信息的示意图，信息获取流程见图 6 - 4，首先远程 AIS 接收机从海上接收船舶信息，之后通过铱星通信将数据传输至美国 NOAA 的国家资料浮标中心（National Data Buoy Center，NDBC）所属数据中心，再由互联网传输到位于美国海岸警备队（USCG）的 NAIS 基地，完成获取船舶信息。

图 6 - 2　美国 NOAA 加装了 AIS 的 3 m 浮标

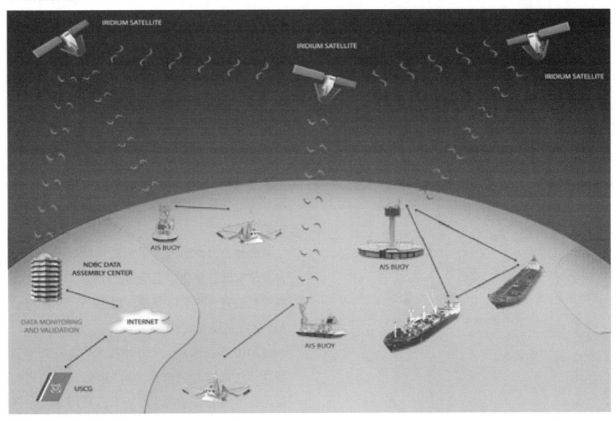

图 6 - 3　美国 NOAA 的各种浮标收集 AIS 信息的示意

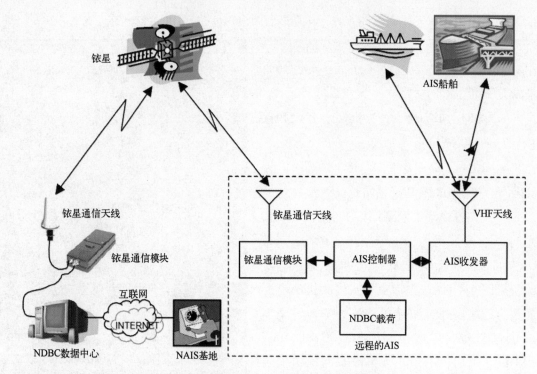

图 6-4　美国 NOAA 的 AIS 信息获取流程

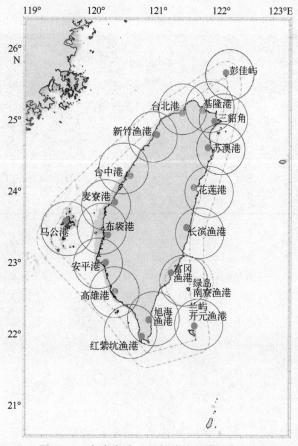

图 6-5　台湾海域 AIS 接收站设置地点规划

美国 NAIS 各区域指挥中心不仅从 AIS 接收海上船舶信息，还利用雷达和摄像等手段监视船舶的行为。

（二）国内发展现状

我国已建设了 AIS 网络用于船舶航行保障，由交通运输部及海区的航海保障中心为船舶、港口等相关用户提供及时、完善、综合的海上安全和助航信息服务，从而进一步提高港口运输效率、保障船舶航行安全，并提高海洋环境保护能力。

此外，台湾地区为了台湾海域电子化导航并及早实现智慧化海运管理的目标，对台湾环岛海域也有 AIS 整体规划，图 6-5 是台湾海域 AIS 接收站设置地点规划。

2010 年以来，国家海洋技术中心在海洋公益性行业科研专项经费项目"边远岛的利用与监控技术研究与示范"支持下，利用 AIS 与视频信息融合，采用图像处理方法实现了船只目标的准确提取，并进行了实验验证和示范应用。

我国尽管已建设了 AIS 网络用于船舶航行保障，然而目前还未推广在海洋环境监测浮标上加装 AIS，海上安全的相关应用尚难与先进国家相比。

（三）发展趋势

目前，利用 AIS 船舶信息监视海上目标成为一项重要的预警监视技术。开展海上目标监测，仅仅依据 AIS 单类信源获取的船舶信息往往是不精确的、不完全的，特别是对于不发送 AIS 信息的船舶就显得无能为力。因此，AIS 还需要与雷达、视频和水声等探测相结合。未来发展将是与雷达监视、摄像监视和水声探测等多种信息获取技术之间相互配合，信息互补，获取海上船舶的动态信息。

雷达具有较强的探测能力和精确的距离计算能力，因此该方法得到了广泛的研究和应用，可以实施全天候、实时的监控。一些基于岛基、海上平台和浮标的雷达监测系统相继被研发出来，用于海上船只目标监测和海上交通监控等多种应用。同时，卫星采用合成孔径雷达（SAR）技术，实现全天时、全天候海面目标与环境监测。

摄像监视除了搭载在卫星、航空器上实现监视外，一些基于岛基、海上平台和浮标的视频监测系统也相继被研发出来，用于海上交通监控和近海船只目标监测等多种应用，监测潜在的威胁并触发相应的响应信号。

水声探测技术是海上目标预警监视技术的重要手段，通过声学装备可对进入特定海域的船只进行长期不间断的远程侦测、定位、跟踪、识别，从而获取非法侵权船只的实时状态，使得国家海上维权执法具有更好的实时性和针对性。水声传感器网络更是引起各国的极大关注，美国和欧洲等启动了许多关于水下网络的研究计划。我国对于水声传感器网络理论和技术研究也给予了高度重视，国家自然科学基金和国家"863"计划支持了多个水声传感器网络研究项目，中国的水声传感器网络理论和技术研究取得了长足的进步。

通过融合 AIS 与雷达、视频和水声等数据会得到比单独的 AIS 更多的信息，可以发挥 AIS 与雷达、视频和水声各自的优势，取长补短以提高目标识别率，也会改进可靠性、容错性，能够更准确地开展海上目标监测。雷达、摄像、AIS 和水声融合技术的发展，必将进一步促进海上目标预警监视技术应用。

未来由多种 AIS 监测平台获取船舶信息并实施多源融合，可以大大扩展船舶的监视范围，提升我国全天候探测海洋侵权目标的能力，对于提高船舶动态的监控能力和海上安全的保障能力具有很重要的意义。

二、视频监视技术

（一）国外发展现状

国外很早就开始了近海视频监测技术研究。20 世纪 90 年代，美国俄勒冈州立大学科学家成立海岸图像实验室，在美国海军支持下，开始实施 Argus 项目，开展海滩和近海的水文动态、海岸变化的研究工作，随后该项目又得到美国国家科学基金会、美国地质学勘查协会等多方面的资助，在多方面开展研究并取得成果。项目研究也从美国扩大到欧洲、大洋洲等多个国家，美国、加拿大、日本、澳大利亚、新西兰、英国、意大利、荷兰等近年先后建立了近岸视频监测网络，用于观测近岸海洋、海滩和海岸线的动态变化等。图 6 – 6 是 Argus 监测系统组成示意图。

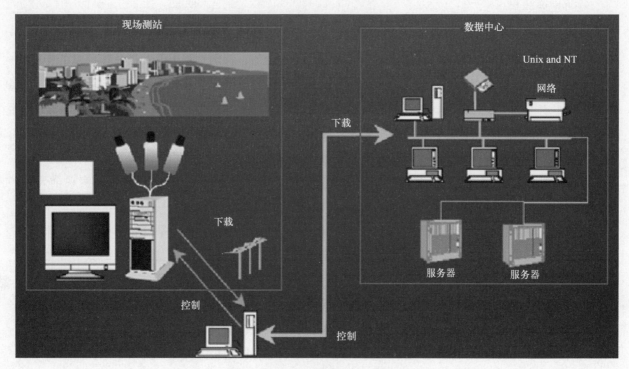

图 6 – 6　Argus 监测系统组成示意

意大利位于 Lido di Dante 的 Argus 监测系统的摄像头组成见图 6 – 7，包括 4 个摄像头，约 180°视角，可涵盖长几千米的沙滩海岸和大面积海域。摄像头固定在沿岸比较高的位置，图像数据通过网络发送。图像采集频率通常是每小时采集 1 次。图 6 – 8 是系统 4 个摄像头监测图像拼接结果，上图是直接拼接效果，下图是几何校正后的俯视效果。

视频监视系统设备主要由摄像机、镜头、云台、防护罩等组成。摄像机主要完成图像的采集、编码以及传输工作。摄像机位于高处，由防护罩保护；视频图像传输设备可选择有线传输或无线传输方式的设备。现场设备需满足以下条件：低功耗、运行稳定可靠、设备抗恶劣环境（电磁干扰、恶劣气候）。现在的摄像机一般采用集成度高的网络摄像机，很多地方使用的摄像机还具有透雾、夜视等功能。

近十几年来，国际上在近海视频监测的研究内容和提取的水文参数包括：海滩状况、海滩宽度、海滩斜度、潮间带地形、海滩等高线/轮廓线、浅海水深与地形、波浪波高、波周期、波向、长期波浪统计、近岸海流强度/位置、表面流的速度和方向、裂流出现的时间和位置、沙坝高度位置、沙丘高度位置、海岸侵蚀、海滩形态学分类、水质水色环境、长期近岸过程等。

图 6-7　意大利 Lido di Dante 的 Argus 监测系统组成示意

图 6-8　系统 4 个摄像头监测图像拼接结果

　　近年来视频监测发展迅速，Argus 监测站以及其他类似的视频图像测量方法，也被大量用于美国及欧洲、大洋洲等多项海岛及周边环境研究和应用项目中。美国 NOAA 和 NASA 在波多黎各岛建立视频观测近岸波浪的系统，在波浪场测量和海浪模式检验中取得了很好的效果。澳大利亚金色海滩视频

图6-9 新西兰 Cam-Era 沿岛视频监测位置分布

图像系统，采用 Argus 自动视频测站，由视频图像获取海岸潮水线、近岸流、海浪的持续长期资料，研究海岸冲积、侵蚀状况、海洋工程建设对水动力的影响，促进海岸带的保护和管理。

新西兰 Cam-Era 项目在沿海建立视频图像观测站，图像以有线或无线方式传输，获取主要海滩海岸、近海等大面积区域的长期观测参数，应用于沿海环境保护、生态系统、海滩安全、可持续发展等研究，Cam-Era 沿岛视频监测位置分布见图6-9。

俄罗斯科学院远东分院太平洋海洋研究所在符拉迪沃斯托克(海参崴)及其以南逾100 km范围内的多个海岛上安装视频监测系统，构建多个海岛的视频监测网络(图6-10)。

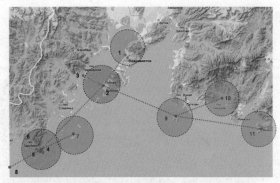

在符拉迪沃斯托克(海参崴)彼得大帝湾视频监控布局

视频监测海岛的图像

视频获取的外国船只图像

图6-10 俄罗斯在符拉迪沃斯托克(海参崴)彼得大帝湾视频监测系统

（二）国内发展现状

我国在 2009 年启动的海洋公益性行业科研专项经费项目"边远岛的利用与监控技术研究与示范"支持下，开展了边远岛视频监控技术与应用技术研究。2011—2012 年在示范应用中实现了基于图像移动目标监测的船只视频监测技术，它包括 1 台云台可旋转摄像机、4 台固定摄像机、AIS 收发机及天线、GPS 接收机等。其中云台摄像机能够实时地跟踪过往的船舶，自动随着船舶的航行而旋转镜头拍照和录像。图 6 – 11 是试验现场安装摄像机的照片，图 6 – 12 是试验现场检测船只目标的结果。

图 6 – 11　试验现场安装摄像机

为了提高检测准确率和检测效率，在试验现场安装视频与 AIS 联动的船舶监测系统，将视频检测技术与 AIS 信息相结合，图 6 – 13 是视频与 AIS 信息融合的海上目标监测系统组成示意图。结果表明，该方法适应性强，易于实现，能够准确快速地实现船只目标提取，取得了很好的示范应用效果。

原始图像

目标区域检测后图像

中值滤波后图像

图 6 – 12　试验现场检测船只目标的结果

在国家海域动态监视监测管理系统建设过程中，国家海洋技术中心对全国沿海各省市建设的近岸海域远程视频监控摄像头进行了系统集成，建成了国家海域视频监控管理平台，并部署在国家海域动态专网中，供全网用户在线浏览使用。视频监控平台已经成为实施海域动态监视监测、海洋环境保护与防灾减灾实时监视的重要手段，具有快速直观获取海域现状信息、全程监控用海过程的特点。目前全国各沿海省市已接入平台的摄像头近 300 个，监控范围覆盖了重点用海区域、重点海湾、重点海岸带的海域开发利用情况以及海洋环境污染、海况综合信息等。近期正在开展沿海县级动态监管能力建设，将在重点区域建设 200 多个高清视频摄像头，为海域管理部门实时掌握监控海域的开发利用状况，有效提高工作效率和决策水平提供强有力技术支撑。

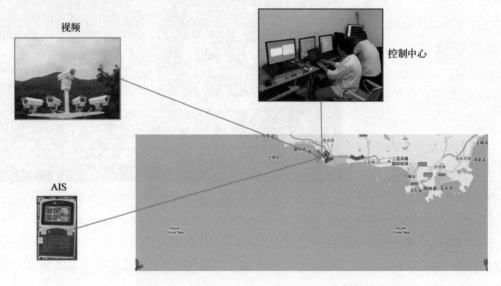

图 6 – 13 视频与 AIS 信息融合的海上目标监测系统组成示意

国家海域视频监控集成平台具备实时视频监控、地理地图展示、巡检抓拍、录像回放、联动报警、查询取证等功能，同时根据业务需求还定制开发了视频图像拼接、智能识别等功能，逐步实现了海域监视监测业务的"智能化动态监管"。特色功能主要包括以下几方面。

（1）视频浏览。海域管理部门通过平台的"视频巡逻"界面浏览、查看全部已接入摄像头的实时现场监控画面，实现了国家和省级层面的统一调度、统一管理和信息共享，充分发挥了视频监控平台的重要作用。图 6 – 14 是"视频巡逻"界面。统一监控集成平台实现流媒体转发服务，可最大限度地节约网络带宽，保障监控数据的流畅传输。

（2）视频巡检图片抓拍及查询功能。平台实现对指定的监控点进行定点定时的图片抓拍和保存，并具有搜索查询功能。通过平台配置任务计划配置巡检抓拍的时间、方位、频率等参数，即可实现定期、定点的自动图像抓拍，并能对抓拍图像进行查询。

（3）视频图像拼接。实现对近岸海域由单一摄像头获取的多幅图像的校正、拼接和存储。应用图像自动拼接技术将不同角度抓拍视频图像拼接成一幅高分辨率完整而连续的全景图像，通过对比前后某段时间内的拼接图像，方便地观察监测海域的使用变化情况，创新了海域资源动态监测技术手段。

（4）智能识别与监测。实现对视频画面的智能分析，识别画面中移动的物体并进行跟踪。图 6 – 15

图 6 - 14 "视频巡逻"界面

是"智能识别与监测"界面。设定区域报警规则，主要包括跨线检测和进入区域检测，实现对重点监测区域视频流的智能分析，通过预先设置智能行为分析规则，一旦有行为触发即产生报警，提高了平台对我国海域的监视监测能力。

图 6 - 15 "智能识别与监测"界面

（三）发展趋势

视频监视技术适用于边远海岛及其周边海域的目标监视与安全保障，视频监视技术发展方向主要包括三方面。

（1）智能化。边远岛屿的通信成本非常高，一天 24 h 实时视频监控的代价是很高昂的。在前端具有目标的自动化识别方法或者其他技术手段进行异常情况判别，可以极大地降低通信数据量。对于监视系统有自动识别异常信息的要求，通常采取几种监控相结合开展工作，比如视频和 AIS、视频和雷达，通过其他监测手段捕获异常信息，然后通过摄像机拍照取证。另一种就是通过对图像分析，发现图像中的异常变化，存储图像并发出报警信息。如果在前端添加 AIS 设备，通过 AIS 信息记录周边船只的活动信息，统计监测区域周边船只的活动规律，借助 AIS 信息可以解算出船只航线、距离和方位，从而驱动视频设备对靠近监控区域的船只给予拍照记录。而在视频监测中加入移动目标监测算法，可以避免因船只关闭 AIS 设备而漏检。对监测出的目标，自动估计目标的距离和方位信息，以实现对靠近监控区域的目标提前预警。如果在前端增加雷达设备，同样可以通过雷达发现异常目标，然后通过与摄像机的联动，捕获目标图像。

（2）可靠性。海岛气候环境恶劣，潮湿，多雨雾，海水腐蚀性强，风暴和雷击风险大，而且岛上设备更换维修成本高难度大，这就要求监视系统的硬件设备有很高的防水和防雷、抗腐蚀等能力。

（3）低功耗。海岛上缺少供电设备，监视系统一般采用太阳能供电，或利用海水流动、潮汐发电。这些能源补给方式突出的特点就是功率小、不稳定，因此对岛上设备功耗不能很大，一些大功率的雷达、计算机不适合在岛屿上使用。

我国是一个海岛资源丰富的国家，这些海岛的存在对我国的政治经济建设起到了十分重要的作用，特别是在国防安全中具有极其重要的地位。边远海岛是我国国防的前沿阵地，是国家安全的重要屏障，为了维护国家的海洋权益，我国必须加强对海岛及其周边海域的监视和管理。

一些无居民小岛，非法的炸岛、炸礁、炸山取石挖沙等活动时有发生，严重地改变了海岛的地形地貌，使海岛及其周围海域的生态环境遭到了严重的破坏。此外，时有外国船只在未得到我国许可的情况下非法进入我国管辖海域，更有甚者在我国的海岛周围游弋、窥探并伺机登陆我国的海岛，严重地侵犯了我国的海洋权益和国家主权。

在边远海岛及其周边海域的监视和管理中，采用摄像机远程视频监控的方式，对海岛及其周围的海域包括海岸海滩进行监控，对非法入侵的船只进行拍照录像，既可以及时发出警告和制止，也可以把拍摄到的视频资料作为现场维权的证据。

三、高频地波雷达目标探测技术

（一）国外发展现状

高频地波雷达系统海洋观测的主要功能是获取海面环境参数，在目标探测方面的应用在国际上亦处于研究试验阶段，仍有极大的发展潜力。

军用领域高频地波雷达沿着纯军事化的思路以远距离目标预警能力为主要目的，其典型代表是英国的"监督员"系统、俄罗斯的"向日葵"系统和加拿大的 SWR – 503 系统等。高频地波雷达的特点是宽频带、大发射功率(达数百千瓦)、大接收天线阵(阵长数百米到数千米),单部雷达就具有较强的目标探测能力。该类设备的缺点是系统过于复杂,研制成本高昂,机动性和隐蔽性差,需要较强的保障条件,难以大规模推广部署。

民用领域高频地波雷达的目标监测功能目前处于研究试验阶段。民用高频地波雷达发射功率低,一般为几十瓦到百瓦级。天线阵列小,阵长一般小于100 m。目标探测距离和方位分辨率目前还无法与军用高频地波雷达相比,目标监测概率和虚警率不能满足实际应用的需求,但随着高分辨率空间谱估计技术的发展以及抗电离层干扰技术的创新,民用高频地波雷达对于 200 km 以内海面目标的探测与跟踪具有很好的发展前景。

WERA(Wellen Radar)是德国汉堡大学研发的阵列式高频地波雷达,近年来开展了目标探测以及多雷达数据融合算法试验。2013 年 10 月 Maresca 在德国湾进行了三站 WERA 雷达系统的目标探测实验,以 Sylt、Buesum 和 Wangerooge

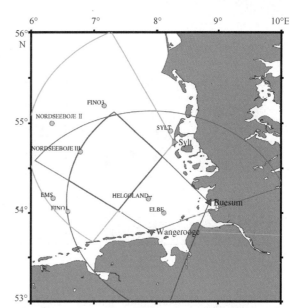

图 6 – 16　Sylt(绿色)、Buesum(红色)和 Wangerooge(粉色)三站雷达探测覆盖范围,蓝色内部为共同覆盖范围

三站雷达的覆盖范围,与 AIS 船舶信息对比,取得了较好的雷达探测结果。图 6 – 16 为 Sylt、Buesum 和 Wangerooge 三站雷达的覆盖范围,图6 –17 和图 6 – 18 分别是 AIS 探测结果和雷达探测结果。

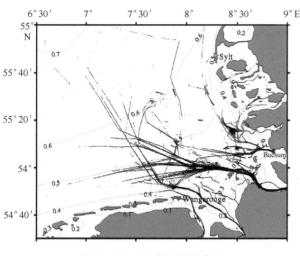

图 6 – 17　AIS 探测目标轨迹

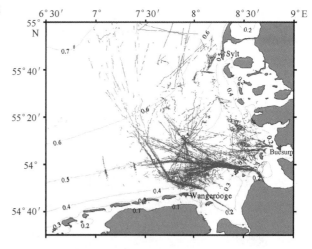

图 6 – 18　雷达融合后探测目标轨迹

SeaSonde 是美国一家雷达公司 CODAR 开发的用于海洋遥感探测的高频地波雷达，属轻便型高频地波雷达，发射平均功率为 100 W。美国的国家岛屿、海洋极端环境安全中心（Center for Island, Maritime, and Extreme Environment Security, CIMES）在 2012 年对高频雷达的目标探测性能进行了测试，并根据功率谱判断出了船舶行驶方向以及与探测雷达的距离远近。图 6 – 19 是高频雷达的目标探测性能测试结果。

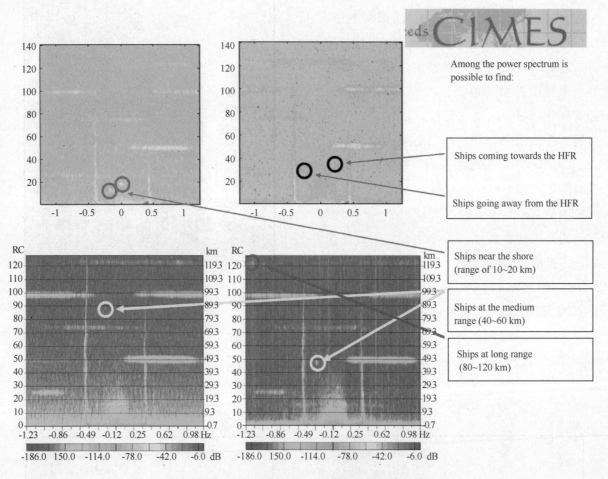

图 6 – 19　高频雷达的目标探测性能测试结果

美国 Rutgers 大学与 CODAR 公司自 1997 年开始在不影响流场监测能力的前提下，开发船舶追踪双用途（dual – use）的高频雷达系统。初期在纽约海岸线测试平台验证侦测船舶能力，针对四种不同吨位的船型进行研究，研究重心着重于参数的调整以获得较佳的船舶信息，结果使用 AIS 进行验证，以提升高频雷达系统船舶辨识率。本研究工作中的 4 艘船分别是长度为 139 m 的货船 Maas Trader，长度为 41 m 的拖船 Dolphin，长度为 294 m 的货船 MOL Effciency，长度为 228 m 的油轮 Joelmare。货船 Maas Trader 和拖船 Dolphin 分别通过高频雷达系统 FFT 信号处理和 AIS 信息追踪航迹，图 6 – 20 是高频雷达的目标探测与 AIS 验证对比结果，两者具有非常好的一致性。

加拿大国防部与雷声公司联合研制了两部高频地波雷达 SWR – 503，部署在东海岸（图 6 – 21），SWR –503 最大探测距离可达 407 km。除了能够探测和跟踪专属经济区(EEZ) 200 nmile 内的船只、低空飞机和冰块外，还能完成海洋参数测量任务，为执行海洋法、海上安全和海上环境保护等活动提供支持，能对大范围沿海地区进行全天候监视。

加拿大国防研究发展中心将高频地波雷达作为专属经济区的探测手段，并指出下一代的高频地波雷达技术应在保持监控性能基础上尽可能减小雷达间的干扰。

近年来，高频地波雷达组网技术得到迅猛发展，在海防空防预警系统和海洋环境立体监测系统中的作用变得越来越重要。雷达组网是指通过对多部不同体制、不同频段、不同模式、不同极化方式的雷达适当布站，借助通信手段链接成网，并由中心站统一调配而形成一个有机整体。网内各雷达的信息(原始信号、点迹、航迹、海况等)汇集至中心站综合处理，

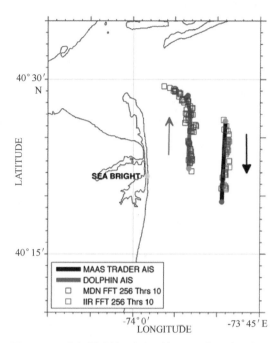

图 6 – 20 高频雷达的目标探测与 AIS 验证对比结果

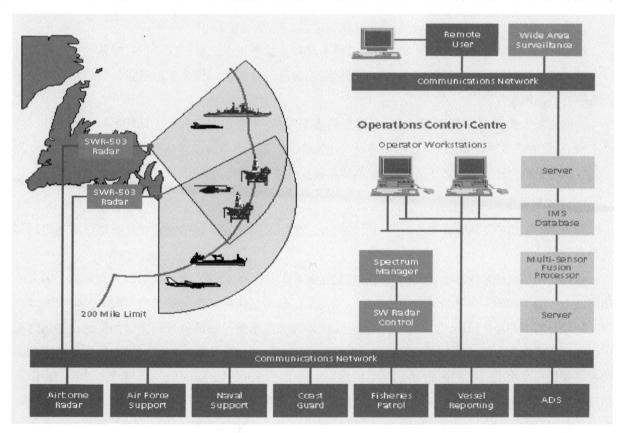

图 6 – 21 加拿大东海岸的 SWR – 503 系统

形成雷达网覆盖范围内的情报信息，并按照实际情况的变化自适应地调整网内各雷达的工作状态，发挥各个雷达的优势。用高频地波雷达进行组网在国际上已成为现实，在美国和欧洲的多个海洋环境监测计划中实施。美国建设实施的沿海高频地波雷达网络包括超过 130 部近程和远程高频地波雷达，雷达探测覆盖区相互重叠，涵盖美国东西海岸和墨西哥湾数千千米的区域，同时保证主要区域处在不少于 4 部雷达的监测之中。与此同时，美国还在主导推进实施更为宏大的全球高频地波雷达监测网。

（二）国内发展现状

我国高频地波雷达技术在国家自然科学基金、国家"863"计划和其他相关科技计划的支持下迅速发展起来，哈尔滨工业大学、武汉大学和西安电子科技大学都做出了很好的研究开发工作，在该领域形成了基本完整的自有知识产权体系。民用高频地波雷达成本低，能够提供主动、持续和接近实时的海域监控，并且其探测范围广阔，能有效地覆盖专属经济区。高频地波雷达是我国实现大范围海域管理的可选新方法。

我国已经启动了高频地波雷达目标探测技术研究，2010 年开始的海洋公益性行业科研专项"海上非法舰船 SAR 和地波雷达立体监视监测应用技术系统"，可以形成海上多手段综合立体监视监测应用系统，实现对进入我国管辖海域的非法船只的快速发现和实时监控。

哈尔滨工业大学等单位使用阵列式天线高频地波雷达获取高信噪比的舰船目标回波信号，同时获取目标的 AIS 信息，构造"合作目标"以实现高精度的天线阵校正，提高高频地波雷达探测海面舰船目标以及低空飞行目标的性能。

国家海洋局第一海洋研究所等单位针对单频率高频地波雷达海上目标探测中目标漏检的问题，重点分析了海杂波对目标探测的影响，给出了目标点迹融合处理方法，提高了船只目标的检测率及目标点迹融合的探测精度。

台湾成功大学 2012 年利用高频地波雷达站的实测资料进行了高频雷达船舶侦测的可行性评估，将 CODAR 系统的功率谱与海研三号航迹图进行对比验证，证实了高频地波雷达在船舶侦测领域的潜力。

我国有关单位还开展了对于高频天波/地波集成技术非协作目标信息获取与处理方面的研究。

（三）发展趋势

针对当前工作中雷达有效覆盖范围不足的问题，今后的发展方向包括分布式高频地波雷达组网等技术研究。

目前应用的高频地波雷达比较有效的探测范围通常在 150 km 以内。如果要增加探测距离，通常采用降低工作频率和增加发射功率的办法实现。降低工作频率意味着雷达天线尺度、设备复杂度的增加以及结果分辨率和结果精度的降低，对中、短尺度重力波信息的探测能力减弱。增加发射功率则降低了设备的可靠性和电磁环境方面的适用性，重要的是探测距离随着发射功率递增的速度呈迅速下降的关系，如把功率由 10 kW 提高到 100 kW，探测距离仅仅增加 30~40 km，雷达运行成本与探测距离呈指数关系上升。因此，仅仅依靠地波雷达本身并不能在提高探测距离上有较大的作为。利用天波的远距离传播机制，通过分布式雷达组网、天地波一体化探测、浮标式高频地波雷达可以大幅度提高雷达系统的探测距离，是拓展海洋监测雷达探测距离的有效途径。

目前高频无线电频段已经十分拥挤，频率资源十分宝贵。采用传统的单站雷达探测时，同一海区的每个雷达站必须工作在不同的工作频率上，才能避免相互干扰。因此目前高频段的频率资源已无法支撑更多的单站雷达加入海洋监测，这已成为制约高频地波雷达推广应用的最重要的社会因素之一。分布式高频地波雷达组网则正好可以解决这一问题，同一海区的所有雷达都使用同一频率，极大地节省了雷达网的频率占用，同时也降低了被干扰的可能性，为高频地波雷达在海洋环境监测上的推广应用创造了有利条件。

第二节　海上航行保障技术

影响海上航行安全的因素主要是海洋气象和海况。船载气象水文采集在船舶航行中发挥着重要的作用，实时采集的海上气象水文数据，为航行的船只提供了最基本的数据。与此同时，船载导航雷达从传统的海面导航进一步发展到海洋环境监测应用，提取海面波浪、海流、风场等参数，为海洋环境信息获取提供了新的手段。

一、船载气象水文系统

（一）国外发展现状

气象水文信息是船舶航行和船载飞机的重要导航信息，直接影响船舶的航行安全。尤其是当代用高科技建造起来的现代化船舶，现代化程度越高，对环境因素的要求也越高，因此急需加强对所在海域水文气象要素进行连续、实时观测，获取海洋动力、大气环境等动态信息，提高舰船和船载飞机的海洋环境保障能力。

舰船水文气象自动观测在船舶航行等过程中起到越来越重要的作用，海面风、浪、流等要素直接影响船舶和船载飞机的安全和执行任务，同时风速、风向、温度、湿度等气象水文要素在海杂波和大气波导影响过程中所起的作用，决定了大气、海洋环境对船载雷达的影响程度，同样直接影响船舶的航行安全和执行任务等多个方面。

美国船载气象和海洋观测系统（Shipboard Meteorological and Oceanographic Observation System，

SMOOS）是一种安装在各种舰船上的基本保障系统，集成气象水文传感器，测量和计算风速和风向、空气温度、相对湿度、露点、能见度、云高、海水温度、海表面温度和大气波导，提供的波导数据对于船载雷达探测具有特别重要的意义，军事舰船还可以用于战术环境支持系统（TESS）。

SMOOS 系统在数百艘美国海军舰船、海岸警卫队舰船、NOAA 的部分船只、欧洲海军舰船、南美洲海军舰船上得到了广泛应用。图 6 – 22 是

图 6 – 22　舰船上的美国 SMOOS 系统

舰船上的美国 SMOOS 系统示意图。早期的气象传感器如风速和风向传感器、空气温度传感器、相对湿度传感器、气压传感器等采用分体安装（图6-23左）。近年来 SMOOS 系统提高了传感器集成度，可选集成了机械式风速和风向传感器、空气温度传感器、相对湿度传感器、气压传感器等的气象传感器包（WEATHERPAK）（图6-23中），或选集成了超声式风速和风向传感器、空气温度传感器、相对湿度传感器、气压传感器等的 WEATHERPAK（图6-23右），更便于安装维修。为了更准确可靠地探测船上的气象环境参数，通常在系统中同一位置会采用双点传感器安装，图6-24是 SMOOS 系统双点安装传感器示意图。

  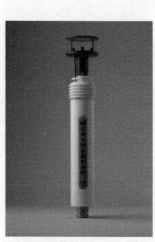

图6-23　美国 SMOOS 系统传感器

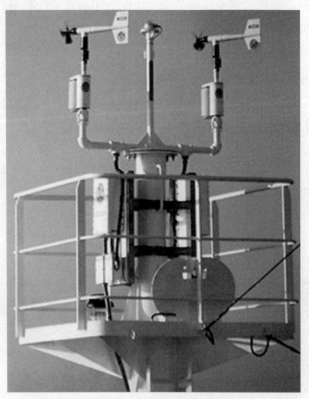

图6-24　美国 SMOOS 系统双点安装传感器示意图

美国 NOAA 开发的 AMVER SEAS［Automated Mutual - Assistance Vessel Rescue System；Ship and Environmental（Data）Acquisition System］是一个基于 Windows 的实时船舶和环境数据采集传输系统。不仅支持常规的船舶气象水文要素采集（图6-25），还包含投弃式温深仪（XBT）采集测量功能，近年新增加了 XBT 的自动发射与测量功能，主要被用在 NOAA 的志愿观测船、随机船和美国海岸警卫队的一些舰船上。图6-26是美国 NOAA 的大西洋海洋气象实验室（Atlantic Oceanographic and Meteorological Laboratory，AOML）研制成功的能装载8枚 XBT 探头的自动发射装置，每次 SEAS 软件根据预先设置的时间或经纬度，自动控制投放 XBT 探头，极大地减轻了人工负担，提高了自动化程度。SEAS 软件负责获取大气和海洋数据并实时向数据库传输，SEAS 在美国海岸警卫队 AMVER 计划中主要负责对管理报告、航行计划、方位报告、气象信息等进行记录并传输。AOML 从发送到 AMVER 中心的气象信息中提取位置信息。SEAS 已经安装在超过 350 艘的志愿观测船上，每年大约记录并传输 200 000 条信息。SEAS 获取的数据被大量的组织机构应用于气象、海洋和气候变化等领域，例如：气象数据被用来做气象模式运算，模式运算的数据可以协助更正当前的气候预测；XBT 数据被世界各地的实验室、大学以及国家气象中心的科学家们用来做科学研究。

气象传感器　　　　　　　　　　　海水温度盐度传感器　　　　　　海表温度传感器

图 6 - 25　美国 AMVER SEAS 气象水文传感器

加拿大开发了自动化志愿观测船系统(Automatic Voluntary Observing Ships System，AVOS)，自动获取参数包括 GPS 定位和 UTC 时间、船舶速度和航线、风速及风向、气温、湿度、气压、海表温度、船舶身份标识等数据，并通过海事卫星进行全自动传输。同时利用世界气象组织(WMO)的志愿观测船计划，自动采集全球范围的海上气象数据。图 6 - 27 是 AVOS 系统安装与组成。

加拿大 AVOS 中的 WatchMan 控制处理器结构是加拿大气象浮标网(Canada's Weather Buoy Network)有效载荷系统中的重要模块，经过证明，WatchMan 能实时地、连续地展示网络中所有传感器采集的数据。AVOS 的固件负责处理进程和数据的纠错算法，在没有遥测数据和网络接口的情况下，AVOS 也可以单机作业，界面实例见图 6 - 28。

图 6 - 26　AOML 自动发射装置

图 6 – 27　AVOS 系统安装与组成

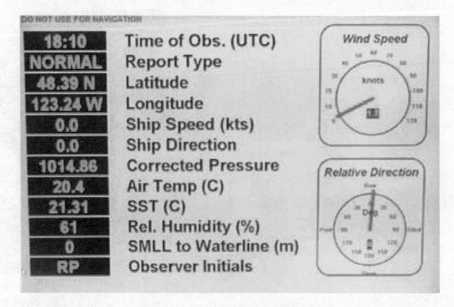

图 6 – 28　AVOS 单机作业界面实例

上述系统实时采集的海上气象水文数据，为航行的船只提供了最基本的数据，在船舶航行保障中发挥着重要的作用。

(二)国内发展现状

国内船舶气象仪也可连续测量风、温、湿、压等多项气象参数，为船舶航行提供实时、连续的气象服务。大多数船舶气象仪工作稳定可靠，效果较好。近年来还开发了集成度高、体积小、功能强、可靠性高的船舶气象仪，特别适用于船舱狭窄、空间有限，但对气象参数又有较高要求的中小型舰船。图6-29是一种国内船舶气象仪示意图。

与国外同类产品的技术相比，国内的船载气象水文采集系统主要在集成度、参数、功能等方面存在差距：①集成度还需提高。以气象传感器为例，SMOOS系统的WEATHERPAK集成气象传感器将风、温、湿、压等多项气象参数测量合为一体，便于舰船安装维护。②参数较少。例如，国内船舶气象仪大多数是采集气象参数，缺少水文参数。美国NOAA开发的AMVER SEAS系统，不仅支持常规的船舶气象水文要素采集，还增加了XBT的温度剖面测量，获取的海洋温度数据对海洋环境保障和科学研究都有重要作用。③功能较少，例如，SMOOS系统利用现场测量的风、温、湿、压等多项参数，进行的大气波导分析功能，对于船载雷达探测具有特别重要的意义，更加有利于航行保障。

(三)发展趋势

船载气象水文采集系统的未来发展，还需要进一步提高传感器集成度、增加测量参数、增强系统功能，才能在航行保障中发挥更大的作用。

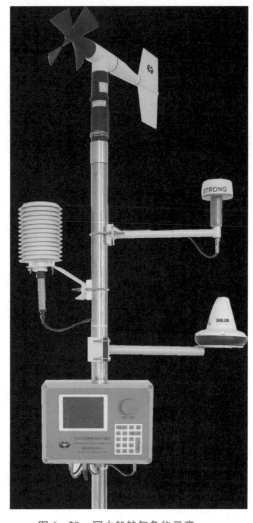

图6-29 国内船舶气象仪示意

二、船载导航雷达海洋环境监测技术

(一)国外发展现状

船舶导航雷达经历了几十年的发展，在技术上有很大的进展，能在复杂的海杂波环境中检测到更小的目标，有利于雷达性能的发挥，保障航行安全。与此同时，海浪和海流的变化对船舶航行安全有显著的影响，海洋环境状况实时监测和预报在航行保障上也具有至关重要的作用。

船舶在海上航行时，面临的一大难题是如何准确掌握船体在波浪中的运动规律以及减小波浪载荷的影响。普遍认为，解决这一问题的方法是在船舶上装备测波仪器，及时获取船舶所在海域的波浪信息。现有的各种测波手段，诸如遥感、水面、水下测波仪器都各有特点，图 6 - 30 是英国海军典型测波仪器如雷达、LIDAR 和测波浮标，但可装载于船舶且简便易行、能获取全面波浪信息、具有较高观测精度的测波系统，则寄希望于导航雷达测波系统。

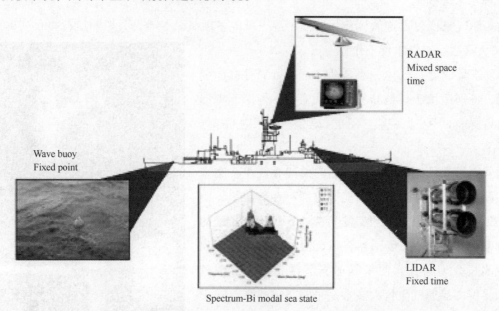

图 6 - 30　英国海军典型测波仪器如雷达、LIDAR 和测波浮标

从 20 世纪 80 年代至今，基于船载 X 波段导航雷达的测波技术得到了前所未有的关注，许多国家开展了相关技术研究，基本方法来源于 1985 年 Young 等人发表的经典论文《A Three - Dimensional Analysis of Marine Radar Image for the Ocean Wave Directionality and Surface Currents》。1991 年德国 GKSS 研究中心成功开发了基于 X 波段雷达的波浪监测系统（Wave Monitoring System，WaMoS）。经过 20 年的努力，研发人员对系统许多方面进行了改进，第二代波浪监测系统 WaMoS Ⅱ 在海浪监测领域成为具有较高的精度和相对完善的系统。2000 年，由欧盟投资的德国 MaxWave 计划，利用 WaMoS Ⅱ 波浪监测系统可以成功地测量波高并绘制出表面波流，更加肯定了这一系统的性能。80 年代末，挪威 Miros 公司研制了 WAVEX 系统，并在 1996—1998 年开始形成商业产品，目前已经发展到第五代（WAVEX 5 System）商业产品。基于 X 波段雷达的观测系统，目前较为成熟的商用系统有 Miros 公司的 WAVEX 系统和德国的 WaMoS 系统，两者在波浪测量原理、技术指标和系统组成等方面基本相同，并且能根据海浪色散关系输出表面海流数据产品。

国外开发的 WaMoS Ⅱ 和 WAVEX 这样的 X 波段导航雷达测量系统，虽然具有测量海浪和海流的功能，但是海浪和海流的测量精度，特别是海浪的测量精度及其适用性一直是争论的焦点。

国外对 X 波段雷达测波的反演精度也有多种多样的看法，美国、加拿大、德国、意大利、日本、韩国等开展了比测与评估。

美国从 2004 年开始，由美国海军学院（Naval Postgraduate School）承担了美国海军研究局的"船用 WaMoS Ⅱ 雷达测量波浪和海流的评估"（Evaluation of the WaMoS Ⅱ Shipboard Wave and Current Radar）项目。评估实验中采用的 WaMoS Ⅱ 系统舱内部分见图 6 - 31，2005 年在蒙特利湾开展了两次船基实验，

图 6 - 32 是 2005 年 9 月在美国海军研究船 R/V New Horizon 上 WaMoS Ⅱ 系统与浮标比测结果，虽然雷达易于安装和维护，但是并不能满足使用要求。

美国海军一直致力于船用雷达测量波浪和海流的改进工作，从 2014 年发表的研究情况来看，在 Hi - Res'10 项目中，研究平台 R/P FLIP 和研究船 R/V Sproul 都装备了船用测波雷达(图6-33)并取得了测量波浪和海流的结果。在该研究中将雷达回波信号区分为近距离、中距离、远距离，距离区分如图 6 - 34

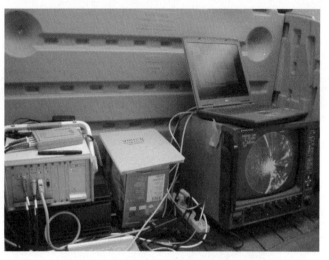

图 6 -31　美国海军学院在 2005 年使用 WaMoS Ⅱ 系统工作示意

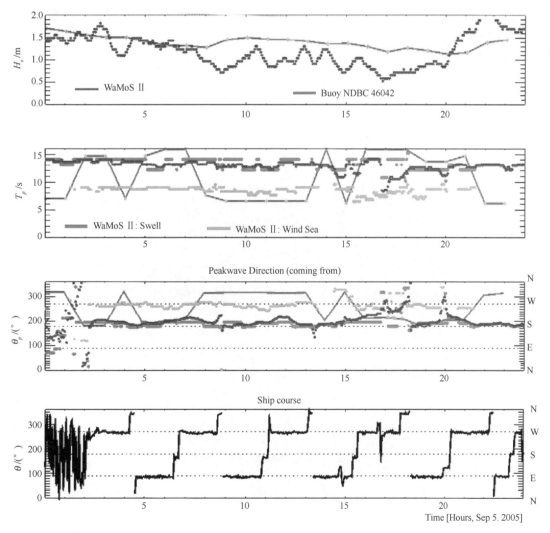

图 6 -32　在美国海军研究船 R/V New Horizon 上 WaMoS Ⅱ 系统与浮标比测结果

所示,通过天线校正技术和算法改进工作,分别计算得到的有效波高、波周期、波向结果与浮标对比见图6-35,尽管还有精度的差距,但是船用雷达测量波浪效果得到了显著改善。

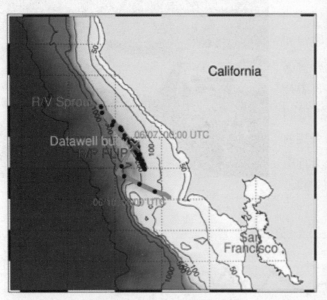

R/P FLIP、R/V Sproul 与浮标的位置

R/P FLIP;c. R/V Sproul

图6-33 R/P FLIP、R/V Sproul 与浮标(Datawell buoy)的位置图

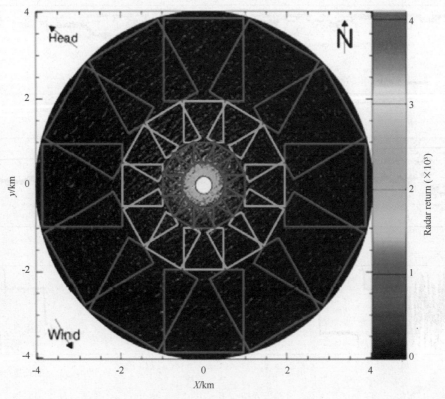

图6-34 距离区分示意图

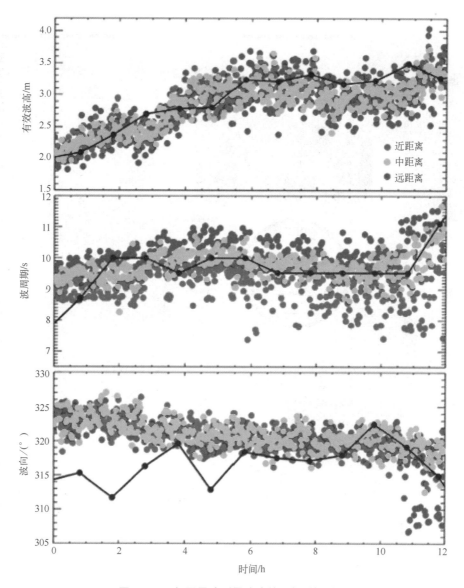

图 6 - 35　船用雷达测量波浪效果与浮标对比

　　德国从 2009 年开始，在大西洋航行船舶 Polarstern 上开展了船用 WaMoS Ⅱ 雷达测量波浪比测与评估试验。其中，2009 年 4—5 月 Polarstern 在大西洋的航迹示意图见图 6 - 36。2009 年 4 月 4 日 15:51 的波浪测量结果见图 6 - 37，左图显示波浪谱，右图显示波浪特征数据，并且对风浪和涌浪进行了有效的区分。2009 年 1 月 8 日到 4 月 7 日的 WaMoS Ⅱ 有效波高测量结果（WaMoS Hs）与德国气象局（German Weather Service，DWD）全球海浪预报系统预报结果（DWD Hs）、欧洲中尺度天气预报中心（European Centre For Medium Range Weather Forecast，ECMWF）预报结果（ECM Hs）以及人工观测结果（observed Hs）的比较见图 6 - 38，WaMoS Ⅱ 测波结果与 ECMWF 预报结果以及人工观测结果一致性较好。

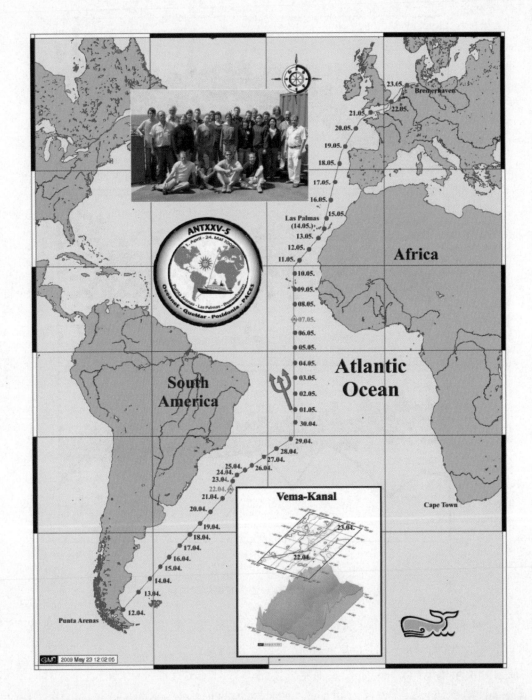

图 6 - 36　德国在大西洋开展比测与评估试验的船舶 Polarstern 航迹示意图

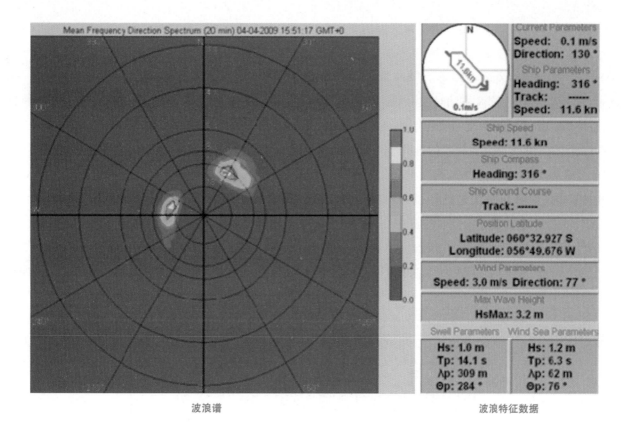

图 6 - 37　WaMoS Ⅱ 波浪测量结果示意图

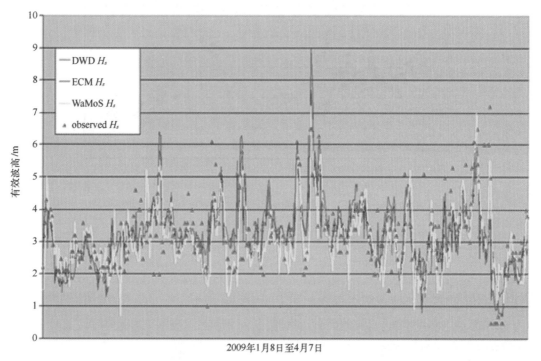

图 6 - 38　雷达有效波高测量结果(WaMoS H_s)与预报结果(DWD H_s, ECM H_s)

以及人工观测结果(observed H_s)比较

加拿大从 2004 年开始，由加拿大国防研究与开发中心在辅船 CFAV Quest（Canadian Forces Auxiliary Vessel Quest）开始对 WaMoS Ⅱ 系统进行海上试验，在 2006—2007 年间的海上实验认为在 CFAV Quest 上 WaMoS Ⅱ 系统与浮标有效波高相关性比测结果中，相关性差，明显可见误差大。2006—2007 年实验表明，测波雷达对波浪频率、方向测量的结果相对较好，但是要获得精确的波高测量仍然是困难重重。此后，加拿大国防研究与开发中心开始研究了一种波浪数据融合（Wave Data Fusion，WDF）算法试图改进波高测量的准确性。该融合算法将船体当做波浪浮标，利用姿态传感器获得的船体姿态参数和由雷达测量的波浪谱结果估计的船体姿态参数的比值来修正波高测量值。2008—2011 年对这种融合算法进行测试，明显改进了雷达测波的波高测量准确率，应用融合算法对于 CFAV QUEST 海试数据得到了改进的结果，图 6 - 39 是一组浮标、雷达测量、融合算法数据有效波高的结果。但是这种融合算法测试对于在另一条船 KINGSTON 上的海试效果并不理想，还需要对算法重新调整。这表明，相同的算法在不同的船上应用效果存在差异，不能直接移植，需要进一步测试与调整参数。

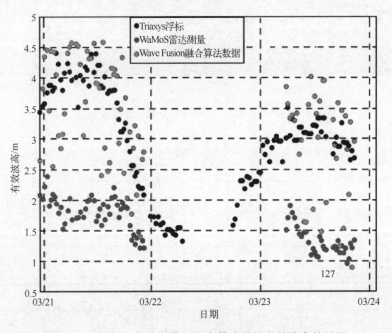

图 6 - 39　浮标、雷达测量、融合算法数据有效波高的结果

X 波段导航雷达测量风场和反演水深也是近年来研究的热点内容，国际上发表了许多的研究成果。

（二）国内发展现状

国内对船载导航雷达测波也有相关的海上试验报道，但是这些设备在我国海域试验实际反演精度多数难以达到仪器标注的反演精度。

我国台湾在 2009 年对新建造的海运集装箱船舶（Hno. 878）"圆明"轮进行船舶性能测试时，3—5 月完成了东西方向共计 38 d 的首航，航线见图 6 - 40，该船装备了船用测波雷达，用于对海浪与

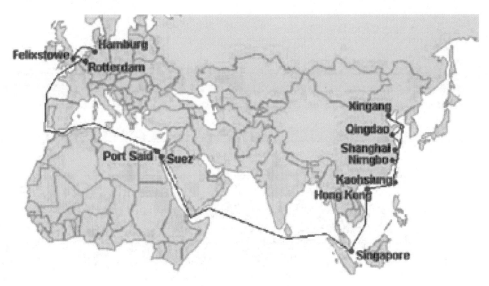

图 6-40 "圆明"轮首航航线

海况的监测。船员每 4 h 记录一次蒲福风级、波高、海况。船用测波雷达获得的波高结果与船员人工观测浪高对比不理想(图 6-41),对雷达测波的回归算法经过调整后,数据结果有了一定程度的改进(图 6-41)。

中国卫星海上测控部为了提高船舶自身的海上航行气象保障能力,在某远洋船舶的气象系统中装备了德国生产的 WaMoS Ⅱ 型船用测波雷达,用于对海浪与海表流的监测。但在最初使用过程中发现,雷达机测值不能很好地反映海浪波高的实际情况,机测波高对计算参数在不同的海域存在着较大偏差,为此,做了长时间的数据对比与参数调试。经过分析调试及试用,初步解决了偏差问题,提高了测波雷达的数据准确性,为更好地发挥测波雷达的远洋气象保障作用做了积极有效的尝试。经过多次调整后,数据结果精度有了较大的提高,WaMoS Ⅱ 型船用测波雷达参数调整前后计算得到的有效波高结果与观测浪高对比见图 6-42,虽然不是非常理想,但基本符合观测要求。因为船载 WaMoS Ⅱ 测波雷达在测量的过程中,对参数非常敏感,从而导致其参数配置和调整是一个非常复杂而繁琐的过程。测波雷达真正地完全投入独立的业务运行还有许多工作要做。

海军大连舰艇学院开展了船载导航雷达测波信息再处理的研究,指出在我国航海界、造船界,仍对雷达测波的可信度存在疑虑。一些已装备雷达测波系统的舰船,在雷达测波的实际应用中,操作人员经常发现测波雷达波高机测值不能很好地反映海区的实际波高,由于种种原因,测得的波高值误差较大,这就更增加了研究推广这一技术的难度。此外,现有雷达测波给出的信息有其局限性,某些数据须进行处理后才能用于舰船的海上实践。在其研究成果中,建议对雷达的参数进行优化校正,定期或适时调整测波雷达的参数将会给出更为真实的波高。

目前国内多家单位在国家"863"计划和其他专项支持下,已经开发了船用测波雷达并进行了测试研究。船载测波雷达还需结合实际,有待进一步研究、探讨和验证,不断促进船载测波雷达业务应用。

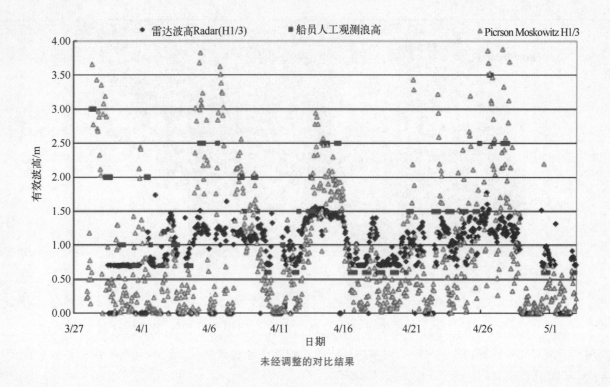

未经调整的对比结果

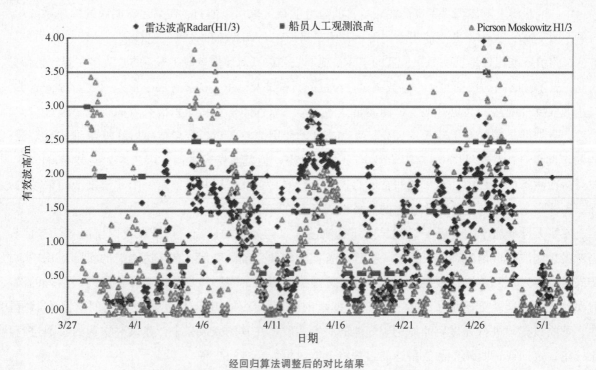

经回归算法调整后的对比结果

图6-41 雷达测量、船员人工观测浪高对比的结果

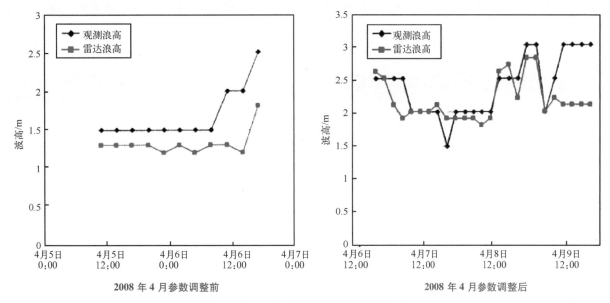

图 6 - 42　有效波高结果与观测浪高对比

（三）发展趋势

国外船载导航雷达海洋环境监测技术研究进行了多年，导航雷达仪器本身的可靠性和稳定性都很高，海洋环境信息反演算法也在不断发展进步，从最初的三维傅里叶(3D - FFT)测波算法到海流提取算法，再到 X 波段导航雷达测量风场和反演水深的算法，随着研究的深入，这些算法的有效性得到验证，近年来也取得了很多的进步。

国内也开展了技术研究和验证。但船载导航雷达海洋环境监测技术的稳定性和准确性仍然是有待于进一步解决的问题，真正完全投入独立的业务运行尚有距离。尽管如此。船载导航雷达可装载于船舶且简便易行，能获取全面海洋环境信息，随着技术上的发展与完善，未来在航行保障上必然会发挥重要的作用。

船载导航雷达海洋环境监测技术的未来发展，除了继续提高波浪海流参数的反演精度外，还有提高近岸水深反演精度以及发展海冰和溢油等监测测量的算法，提高海洋环境监测能力。

第三节　海洋环境信息获取技术

由于各国对海洋经济和海上安全越来越重视，很多海洋国家和地区都在加强海洋环境信息获取能力建设。美国构建了综合海洋观测网、高频地波雷达网、浮标网、滑翔器网和海底观测网等，加拿大研建了海底观测网，欧洲构建了多个综合海洋观测网、海底观测网，澳大利亚正在建设高频地波雷达网。我国台湾建成了环岛高频地波雷达网，我国大陆也建设了一批岸基海洋观测站点和离岸观测设施，初步建立了由岸站、浮标、潜标、船舶、卫星、雷达等多种手段共同组成的海洋立体观测网。

此外，机动快速的海洋环境信息获取技术越来越受到重视，其中具有代表性的技术包括投弃式系列快速海洋水文获取技术、动物或鱼类遥测技术和无人机海洋环境信息获取技术。

一、快速海洋环境信息获取技术

（一）国外发展现状

国外快速海洋环境信息测量技术发展较早，主要应用于海洋考察中的温度、盐度、密度、声速剖面测量，可快速、大范围地获取海洋环境剖面数据，为海洋调查、科学研究、军事应用提供了先进的测量手段。

美军的现场快速水文资料获取装备已形成系列化、标准化和多平台的应用格局，具有自载快速获取海洋水文要素的特点。在投弃式快速测量技术方面，已研发了舰载、机载和潜射的投弃式温深测量仪 XBT、投弃式温盐深测量仪 XCTD、投弃式海流剖面测量仪 XCP、投弃式声速剖面测量仪 XSV、声探测浮标、海况探测浮标等投弃式装备，提高了实时海洋战场环境适应能力，增强了海军航行安全和作战保障能力。

美国的洛克希德马丁斯皮坎公司（Lockheed Maritin Sippican，LMS）和日本的鹤见精机公司（TSK）基本垄断了投弃式装备的国际市场，图 6－43 是 LMS 和 TSK 两家公司相继开发出的基于船舶平台的 XBT、XCTD、XSV、XCP 等多种投弃式仪器汇总，每种仪器均有系列产品，型号多达 16 种，同时成功扩展到飞机和潜艇上，典型工作流程见图 6－44。基本投弃式仪器型号见图 6－45。

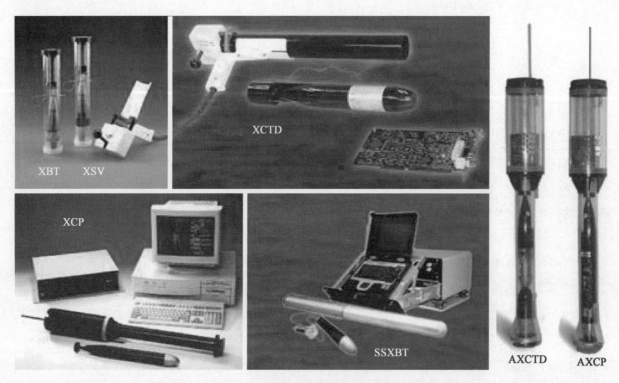

图 6－43　LMS 和 TSK 投弃式海洋水文剖面测量仪器汇总

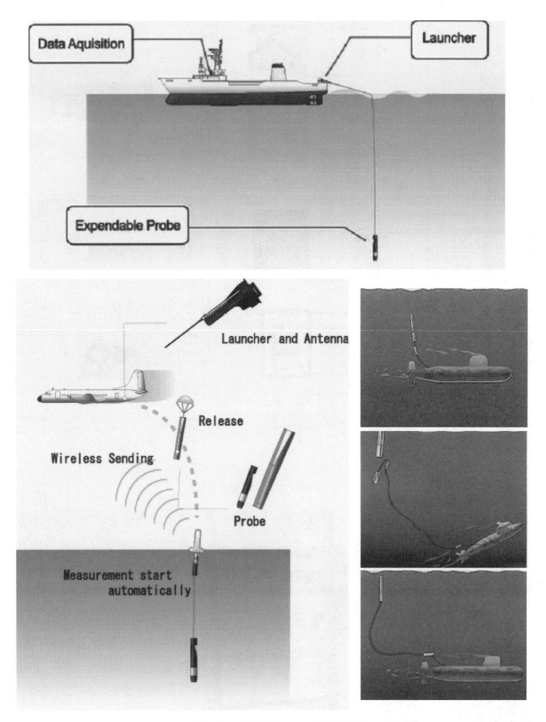

图 6 - 44　国外投弃式海洋水文剖面测量仪器典型工作流程

　　国外投弃式仪器除了图 6 - 45 所列的投放装置，还有 AOML 自动发射装置、斯克里普斯海洋研究所（SCRIPPS Institution of Oceanography，SIO）研制的自动发射装置，图6 - 46 是船上装载的 SIO 自动发射装置。

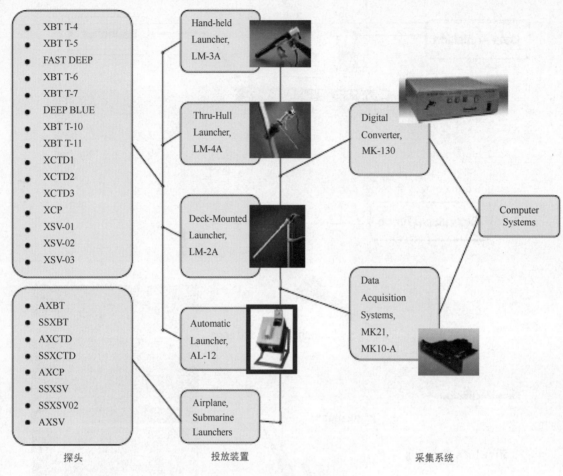

- XBT T-4
- XBT T-5
- FAST DEEP
- XBT T-6
- XBT T-7
- DEEP BLUE
- XBT T-10
- XBT T-11
- XCTD1
- XCTD2
- XCTD3
- XCP
- XSV-01
- XSV-02
- XSV-03

- AXBT
- SSXBT
- AXCTD
- SSXCTD
- AXCP
- SSXSV
- SSXSV02
- AXSV

Hand-held Launcher, LM-3A

Thru-Hull Launcher, LM-4A

Deck-Mounted Launcher, LM-2A

Automatic Launcher, AL-12

Airplane, Submarine Launchers

Digital Converter, MK-130

Data Acquisition Systems, MK21, MK10-A

Computer Systems

探头　　　　　　　　投放装置　　　　　　　　采集系统

图 6－45　投弃式仪器型号总图

图 6－46　SIO 自动发射装置

美国伍兹霍尔海洋研究所的科学家 2013 年开发了一种新的自动发射装置（Autonomous Expendable Instrument System，AXIS）。AXIS 是一种转盘式自动投放装置，投放时需要将投放探头转动至投放位置。AXIS 系统较为紧凑，投放、控制、测量装置以及待投放探头在密封的箱体内，除更换探头外，投放过程无需人为干预。测量数据可通过卫星传输至岸站。该装置能投放的探头包括 XBT、XCTD、XSV。图 6－47 为 WHOI 的科学家正在调试 AXIS。

投弃式系列装备通过投放不同的投弃式测量仪器，可以获取较为完整的水文参数，包括温度、盐度、密度、声速、海流等，因此也广泛应用于海洋防灾减灾、海洋环境保护、深远海科学调查和海洋科学研究活动。

在 2011—2013 年期间，美国为了改进防灾能力，提高飓风预测水平，在 AXBT 示范应用项目中，投放 AXBT 共计 492 枚。图 6 - 48 是在 WC - 130J 上 AXBT 装填与投放操作记录，风暴期间 AXRT 等海

图 6 - 47　WHOI 的科学家调试 AXIS

洋测量仪器的投放过程见图 6 - 49。结果表明，AXBT 的使用可有效改善海洋模式的初始场，进而改善其模拟结果，可有效改善对飓风路径和强度的预报。在 2011 年期间，美国针对飓风观测与跟踪任务中，使用 AXBT 对飓风周围的海洋温度剖面进行了观测。结果表明：AXBT 的使用大大改善了飓风强度和路径的预测，其中36 h 的路径预报准确度提高了 84 km，准确率提高了 24%；12 h、18 h、24 h、36 h 的路径预报准确率分别提高了 13.2%、8.6%、4.0%、24.7%；结合 AXBT 等温线的数据同化，模式分析的误差减少了 17% ~99%。

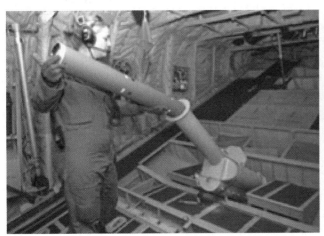

图 6 - 48　在 WC - 130J 上 AXBT 装填与投放操作

2010 年 4 月 20 日，由英国公司运营的"深海地平线"钻井石油平台在墨西哥湾发生爆炸并溢油。美国 NOAA 为墨西哥湾溢油事件进行了海洋调查，当年派出飞机投放了大量的 AXBT、AXCTD、AXCP 探头，数目达到了 777 枚，其中 AXBT 的投放数量最多，达到 538 枚，其次是 AXCP 和 AXCTD，分别是 158 枚和 81 枚，总体成功率达到了 83.01%。其中 9 个航次的飞行投放统计记录见图 6 - 50。对溢油

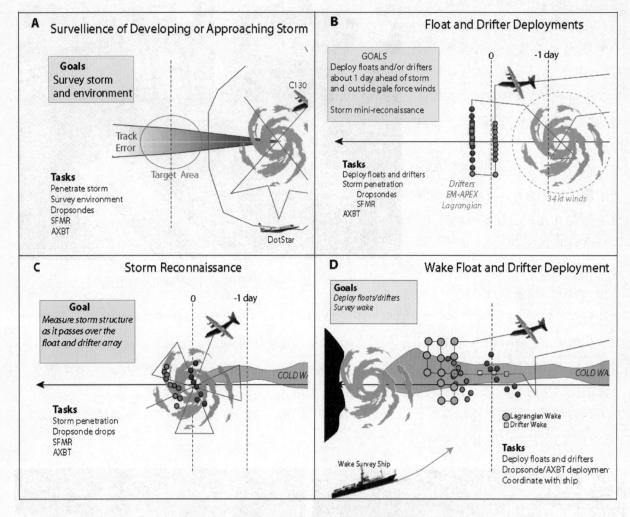

图 6-49　风暴期间 **AXBT** 等海洋测量仪器的投放过程

海域的温度、海流和盐度结构进行了观测，提供了环流的天气影响和漩涡周围区域的上升暖气流、动力和温盐深结构数据。美国迈阿密大学的一份研究结果表明，此次投弃式快速测量仪器搭载飞机的使用与单纯的模式分析相比，使温度剖面测量的总体偏差平均减少了 50%，均方根偏差减少了 25% ~ 30%。同时，此次调查也说明投放投弃式快速测量系统是最经济适用的，它具有投放成功率高、应急能力强等特点，尤其可以节省大量船时，从而获得最大的经济效益，可以满足应急海洋观测的需求，为海洋溢油观测与跟踪提供有力的技术支撑。

　　国外投弃式仪器的技术状态十分稳定，因此国外海洋学家将更多的精力集中到了投弃式仪器设备获取数据的质量控制和海洋学应用上，包括对海洋环流、海气交换、海洋热容量等的研究。在海洋热容量的研究方面，目前可以获取海洋温度剖面的设备主要包括 XBT、ARGO、Glider 等，XBT 在这些仪器中的应用历时最久、成本最低。据统计，在海洋学数据库中，有意义的 XBT 的剖面数据已经超过了 500 万个，目前，每年投放数量仍保持在 20 000 ~ 30 000 枚，可见 XBT 仍然是最重要的海洋温度剖面数据获取仪器，因此 XBT 数据的有效性对海洋学研究非常重要。由于 XBT 不加装压力

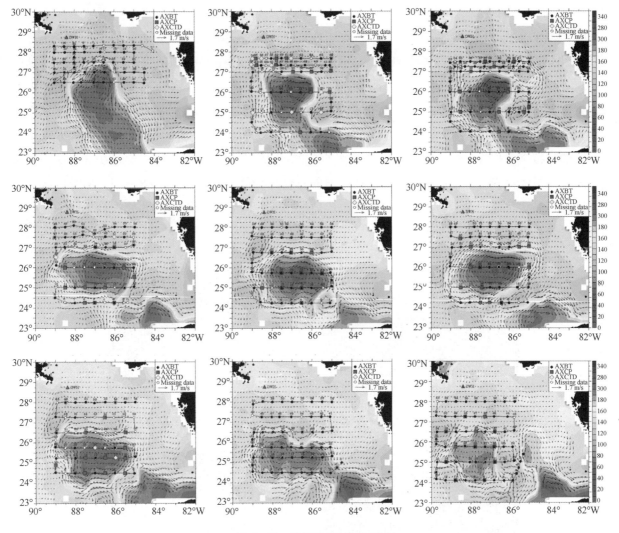

图 6-50　飞行投放统计记录图

传感器，其深度数据由下降速率公式计算得出，导致投弃式仪器得到的剖面数据与 CTD 的剖面数据相比存在一定的测量误差，对于投弃式仪器的下降速率公式的研究从 XBT 问世以来就一直是热点问题。国外相关科研机构为获取更高精度的下降速率公式开展了大量的工作，主要的研究方法包括流体动力学计算法、与 CTD 剖面比测校准法、实验室物理实验法等，近年来召开数次国际会议进行了交流。

（二）国内发展现状

20 世纪 80 年代中期，在中美海气调查项目中，中国使用了美国提供的 XBT，这是国内首次使用 XBT 进行海洋调查，国内的海洋工作者从此体会到了投弃式测量技术的优势，并且在大洋调查、极地科学考察等航次应用。

从 90 年代开始，国内许多单位，包括国家海洋技术中心、山东省科学院海洋仪器仪表研究所、中国科学院声学研究所东海研究站、西安天和防务技术股份有限公司等，陆续从最基本的 XBT 着手，开始了投弃式测量技术的研究工作。

国家海洋技术中心在国家"863"计划和海洋公益性行业专项的支持下先后研制了 XBT、XCTD、XCP 等投弃式仪器，XBT 的技术相对较为成熟，国家海洋技术中心研制的 SZC16 – 1 型 XBT 见图 6 – 51，此外还研制了 XBT 自动投放与测量系统(图 6 – 52)。发射架一次可以装载 6 枚 XBT 测量探头，可实现 6 枚 XBT 测量探头的远程自动释放控制和海水温度剖面数据的测量和获取，系统克服了传统人工投放装置操作复杂、不能实现多枚探头自动投放、投放过程中易受到天气及人为因素的影响等弊端，特别适用于各种特殊条件和恶劣海况条件下的海水温度剖面数据的快速获取。使用该系统可减轻人员劳动强度，提高海水温度剖面获取的自动化程度和探头投放的成功率。XBT 装备目前正在进行产品化工作，同时国家海洋技术中心已研制出 XCTD 工程样机和 XCP 原理样机，并且正在向多平台投放方面发展。

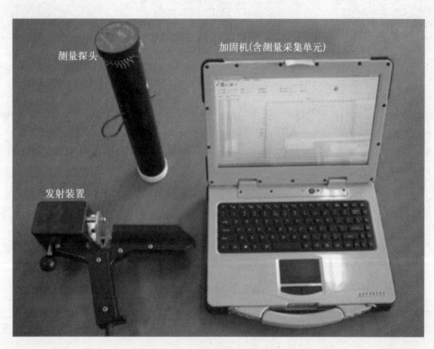

测量探头　　　加固机(含测量采集单元)

发射装置

图 6 – 51　SZC16 – 1 型 XBT

山东省科学院海洋仪器仪表研究所较早就开始了 XBT 技术的研究，在 XBT 基本运动学分析的基础上，对探头在海水中的下落深度进行了试验研究，下落深度的计算准确与否关系着 XBT 采集的温度数据与水深的对应关系，即 XBT 系统测量的温度剖面是否准确。此外，该所还研究了 XCTD 等投弃式测量技术。

中国科学院声学研究所东海研究站研制的 XBT(图 6 – 53)，也已经多次海上试验。此外，AXBT 系统研究也取得了湖上试验结果。

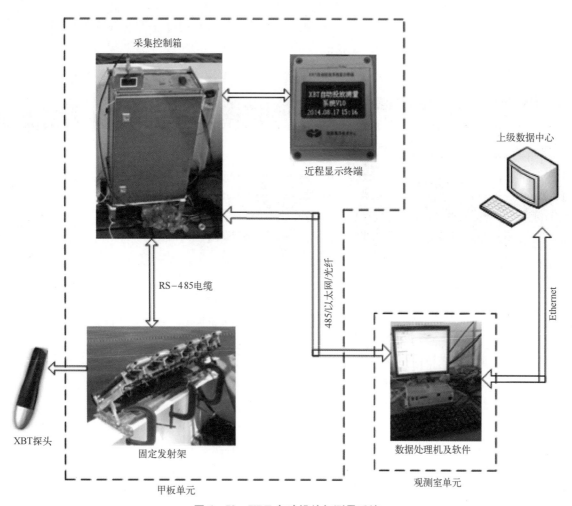

图 6-52　XBT 自动投放与测量系统

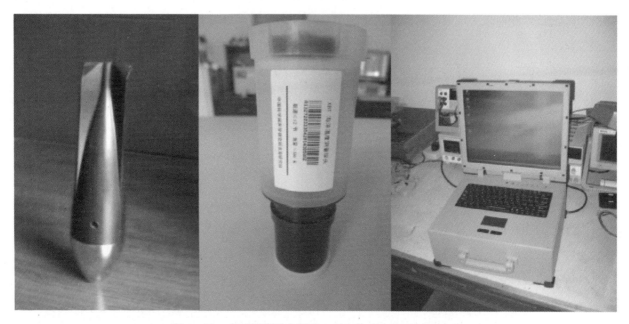

图 6-53　中国科学院声学研究所东海研究站研制的 XBT

西安天和防务技术股份有限公司和西北工业大学航海学院共建的海洋工程装备研发中心自主研发了"TH－B311 抛弃式温深探测系统"，申请的"面向志愿船的抛弃式温深探测系统"项目，于 2012 年获陕西省重大科技创新专项资金支持。图 6－54 是该公司的 XBT 探头、采集器和显示器。

探头   采集器   显示器

图 6－54　西安天和防务技术股份有限公司研制的 XBT

投弃式仪器属于一次性使用的仪器，可靠性要求较高。尤其是以 XBT 为代表的投弃式测量仪，该仪器仅仅测量海水温度，看似简单，但是技术难度并不低。几十年来，受限于国内的材料发展水平、工艺加工水平，国产 XBT 的工作可靠性仍有待提高。截至目前，国内还没有定型的投弃式仪器设备，与国外尚有较大的技术差距。

（三）发展趋势

国外投弃式仪器的可靠性和稳定性都很高，国产投弃式仪器的可靠性和稳定性还有待提高。国家海洋技术中心在国家"863"计划和公益性行业专项的支持下先后研制了 XBT、XCTD、XCP 等投弃式仪器。XBT 的技术相对较为成熟，具备产品化能力。同时国内已开始研制 XCTD 工程样机，正在进行产品化工作。

目前国内的投弃式仪器基本上都是在船舶平台上使用，与国外在多平台上的使用相比差距明显。国内已开始研制多平台投放技术，并正在向多平台投放方向发展。

二、动物或鱼类遥测技术

（一）国外发展现状

国外以动物或鱼类为载体的遥测技术发展至今已有几十年的历史，该技术能够科学地观测世界各大海域、沿海河流、入海口以及大型湖泊中的动物或鱼类的运动轨迹及生活习性，从而提高人类对生态系统的功能以及相关动态的认识，进一步加强对生态系统以及生物多样性的保护，做到可持续发展。

当生活在水中的动物或鱼类携带称为"标签"（tags）的遥测设备在水中运动时，该设备会采集到运动途中的各种数据，包括海水垂向剖面数据(温度、电导率、亮度级、含氧量等)、动物觅食"热点区"的行为、生态影响、迁徙路径、栖息方式等。这种采集行为是近实时性的，采集的数据可以先行存储，后续可以传输到一系列传感器或者通过卫星进行发送。

小到 6 g 的小鲢鱼，大到 150 t 的鲸都可以作为载体携带遥测设备在水中进行水域测量，这种方式能以较低的成本获取巨大价值的物理海洋数据，包括获取漩涡以及海水上升流信息。另外，通过这种方式很容易观测到生存于特殊环境中的动物的生活习性和栖息地特点等信息。对于很难观测的海域或观测成本昂贵的海域，以动物为载体的遥测网络技术也提供了重要的启示。

目前，水中的动物或鱼类携带的各种标签已经有许多种类，通过固定在载体身上的标签获取生物和物理等海洋数据。按照获取和传输数据方式的不同，可以将动物或鱼类遥测技术分为三类：存档遥测技术、卫星遥测技术、声学遥测技术。

(1)存档遥测技术。是将动物或鱼类载体运行过程中采集的数据直接存储在标签中等待回收，这种技术使用的标签称为存档型标签。存档型标签是配置最简单的一种采集器，这种标签只有数据采集和数据存储两种功能。当存档型标签安装在动物或鱼类身上之后，随着动物或鱼类在水中移动采集相应的物理数据并存储。当达到回收条件时，整个过程中采集的所有数据都会被获取到。利用存档遥测技术获取的信息是最全的，获得的数据也是最完整的，但是，这种标签只适用于能够达到回收条件的情况，例如有固定迁徙周期及迁徙路径的鱼类等。在现实中，很多情况下动物或鱼类的行踪都没有规律，从而导致安装在其身上的遥测标签很难回收。存档遥测技术的原理见图 6-55。

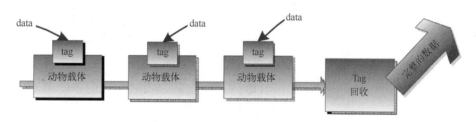

图 6-55 存档遥测技术原理

(2)卫星遥测技术。使用的标签称为卫星传输型标签，卫星传输型标签是对存档型标签的一种改进，这种标签除了数据采集和数据存储功能外，还可以通过卫星实时(或延时)发送数据。由于卫星传输有带宽限制，动物或鱼类载体运动过程中采集的数据不可能全部通过卫星进行传输，故在卫星传输型标签中植入一个数据处理程序，将采集到的数据归类整合，最终只发送整合之后的数据子集。卫星传输型标签不必要回收，很好地弥补了存档型标签的不足。但是，通过卫星传输型标签最终获取到的数据是原始数据的子集或原始数据的整合，而无法获取到标签中的完整数据。卫星遥测技术的原理见图 6-56。

(3)声学遥测技术。与存档遥测技术和卫星遥测技术都是从其使用的标签特性进行阐述不同，声学遥测技术没有特定的标签类型，该种技术是从获取数据的方式进行分类的。声学遥测技术分为两种：主动型声学遥测和被动型声学遥测。主动型声学遥测利用定向水听器中安装的某种跟踪器对动物或鱼类载体进行跟踪，而被动型声学遥测固定地接收某一区域范围内的生物活动信息，例如，收集某个空间范围内携带标签的载体以及其所处环境的声音，或利用一系列水下接收器对某个区域的载体携带的标签所采集数据信号进行接收等。声学遥测技术一般适用于研究深海生物(无法通过卫星接收数据)或由于动物或鱼类体积太小而无法安装存档型标签和卫星传输标签的情况。声学遥测技术原理见图 6 - 57。

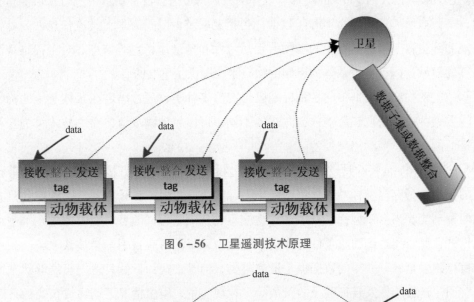

图 6 - 56 卫星遥测技术原理

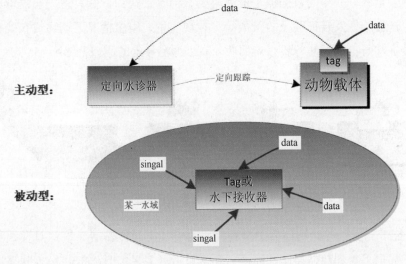

图 6 - 57 声学遥测技术原理

以动物或鱼类为载体的遥测技术具有特别的意义。这种遥测技术可以监测到世界上最遥远的海域，清晰地获取这些海域中生物个体的生存环境和精细尺度的行为特征。动物或鱼类载体通常可以下潜到水下 1 500 m 甚至 3 000 m 的深度，提供详细的垂向剖面海洋学数据。海域中的动物或鱼类可以轻松到达利用现有观测技术所无法观测的海域，例如极地、环礁、涡流、有政治纠纷的海域以及会把Argo 浮标冲走的海水上升流区域。另外，与水下滑翔器和 AUV 等观测设备相比，利用动物或鱼类进行遥测的成本大大降低。动物或鱼类遥测技术不但可以使研究者轻松观测其生存环境及行为，还可以为其他领域的研究提供数据支持，例如，这些遥测技术获取的数据还可以通过减小海洋模式中的初始条件误差而改善海洋预报模式。

美国动物遥测网络（Animal Telemetry Network）、澳大利亚动物标签与观测系统（Australian Animal Tagging and Monitoring System，AATAMS）和加拿大的海洋（动物）追踪网络 OTN（Ocean Tracking Network）在遥测技术领域得到了很好的发展。

由此可见，水中的动物或鱼类遥测技术已经成为观测系统和观测网络的一个重要部分。

美国通过借助 IOOS 的平台，联合私有资源、科研院所以及联邦机构，进一步发展和维护国家动物遥测网络，将会在更大的时间和空间范围内进行水生生物的观测。无论是从短期效益还是长远利益进行衡量，国家动物遥测网络都将在海洋渔业、生态管理、填补海洋学知识缺口、改善海洋模式和预报等方面发挥巨大作用。尽管现在美国有大量的动物遥测设施，但这些设施分属于不同的组织机构或社团，大部分现存的动物遥测设施都能实现获取动态、生活习性以及海洋环境数据的功能，其中部分设施形成了局域网，但这些局域网之间的联系非常有限。这样一来，对整体数据展示、数据质量控制、数据回收等操作都带来了不利的影响。如果能把各种遥测设施联合起来建立国家动物遥测网络，制定统一的数据标准和规范，可以充分利用现有的遥测设施，获取完整有效的数据，并且能降低数据冗余，弥补各机构团体之间的空隙。IOOS 建立的初衷就是为了获取并整合海洋中的各种物理化学数据，这样一来，IOOS 为国家动物遥测网络的建立提供了很好的平台。IOOS 现在已经纳入生物观测系统，希望通过生物观测增强海洋的物理观测和化学观测。

图 6-58 是美国 NOAA 水生动物体上的传感器（Sensors on aquatic species，SOAS）示意图（来源于 2012 年 NOAA 的 State of the Science FACT SHEET）。

澳大利亚动物标签与观测系统 AATAMS 是澳大利亚的集成海洋观测系统 IMOS（Integrated Marine Observing System）中的 10 种观测平台及设备之一，这 10 种获取数据的平台或设备包括 Argo 浮标、志愿船、深海潜标、滑翔器、AUV、锚系浮标网络、海洋雷达、动物标签与观测、无线传感器网络和卫星遥感。AATAMS 代表了 IMOS 中的生物观测技术。当前，

图 6-58　水生动物体上的传感器

AATAMS 利用声学技术、CTD 卫星追踪器以及生物记录器对海洋生物进行追踪观测，其观测范围从澳大利亚大陆一直到南极大陆的最南端。图 6-59 为工作人员对数据接收设备的维护，图 6-60 为安装观测标签的海豹。

图 6 - 59　工作人员在斯科特礁维护数据接收站

图 6 - 60　麦琅里岛上的一只被安装观测标签的海豹

　　当前，AATAMS 利用大量的鱼类、鲨鱼以及哺乳动物进行大范围的数据采集，数据类型包括温度、深度、盐度以及海洋生物个体的移动轨迹等。这些数据与 IMOS 中通过其他途径采集的数据一样，可以通过 IMOS 的海洋专属入口免费获取。AATAMS 可以长时间连续地进行数据采集，这一特性使得研究者可以更好地观察到海域中的气候变化、酸化以及影响海洋生物生存环境的其他变化。例如，海豹是生态系统中的上层捕食者，它们对环境变化的敏感度很强，并且对食物的分布情况要求很高，会随着食物的数量变化而迁徙。所以，由海豹携带的观测标签所采集的数据能够很好地反映其食物分布区域以及食物的繁殖情况。同时，通过海豹在海域里的运行轨迹，能够很明确地看出海豹的迁徙途径，从而很容易推断出海豹的食物分布区域。图 6 - 61 为 2010 年在麦琅里岛安装观测标签的 15 头海豹在相关海域的运行轨迹。

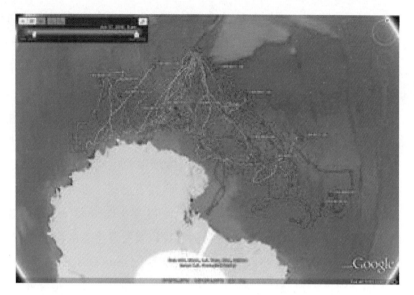

图 6 – 61　15 头海豹在海域里的运行轨迹

　　AATAMS 的目标包括建立国家级监测网络，加强动物声学轨迹监测研究者之间的合作；将所有的水下声学接收设备都安装在澳大利亚的海域，这一举措势必使得澳大利亚的国家利益最大化；对整个南大洋的气候变化进行评估；与加拿大的海洋(动物)追踪网络 OTN 开展国际合作等。

　　加拿大 OTN 是一个全球范围的海洋研究和科技发展平台。OTN 利用声学接收器和海洋观测设备在世界范围内的主要海域对携带声学检测标签的海洋生物进行观测，记录它们的运动参数和生活习性。数据采集标签用来测量海洋基本物理参数，例如：温度、深度、盐度、洋流以及化学参数和其他属性。

　　图 6 – 62 为 OTN 的数据采集及回收示意图。图中鱼类携带的标签为数据采集设备，排布在海底的为数据接收器，海岸数据接收站、海面船只、浮标以及海水中的潜艇都为数据回收设备。数据回收设备通过不同的方式将数据接收器中的数据进行回收，以给各个学科的研究人员提供实时的、高质量的、容易理解的、全球大范围的数据，这些数据对其他数据平台都有共用性。

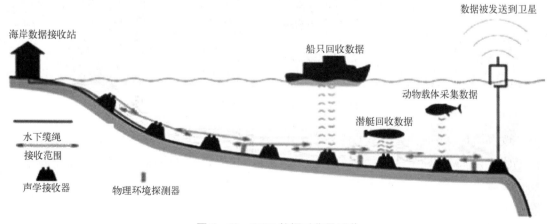

图 6 – 62　OTN 数据采集及回收

OTN 所追踪的动物有很多类型，包括有重要商业价值的动物或者濒临灭绝的动物，例如：哺乳动物、海龟、鱼类（包括鲨鱼、鲟鱼、鳝鱼、金枪鱼和鳕鱼等）。OTN 通过共享海洋生物的移动轨迹、生存状态及生活习性等数据，意图提升国际合作，增强对海洋生物和海洋环境的保护，加强对海洋的管理。OTN 的宗旨是建立全球合作科技平台，对海洋数据进行采集、存储、共享、分析，并且通过水生动物追踪数据和它们的生活环境数据对有价值的海洋生物进行保护。未来大量资金会被投入到海洋观测领域。OTN 会获得更加广阔的发展空间，必会在世界海洋观测领域处于领导地位。OTN 将进一步对海洋环境保护、维护海洋资源的可持续发展以及生物的多样性做出巨大贡献。

通过 OTN 提供的平台，来自世界多个国家和地区的研究者会进一步加强合作，包括加拿大、美国、阿根廷、百慕大群岛、西班牙、南非、日本、澳大利亚以及其他国家和地区。这样一来，OTN 获取的数据范围更加广阔，从而进一步加强对海洋资源的管理以及海洋生态的保护。

英国 2013 年 9 月召开的综合海洋观测网络（UK Integrated Marine Observing Network，UK - IMON）研讨会上，专家分析了多种海洋监测技术，探讨了鱼类作为自航行载体携带微型传感器，采集海洋温度、深度（压力）、盐度、环境照明度、加速度以及地磁性参数和其他属性。图 6 - 63 是鱼类携带的几种微型传感器，与硬币对比可见其很小。图 6 - 64 是鼠鲨携带传感器测量温度、深度、时间序列数据。

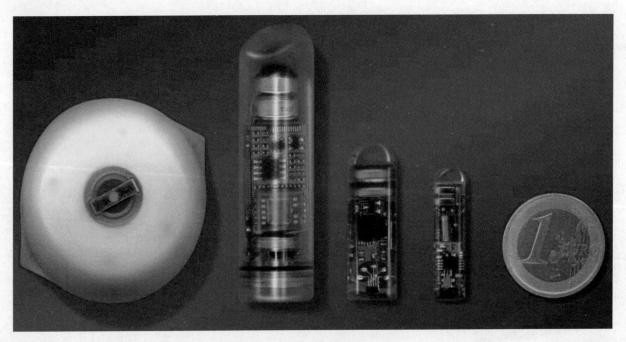

图 6 - 63　鱼类携带的微型传感器

图 6 - 65 和图 6 - 66 是角鲨携带的传感器及其测量温度、深度、时间序列数据。

国外动物或鱼类遥测技术发展较多，目前已经广泛应用于鱼类生态以及海洋系统的研究，取得了良好的效果。

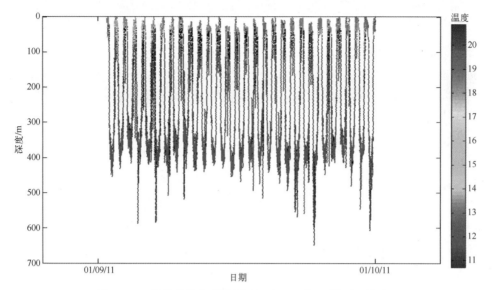

图 6 - 64　鼠鲨携带传感器测量温度、深度、时间序列数据

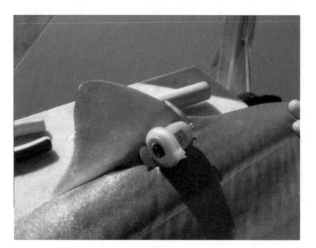

图 6 - 65　角鲨携带的传感器

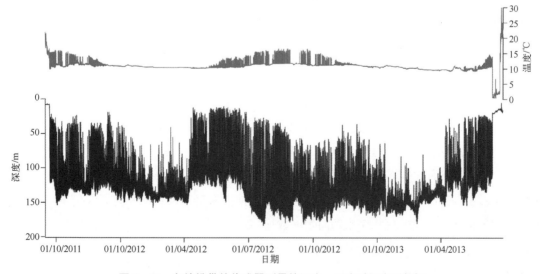

图 6 - 66　角鲨携带的传感器测量的温度、深度时间序列数据

（二）国内发展现状

我国对动物或鱼类遥测技术的研究起步较晚，研究方向也没有国外全面，目前主要处于试验阶段。

海洋动物的生态学一直是生物学家研究的重点之一。在 20 世纪 80 年代以前，传统的野外行为、栖息地利用以及与环境响应关系等的研究主要采用捕捞、标记放流和实验室观测等方法来实现，但是这些手段存在较大的局限性。例如，过去科技工作者对海龟的研究通常采用标记放流的方法，即在海龟背上安装一块刻有编号的金属标志，然后放归大海，待再次捕获它们时，才得到它们用了多长时间游到了什么地方的信息。这种方法的可靠性没有保证，而且所获的信息量少，最大的缺陷是人们无法知道海龟在海上迁徙的具体行程路线。2001 年，我国大陆首次利用卫星传输遥测系统新技术开展追踪海龟在大海中洄游习性的科学试验，取得了可喜成果，为我国海洋动物遥测新技术的创新和发展做出了贡献。2000 年 10 月，中国科学院南海海洋研究所王文质研究员和王晓东研究员，在中国科学院知识创新工程重要方向项目的资助下，启动了"生物遥测和海龟保护综合技术"试验研究，并于 2001 年 8 月与广东省海洋与渔业局、华南濒危动物研究所合作，在惠东市港口镇海龟湾开展了"港口海龟洄游卫星追踪试验"。他们利用海龟爬上海滩产卵的机会，在三只雌性绿海龟背上分别安装卫星链接发报器，再将它们送归大海。海龟在大海中洄游，每当海龟浮出海面呼吸时，发射器就会自动打开，将海龟所在的位置及所测得的环境信息一一发出，再通过人造卫星接收来自发报器的实时信息信号，追踪海龟适时所在地理位置，从而获得详细的海龟迁徙路径和环境参数序列数据。经过几个月的追踪遥测，课题组已获得了 3 个海龟在海上迁徙的实时路径和环境参数测量数据。通过对海龟洄游路线和环境测量数据的分析研究，掌握了海龟的生活习性和生活规律，从而为保护海龟栖息地的生存环境和制定保护措施提供了科学依据。这是我国大陆首次利用卫星遥测技术追踪海龟在大海中洄游习性的科学实验。这次试验的成功，不仅标志着我国利用高新技术促进海龟保护研究上了一个新的台阶，而且对于探索南海绿海龟生态习性与生存环境的相互关系、完善南海绿海龟保护措施、发展海洋动物遥测物理环境参数及其数据处理与解释技术、进一步开发用于海洋动物遥测的卫星链接发报器等均具有重要的意义。

（三）发展趋势

纵观国内外在动物或鱼类遥测技术方面的发展情况，国内的技术与国外相比还有很大的差距。

①从起步时间来说，国内起步比国外要晚许多年。

②从发展速度来说，国内发展缓慢，从 20 世纪 80 年代的水声遥测技术到 21 世纪初的卫星遥测技术，再到目前运用比较广泛的超声波遥测技术，中间相差了几十年的时间。

③从应用范围的角度来说，国外的动物或鱼类遥测技术已经广泛应用于大面积海区的海洋渔业、生态管理、生物多样性保护等各个方面，而我国仍处于试验阶段，尚未开展大规模应用。

④从采集数据的种类来说，国外的动物或鱼类遥测技术采集的数据除了时间及位置信息外，还包括运行途中的各种物理数据，例如海水垂向剖面数据（温度、电导率、亮度级、含氧量等）、动物觅食"热点区"的行为、生态影响、迁徙路径、栖息方式等，而国内的遥测技术只能采集时间及位置等最基本的数据。

⑤从采集传感器技术来说，国外的动物或鱼类遥测技术已经大量采用微纳传感器，体积微小，能耗极低，而国内对此技术的研究很少。

⑥从技术平台的角度讲，国外的动物或鱼类遥测技术已经形成了完整的平台，集存档遥测、卫星遥测以及声学遥测于一体，而国内的研究比较独立，采用的方式比较单一。

我国动物或鱼类遥测技术未来的发展应该充分借鉴国外的先进经验，加快发展速度。另外，需要更全面地发展各种遥测技术，形成一个综合平台，从应用范围和技术手段等方面全面推进动物或鱼类遥测系统的发展。

未来动物或鱼类遥测技术不仅是发展成为观测系统和观测网络的一个重要部分，也会在国际海洋科学合作领域得到进一步加强。

三、无人机海洋环境信息获取技术

(一)国外发展现状

无人机是近年发展起来的一种海洋环境监测空基平台，可搭载多种海洋环境监测任务载荷，实施海洋动力环境要素和其他海洋环境要素的探测。无人机具有机动性强、时效性高、成本低等优势，可有效弥补天基、海基和地基探测能力的不足，是海洋环境监测不可或缺的平台。随着无人机研发技术的进步和优势的凸显，世界各国越来越重视无人机在海洋探测中的应用，以美国为首的许多国家正在积极研制各种新型的海上无人机。无人机以其显著的特点和优势，已经在国外海洋监测中得到了较为广泛的应用。

无人机包括固定翼型无人机、无人驾驶直升机和无人驾驶飞艇等种类。固定翼型无人机通过动力系统和机翼的滑行实现起降和飞行，遥控飞行和程控飞行均容易实现，抗风能力也比较强，是类型最多、应用最广泛的无人驾驶飞行器。其发展趋势是微型化和长航时，目前微型化的无人机只有手掌大小，长航时无人机的体积一般比较大，续航时间在 10 h 以上。

美国 NOAA 无人机计划(NOAA UAS Program)中确定的应用目标包括海上气象监测、海洋环境监测和极地监测等内容。无人机包括长航时飞行高度很高的"全球鹰"(Global Hawk)、长航时飞行高度略低的"捕食者"(Predator)、长航时飞行高度较低的"扫描鹰"(ScanEagle)和短航时飞行高度较低的"美洲狮"(Puma)或能够垂直起降的无人机。

"全球鹰"无人机由美国诺斯罗普·格鲁曼公司研制，是目前美国空军乃至全世界最先进的无人机。它是世界上续航时间最长、距离最远、高度最高的无人机。"全球鹰"机身长 13.5 m，高 4.62 m，翼展和波音 747 相近，因此，是一种巨大的无人机。美国 NOAA 和 NASA 用"全球鹰"无人机来研究在墨西哥湾和大西洋飓风的形成和发展。"全球鹰"多次飞过飓风眼，在风暴上空飞翔(对无人飞机系统的一项纪录)，并在风暴的风和云的结构、空气中的颗粒、闪电和其他气象变量方面收集高分辨率的数据。

美国 NOAA 和 NASA 用"全球鹰"无人机来研究飓风时，任务载荷会包括投弃式气象测量仪(dropsonde)，"全球鹰"无人机飞至任务区即可由自动投放装置将投弃式气象测量仪从空中投下，测量下落过程中的气象参数,图 6-67 即为"全球鹰"无人机自动投放投弃式气象测量仪的示意图。图 6-68 是在 2012 年 NASA HS3 试验中"全球鹰"无人机部署 300 枚投弃式气象测量仪的测量位置示意图。图 6-69 是在 2012 年 NASA HS3 试验中一个航次"全球鹰"无人机部署投弃式气象测量仪的示意图。图 6-70 是在一次风暴过程中测量的风眼周围 3D 风场示意图。

从尾部将投弃式气象测量仪投出   装载的自动投放装置   从空中下落的投弃式气象测量仪

图 6-67   "全球鹰"自动投放投弃式气象测量仪的示意图

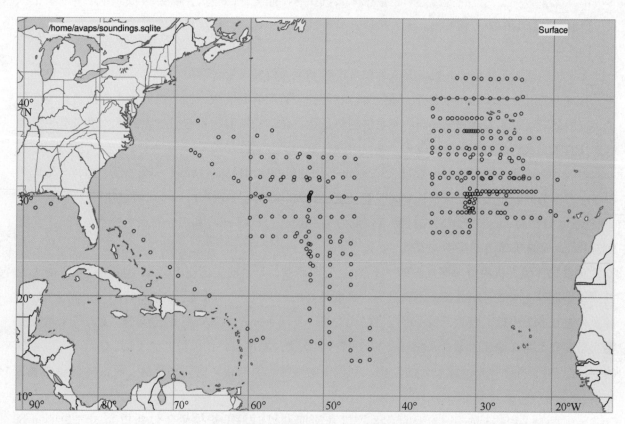

图 6-68   在 2012 年 NASA HS3 试验中"全球鹰"无人机部署投弃式气象测量仪的测量位置示意图

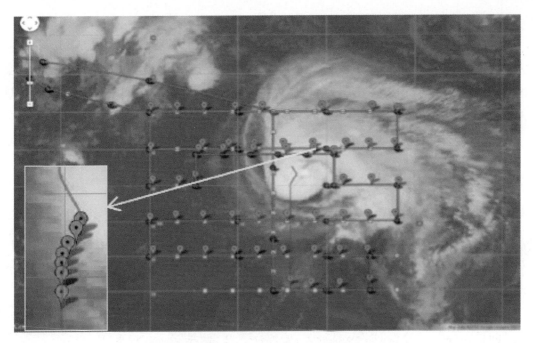

图 6-69 在 2012 年 NASA HS3 试验中一个航次"全球鹰"无人机部署投弃式气象测量仪的示意图

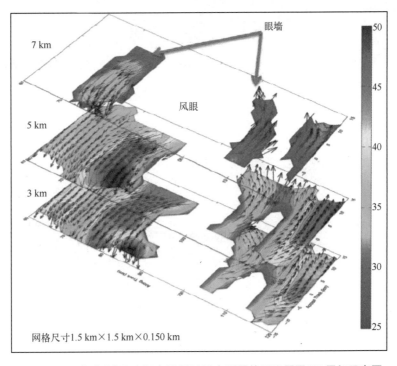

图 6-70 "全球鹰"无人机在风暴过程中测量的风眼周围 3D 风场示意图

"扫描鹰"是波音公司所属的英斯图公司生产的一种轻型固定翼无人机。在美国海军服役超过 4 年后，"扫描鹰"无人机已牢牢确立了自身在舰载无人机领域的地位。此外，它的成功表明，垂直起降绝不是舰载无人机的唯一途径。"扫描鹰"无人机凭借着结构紧凑、简单和坚固等特点，可提供低成本、高效益、持久的侦察监视能力。此外，使用发射弹射车和英斯图公司的"天钩"(SkyHook)回收系统组

211

合,"扫描鹰"无人机可在海上进行发射和捕捉回收,使其无需跑道,这大大减少了对舰上作战的影响。美国的斯克里普斯海洋研究所在 2012 年成功使用"扫描鹰"无人机测量了海气通量。该无人机搭载有快速动态响应的传感器,如湿度、气温传感器,可以测量湍流动量能量和热通量;无人机同时搭载有短波和长波辐射计,可以用来测量净辐射和地表温度的反射率;使用无人机的飞行垂直信息即可直接使用 ABL 测量通量,同时搭载的高清晰度可见光红外视频仪和激光高度计可同时观测地面形态和海洋表面的波浪。该无人机系统可测量大气边界层动量通道、感热通量和潜热通量,并可测量地形地貌。图 6-71 即为斯克里普斯海洋研究所的无人机海气通量测量及"天钩"回收系统。图 6-72 为"扫描鹰"无人机生成的 3D 风图,图 6-73 为其提供的海气通量垂直分布。

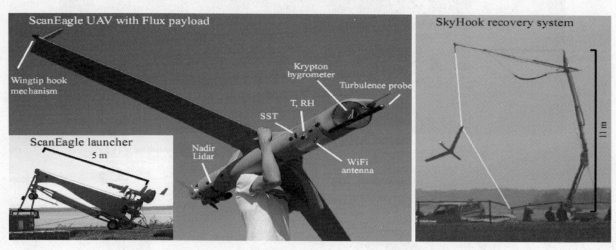

图 6-71　斯克里普斯海洋研究所的无人机海气通量测量及"天钩"回收系统

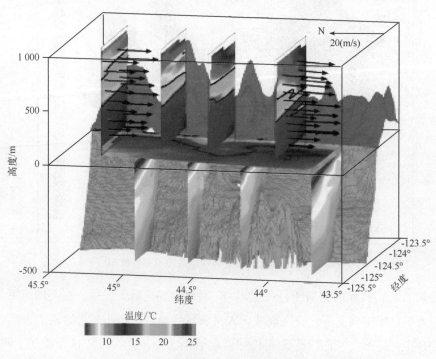

图 6-72　"扫描鹰"无人机测风后生成的 3D 图

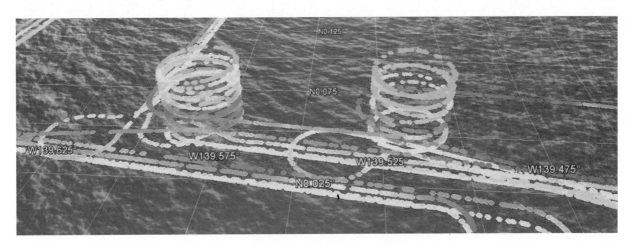

图 6-73 "扫描鹰"无人机提供的海气通量垂直分布

美国 NOAA 无人机计划还对远海海域和岛屿开展调查测量工作,其中确定的目标包括阿留申群岛、太平洋岛屿等(图 6-74),图 6-75 为拟开展调查测量工作的夏威夷海域和岛屿。

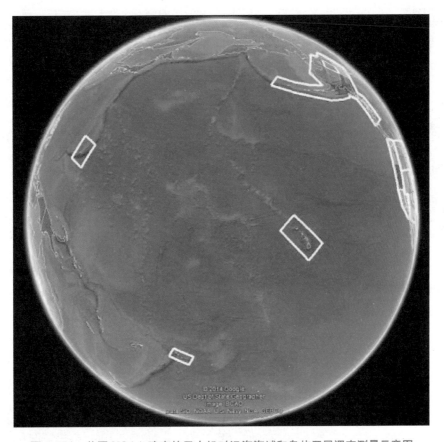

图 6-74 美国 NOAA 确定的无人机对远海海域和岛屿开展调查测量示意图

美国 NOAA 无人机还用于海岸线评估测量工作,图 6-76 为无人机用于海岸线评估时所拍摄的图片。

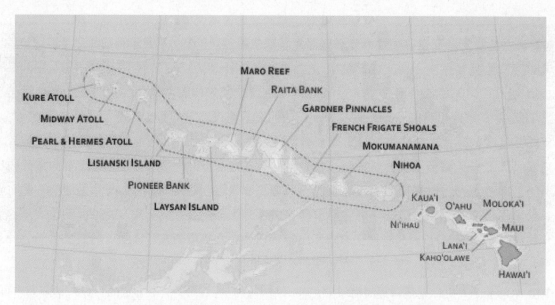

图 6 – 75 美国 NOAA 拟开展调查测量工作的夏威夷海域和岛屿

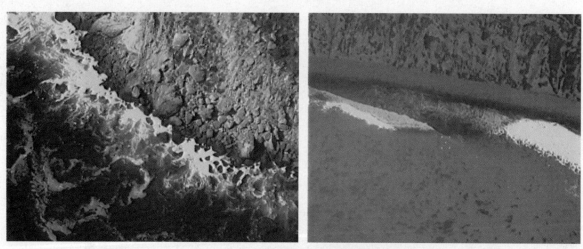

图 6 – 76 NOAA 无人机用于海岸线评估

美国无人机还用于海洋灾害监测，如图 6 – 77 即为美国海岸警卫队 2013 年在圣巴巴拉海峡使用无人机研究海上溢油监测。

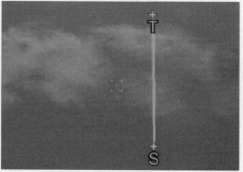

图 6 – 77 美国海岸警卫队海上溢油的模拟与仿真

美国在海上安全方面还使用无人机监测和打击贩毒、走私、偷猎等各种违法行为。

美国还设计利用水上无人机进行持久海上监测。美国密歇根大学设计的一种水上无人机"飞鱼"（Flying Fish）见图6－78，正在被美国国防部先进研究项目局（DARPA）的"持久海上监视"项目开发为一种能执行持久任务的海洋监视站。这种飞行器的机翼翼展2.1 m，尺寸大小与一个大鹈鹕相近。首先用无人机上的GPS确定一个监视圈。平时飞机像一只海鸟一样在水面上漂浮，当从中心位置偏移到监视圈的边界时，GPS定位系统将触发自主飞行系统，飞机即会自主起飞，并以很低高度在水面上飞行，直到监视圈的另一侧边界进行着降和继续漂浮，往而复之。正在海上进行试验的无人机以电池作为动力，下一步计划采用太阳能电池，从而将"飞鱼"无人机作为一种高效的环境监视站，在深海执勤位置执行长时间的监视任务。其优点是，它不会像一艘小艇那样在保持位置的同时需要消耗大量的能量，也不需要系留或锚泊。

图6－78　水上无人机"飞鱼"

国外无人机海洋观测技术发展较快，已经从最初人工释读图像发展到多任务载荷技术和海洋环境信息自动提取技术。搭载的传感器包括相机、多光谱仪、红外摄像仪等，根据具体情况还可搭载海洋气象水文探测任务载荷。海洋环境信息自动提取技术也是国外无人机海洋探测研究的重点。

在现有的观测平台无法按需实时满足特殊环境和远海气象水文环境监测需求的前提下，利用无人机作为观测平台，对目标海域的海洋环境及海面态势连续感知与监测，同时无人机可携带多种投弃式测量传感器等多种新型传感器包，对远海目标海域上空和水下的海洋气象要素、水文要素、波浪要素进行现场机动、应急、实时监测，实现空中、水面、水中三位一体的立体监测，满足实时获取气象水文海洋环境要素测量的需求，测量数据通过无线通信或卫星通信方式传输至无人机和地面接收站，实现对针对特定的目标海域进行空中气象参数、海洋水文参数和海洋动力要素的快速大范围多要素的机动探测。

美国近年来还研制出水面自航行无人船起飞和回收的无人机，试验取得了很好的效果。无人机搭载GPS、惯导、导航设备，还有大气和气象观测设备温度、气压、湿度、风速风向、气体测量（二氧化碳与二氧化硫）等，还能够测量辐射计、海面温度、海面盐度、能见度，同时搭载可见光、红外视频成像设备，雷达和激光雷达，还可同时观测地面形态、水深和海洋表面的波浪。此外，还可以搭载投弃式测量设备，包括投弃式剖面测风仪、AXBT、AXCTD、AXCP、声呐浮标、Argo 浮标和其他浮标。

美国 NOAA 预计，无人机系统将会改变其今后的观测策略，其变革性堪比几十年前卫星和雷达设备的引进。NOAA 近年来的战略目标包括提高无人机系统的观测能力，研发高科技回报的无人机系统，用于恶劣气候监测、电磁监测和海洋监测，并将兼顾无人机系统成本效益和飞行可行性的解决方案转变为日常例行飞行的应对策略。

其他国家如俄罗斯、英国、德国、瑞典、以色列等也都加大了对其本国发展无人机的支持力度，与此同时，各国也十分注重无人机的海洋应用，如海洋调查、环境监测、生物跟踪、应急测量和测绘等。

（二）国内发展现状

我国研制无人机已有 40 多年的历史，所投放的产品也比较成熟，已经开发出的产品有数十种，并广泛应用于各个领域，发挥出高科技带给人类的方便快捷与高效。近些年来，随着国家对无人机技术的重视和市场的需要，国内无人机产业发展迅猛，无人机系统技术也取得了长足的进步。

国内也开始将无人机平台应用于海洋监测中，为海洋防灾减灾、海上交通运输、海上安全、海洋工程和海洋管理等提供支持。

在海洋管理方面，由于无人机在海岛监控中的突出优势，已经受到相关部门的重视，国家海洋局在海域和海岛的测量及监视领域开展了无人机遥感监测试点，近年来报道的应用事例也很多。辽宁省在大连长兴岛启动无人机航空海域监测项目并进行试点航拍；江苏连云港无人机试点工作定制两套无人机及监视监测数据处理等软/硬件设备，续航能力可达 16 h，完成了对江苏连云港全部近岸海域、逾 300 km² 围填海海域、10 余个海岛以及南通近 1 000 km² 养殖用海海域的航拍，采集了海量的海域空间资源和海域开发利用高分辨率遥感监测数据。试点工作在 2012 年顺利验收，同年，国家海洋局计划在全国 11 个沿海省（区、市）各建设一个无人机基地。2012 年辽宁省海洋与渔业厅立项在大连和营口建设两个无人机航空监测基地。2014 年江苏在连云港设立的无人机基地已经投入使用，其无人机监控指挥平台和应急指挥车，可与国家海域监管系统有机结合，实现数据共享。2014 年国家海洋局温州海洋环境监测中心站首次启用无人机，对温州市乐清西门岛国家级海洋特别保护区和洞头国家级海洋公园范围内的 8 个海岛进行了航拍监测；此次监测共开展了 5 个架次的飞行，累计监测面积达 75 km²，获取的 0.1 m 分辨率的高清遥感影像，清晰直观地显示了被监测海岛的地形地貌和保护利用现状。

近些年来，随着国家对无人机技术的重视和市场的需要，国内无人机产业发展迅猛，无人机系统技术也取得了长足的进步。例如，国家测绘局下属的中测新图（北京）遥感技术有限责任公司（以下简称中测新图公司）自主研制的 30 h 续航时间也打破了我国无人机最长续航 16 h 的纪录，其研制的无人机遥感系统除续航时间长外，还在实现稀少或者无地面控制点的快速测图、利用北斗搭建轻小型无人机监管平台、同空域多架次在线飞行等方面均有创新。其各项技术指标均达到了国内领先水平，利用无人机拍回的西沙岛礁图片，开启了民用轻小型无人机遥感系统的新时代。2014 年 5 月，中测新图公司开展了海洋环境下超长航时无人机遥感系统航空摄影实验，实验获取了三沙市七连屿高分辨率无人机遥感影像和高精度POS数据，取得圆满成功。七连屿位于16°55′—17°00′N，112°12′—112°21′E，距离海南万宁市270 km，距离永兴岛10 km。此次采用超长航时无人机遥感系统在海南万宁起飞和降落，飞行距离近900 km，飞行583 min（仅9 h，该无人机飞行极限是30 h），获取了七连屿约50 km²、0.12 m分辨率的航空影像，同时获取了万宁检校场影像以及高精度POS数据。图6-79即为中测新图公司自主研制的30 h续航时间超长航时无人机图片。图6-80即为中测新图公司的无人机拍回的西沙岛礁图片。

图6-79　中测新图公司超长航时无人机

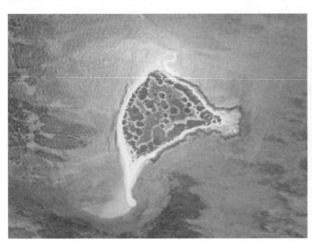

图6-80　中测新图公司的无人机拍回的西沙岛礁图片

（三）发展趋势

无人机作为一种高新技术产品被越来越广泛地应用于各个领域，尤其近年来在政府性突发公共事件中，无人机在实现快速到达现场、采集现场数据、恢复现场通信、跟踪事件发展、投掷救援物资、传递施救信息、提供地理及有关气象信息等方面发挥了重要作用。无人机的这些发展无疑给海洋监测提供了更为先进的测量理念和更加广阔的选择空间，相信未来几年，无人机将在海洋监测领域发挥越来越重要的作用。

无人机也是航天领域的一个重要的发展方向，具有使用保障简便、安全性高、易于携行等空基无人平台的诸多优势，利用无人机遥感遥测的高分辨率、高实效、低成本、机动灵活的特点，对海洋突发性事件、海洋灾害、海洋环境变化进行动态监测，能够快速获取实时的现场数据。这类技术用于填补远海区域的数据空白时，具有特别重要的意义。

无人机作为一种新型的海洋观测设备投放平台，可以节约人力、物力、财力和时间，可以降低投放成本，可以迅速到达投放海域，保障了工作人员的安全，因此，在海洋防灾减灾领域中具有非常广阔的推广应用前景。使用无人机对海洋自然灾害的监测调查。近年来，风暴潮、赤潮、海冰、浒苔等海洋自然灾害频发，不断影响我国沿海的生产和生活，造成了巨大的经济损失，然而目前对这些灾害的预报、监测、处置缺乏全面及时地掌握。利用无人机拍摄的灾情信息比其他常规手段更加快速、客观和全面。其主要应用包括以下几点：①利用无人机航拍结果进行对比分析，详细分析灾害的发展、变化情况，把握灾害现状和发展趋势。②在航片上提取灾害范围，评估灾害损失情况。③能够准确客观、全面地反映灾后的景象，为灾害调查、损失快速评估提供科学依据，为灾后速报灾情、快速救灾减灾提供决策。④研究灾害发生的一般规律，为相关部门及时采取有效救灾措施提供及时全面的信息。

使用无人机对海上事故的应急调查。无人机在事故调查、取证等工作中能够快速到达事故现场，立体地查看事故区域、事故程度、救援进展等情况，实时传递影像等信息，监视事故发展，为事故救援决策提供准确的信息，同时最大限度地规避了风险。随着海洋资源的开发，特别是对海洋石油资源的调查与开发、海底工程与滨岸工程的建设，越来越多地遇到海上突发性灾害事故。例如，大连溢油事件、蓬莱油田溢油事件等，对事故的处理、调查、取证等工作需要在最短时间内得到有效的资料。卫星和飞机等一些调查手段由于受时间、空中管制、费用等条件的限制，不能在规定的时间、规定的航线获取资料，大大制约了对事故的发现、处置、调查。而无人机的优势正是低空飞行、不受时间与空间限制、可以按照要求设计路线、可以及时有效地获取事故现场的影像资料，并且能够实时地传回到地面中心控制站。

无人机系统作为一种新型的数据获取及实时动态监测手段，可用于快速获取重点海区的海洋环境信息。无人机可以根据不同任务挂载载荷，海洋环境观测是海上无人机的主要应用方向之一。使用无人机对海洋气象水文要素进行海洋观测，可突破传统监测系统所受的时间和空间限制，克服观测维度低、同步观测难、按需动态观测受各种条件制约严重等弱点，将无人机遥感和投弃式测量技术相结合，对目标海域进行空中气象参数和海洋水文参数的快速立体测量，实现海洋环境立体观测，拓展船基海洋气象水文的观测空间，丰富特定环境下的观测手段。

国外正在大力发展利用无人机测量海洋气象要素的技术，且相关技术已经成熟并成功应用。其无人机搭载的气象水文传感器趋于多样化，监测的气象水文要素也更加广泛。可以预知，在未来的时间里，使用无人机测量海洋气象水文要素将是海洋观测监测领域的重点发展方向。

第七章
海洋通信技术

海洋观测领域的通信技术(以下简称海洋通信技术)是指在海洋观测系统中,为实现各观测平台之间或观测平台与数据中心之间的信息传递所应用的通信技术。众所周知,通信系统是海洋观测系统的重要组成部分,它是连接观测系统各组成要素的桥梁和纽带,而通信技术的发展和应用程度直接决定了通信系统的先进程度。因此,将先进的通信技术成果应用于海洋观测领域,开展海洋通信适应性研究是海洋观测技术发展的重要内容之一。

海洋通信技术,按照传输介质不同可以分为无线通信技术和有线通信技术;按照承载信息的载体不同可以分为声通信技术、光通信技术和无线电通信技术;按照信号传送的方式不同可以分为模拟通信技术和数字通信技术。本章根据海洋观测平台或设备部署的空间位置,将海洋通信技术分为水上通信技术和水下通信技术两个大类,并分别介绍国内外近年的技术进展情况。

第一节　水上通信技术

对于水面以上的观测平台,除部分岸基站采用有线通信方式外,诸如浮标、志愿船等观测平台通常采用无线通信手段实现观测数据的传输,由于有线通信技术(如光纤、双绞线、同轴电缆等)的发展相对成熟,本节以下部分将重点总结各类无线通信技术近年来的主要进展及在海洋观测领域的应用情况。

一、短波通信

短波通信又称高频(HF)通信,使用频率范围为 3～30 MHz,它主要利用天波经电离层反射传播,无需建立中继站即可实现远距离通信,传播距离环绕地球。由于电离层不会被任何方式和力量摧毁(除高空短暂原子弹爆炸和太阳耀斑发生外),因此短波是最安全的通信方式,而正是由于短波通信的这种特性,它始终是军用通信的重要手段之一。

(一)国外进展

即使在互联网和移动通信这两大主流业务引领信息化发展的今天,世界发达国家也始终没有停止对短波通信技术的研究,一些新技术不断涌现,如信道自适应技术、差分跳频技术、宽带直接序列扩频技术、信道编码技术、信道均衡技术、短波组网技术等。这些技术的发展使短波通信方式原有的一些缺陷得到了弥补,并且随着微型计算机、移动通信和微电子技术的迅猛发展,人们利用微

219

处理器、数字信号处理不断提高短波通信的质量和数据传输速率，短波通信及其装备得到了很大发展。

近年来，美国、德国等通信技术发达国家在短波通信领域不断取得重大技术突破，并将先进的短波技术应用于军事领域。其中走在前列的有美国海军的高频特混编队内通信网络（High Frequency Intra-task Force，HFITF）和短波舰/岸网络（High Frequency Ship and Shore，HFSS），澳大利亚的LONGFISH网络，Collins公司的HF MESSENGER网络，美国GW（Globe Wireless）公司的全球电子邮件系统（Globe Email System）等。上述几个国外比较著名的短波网络从组网体制上看，都属于短波接入网的体制，具有网络中心节点控制机制，其他节点均属于从属地位，移动节点之间不能直接通信，所有的信息交互通过中心节点统一调度完成。为了克服具有中心控制的短波接入体制在应用场景中的缺陷，短波自组织网络技术在国外也得到广泛研究，尤其在军事应用领域。美军国防部在20世纪90年代就制定了一系列适应于短波自组织网的通信技术标准，并且随着数字信号处理技术的发展，短波通信技术标准已经从2代自动链路建立（Automatic Link Establishment，ALE）标准（MIL-STD-188-141A）发展到了3代ALE标准（MIL-STD-188-141B），目前正在开展第4代ALE标准的研究与开发。

短波数传技术也随着短波通信技术的发展逐步更新换代。宽带短波通信技术，尤其随着新一代短波数传标准MIL-STD-188-110C的提出，显著提升了短波通信系统的性能。由于短波频段窄，抗干扰体制主要体现为跳频体制，美军和北约国家的新一代数据链系统LINK22就将短波慢速调频体制作为该系统的标准配置。

北约短波联合广域网（Allied High Frequency Wide Area Networking using STANAG5066，AHFWAN66）主要应用于海上通信。它采用北约STANAG5066标准，定义了规范的短波通信协议结构，以及针对短波自组织网络提出了短波令牌环（High Frequency Token Protocol，HFTP）机制，实现海上通信的自组织能力，在短波适应能力方面规范了一套较为完整的速率自适应技术。同时北约的STANAG5066标准首次将IP over HF技术进行实用化定义，并依据此标准，北约的短波联合广域网（AHFWAN66）已经能支持IP over HF技术，实现短波网络与有线IP网络的互联互通。但北约的STANAG 5066标准从短波的信号处理技术以及传输机制上看，与美国的2代ALE技术属于同一代技术。为了与美军的第3代ALE短波通信标准兼容，北约又重新制定了STANAG 4538标准，基本上采用了与美军MIL-STD-188-141B协议相同的体系结构，并在此基础上提出了快速链路建立（Fast Link Set Up，FLSU）协议以及相应的链路控制协议，保证短波快速建链，提高数据的传输速率。

（二）国内进展

我国从第一代模拟点频短波通信到当前普遍使用的数字调频、扩频短波通信系统，目前已逐步建成了布局合理、手段多样、业务齐全、覆盖面广、机动性强的短波通信系统，有效地保障了国防通信和国家应急通信。现在，短波通信已经成为我国渔船远距离通信的主要方式。黄渤海区已经建成海洋渔业短波安全通信网，并持续加大短波通信网的安全建设。

短波通信技术应用于海洋观测领域还有待探索，我国已经在沿海区域内布放了一定数量的海洋环境观测站和浮标观测点，并综合利用地面有线线路、CDMA/GPRS 和 VSAT 卫星等传输手段实现了海洋环境监测数据的自动化采集和上传功能。但是，CDMA/GPRS 等移动通信手段，受限于基站系统的覆盖范围，难以实现远海覆盖；VSAT 卫星等卫星通信手段虽可以实现远海覆盖，但运行成本较高，并且当灾害发生时，地面有线线路、CDMA/GPRS、VSAT 卫星等传输手段都将可能遭受损坏，无法保障海洋环境监测数据在恶劣灾害条件下的可靠上传。而短波通信作为一种远距离无线通信手段，具有不依赖于固定基础设施，抗毁能力强，设备简单运行可靠，能够利用电池供电工作，设备及运行成本低，便于部署到离岸浮标和海岛上等优势。但目前国内尚没有适用于海上观测数据浮标工作环境的成熟的短波离岸数据传输系统或设备产品。2009 年国家海洋技术中心承担了公益性专项"海洋环境离岸观测数据传输业务化应用技术研究"，密切跟踪了国外短波通信技术领域的最新进展，对短波网络体系架构、波形与协议设计方法进行了重点研究，开发了一套海洋环境离岸观测短波通信系统(图 7 - 1)，具体参数指标见表 7 - 1。针对短波信道的时变性与噪声突发性，结合离岸观测数据的数据格式、数据量、数据刷新率、误码率等具体要求，对短波通信手段进行了海洋适应性的研究，并采用自适应频率选择机制，从一组频率中选出最佳的频率进行数据传输，利用频率分集来提高数据传输性能。在物理层、链路层综合采用了多种技术手段以提高短波的数据传输可靠性。该项目在大连老虎滩海洋站和蓬莱海洋站进行了现场试验验证，并在小衢山海岛站进行了为期 3 个月的示范应用，示范效果良好，验证了短波通信方式用于海洋离岸观测数据传输的可行性和稳定性。短波依靠电离层进行通信，抗毁性的优势明显，但也因为受电离层影响，具有不稳定的因素。经过此项目的试验，表明在海岛站和陆地通过短波通信组网的方式以及传输算法的辅助，短波通信方式可以很好地应用于海洋离岸数据传输中。当灾害发生，地面有线线路、CDMA/GPRS、VSAT 卫星等传输手段都将可能遭受损坏时，可以保障海洋环境监测数据在恶劣灾害条件下的可靠上传。

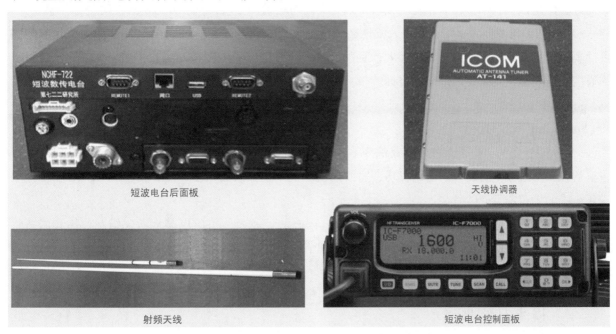

短波电台后面板　　　　　　　　　　　　天线协调器

射频天线　　　　　　　　　　　　短波电台控制面板

图 7 - 1　海洋环境离岸观测短波通信系统

表 7-1　海洋环境离岸观测短波通信系统主要技术指标

技术指标	参数值
工作方式	全自动、无人值守、实时数据传输
数传电台工作频率范围	2～30 MHz
作用距离	0～1 400 km(最远作用距离有待进一步试验验证)
数据传输速率	50 bit/s、75 bit/s、150 bit/s、300 bit/s、600 bit/s
系统误码率	Pe＜1×10^{-5}
系统月平均畅通率	≥90%
发射功率	≤125 W

(三)发展趋势

在未来,短波组网数据通信技术、短波通信设备设计与浮标平台集成应用技术将成为海洋领域短波通信技术发展的重要方向。浮标观测数据到岸基的短波通信过程将从固定接入站方式向"短波组网"概念发展。"短波组网"将在不同地理位置上同时部署多个接收站和一个中心控制站。当某个海上观测数据浮标发出回传呼叫时,多个接收站同时对该呼叫信号进行监听并评估通信质量。各接收站在中心控制站的协调下,选择通信质量最好的接收站与海上观测数据浮标通信,完成海洋观测数据的回传。其他接收站点则继续监听来自海上观测数据的呼叫信号,并为其他观测数据提供接入服务。"短波组网"可以充分利用空间分集的优势,降低短波通信中衰落等不良效应的影响,提高短波通信的离岸数据传输的可靠性。此外,利用"短波接入网"还可以有效协调多个短波接收站的工作,显著提升"短波组网"对多个海上观测数据浮标的接入服务能力。短波通信组网具有毁掉其中一部分而无碍全网正常通信的优势,但是该项技术要在海洋观测领域得到更广泛的应用,在以下几个方面还有待改进。

(1)通信的可靠性。短波通信的天波传播因受电离层变化和多径传播的影响而不稳定,信号传输多径现象严重,延迟大,多普勒频移大,衰落严重,同时短波信道间相互干扰严重。因此,获得可靠的通信质量一直是短波通信追求的目标。

(2)数据传输率。传统短波通信难以得到广泛应用的一个重要原因就是数据传输率很低(不超过600 bit/s)。

(3)抗干扰能力。由于短波通信是战事状态下唯一可靠的指挥途径,随着干扰技术的发展以及一些新型大功率短波干扰装备的研制成功,短波通信的抗干扰方式必须多样化,智能化,具有在不同电磁环境中的生存能力。

(4)网络化。随着通信越来越向网络化发展,未来的短波通信也应更多地考虑组网使用和网络管理。采用网络式通信,可以使短波通信的信息量和信息处理速度大大提高,还可在网内选用最佳链路,增加通信链路的抗毁性及顽存性。

二、北斗卫星通信

北斗卫星系统是我国独立自主建立的全球卫星定位与通信系统,具备较高的安全性和可靠性。北斗卫星系统拥有定位和短信息数据传输等功能，是继美国全球卫星定位系统（Global Positioning System，GPS）和俄罗斯全球卫星导航系统（GLONASS）之后第三个成熟的卫星导航系统，它的研制成功标志着我国打破了美、俄在此领域的垄断地位，实现了中国自主卫星导航系统从无到有的重大跨越。

北斗卫星系统由空间端、地面端和用户端组成，可在全球范围内全天候、全天时为各类用户提供高精度、高可靠定位、导航、授时服务，并具有短报文通信能力，定位精度优于 20 m，授时精度优于 100 ns。其覆盖范围为 5°—55°N，70°—140°E，能够覆盖我国管辖海域。

（一）国内进展

目前，我国海洋观测系统中离岸观测数据除少量采用 CDMA/GPRS 和超短波通信方式传输之外，基本上都采用由西方发达国家研制运营的卫星通信系统传输，一方面，通信费用较高且存在巨大安全隐患；另一方面，一旦发生战争和地区冲突，外方将卫星服务对我国关闭或加以屏蔽，后果不堪设想。我国海洋观测系统已经历了五六十年的建设历程，先后建成了一大批海洋观测站，发展了浮标等各种离岸观测技术。特别是通过国家防灾减灾、节能减排专项建设任务的实施以及"九五"至"十一五"国家"863"计划重大专项的建设，全面提升了我国海洋环境观测能力。目前已经初步形成了以地面专线、CDMA/GPRS 等为主要通信方式的岸基区域性海洋环境观测数据传输系统。然而对于各类离岸观测设备的观测数据传输，由于安全性问题其数据传输能力受到了极大的制约。由此可见，发展具有自主知识产权的卫星通信系统是非常必要的。

北斗系统用户终端具有双向报文通信功能，可以用于数据传输。由于北斗卫星系统通信费用低廉，稳定性、可靠性和安全性较好，当前已经成功应用于测绘、电信、水利、渔业、交通运输、森林防火、减灾救灾和公共安全等诸多领域，产生了显著的经济效益和社会效益。而在海洋领域，北斗技术的应用正在经历发展和成熟的过程。目前，该系统已经开始应用于海洋防灾减灾、海洋浮标通信等方面。2009 年通过国家海洋技术中心承担的公益性项目"海洋环境离岸观测数据传输业务化应用技术研究"对成都国兴通信有限公司提供的"北斗一号"卫星导航定位系统在通信频度、传输容量以及用户设备的功耗、耐腐蚀性、耐压性和水密性方面进行了进一步的海洋适应性研究和开发，并进行了大量的试验验证工作，开发出的海洋型数据监测指挥终端、海洋型数传一体化终端和海洋型数传 OEM 模块三款可以满足各类海洋离岸数据传输的北斗海洋型终端（图 7-2），以满足我国海洋离岸观测设备数据传输的要求。海洋型数据监测指挥终端是为集团组网、调度指挥而设计的特种用户机。具有全方向高灵敏度信号捕捉能力、稳定高效率的信号发射能力，实现对三颗北斗卫星 6 波束信号的实时跟踪处理。该终端除了普通用户机的功能外，同时可以管理最多 100/500 台下辖用户机，接收下辖用户机的定位和通信信息，并可以向下辖用户机发送通播信息，与下辖用户机一起构成一个指挥调度网络。海洋型数传一体化终端是一种适应海上作业环境的用户机，低功耗、小型化、高集成性、高可靠性的一体化终端。可根据用户需求灵活改进，完全满足于海上作业的环境要求，能够及时准确地将用户所需的数据发送到各个地方。海洋型数传 OEM 模块是为了方便用户进行 OEM 集成及二次开发而研制的专用模块，该模块具有体积小、功耗低、安装方便、性能稳定、电磁兼容性强等特点，并可以根据客户需求改变安装方式。

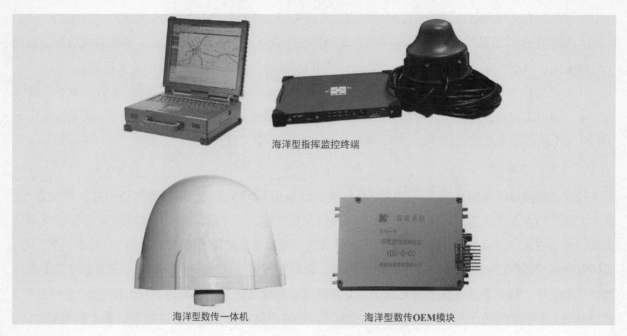

海洋型指挥监控终端

海洋型数传一体机　　　　　　海洋型数传OEM模块

图7-2　海洋型北斗通信系统

(二)发展趋势

在第一代北斗卫星系统成功运营的基础上,我国正在积极建设覆盖全球的第二代北斗卫星导航系统。第二代北斗系统计划在 2020 年左右建设完成。届时,北斗卫星系统将由 5 颗静止轨道卫星和 30 颗非静止轨道卫星组成,比 GPS 还多 11 颗,可以形成覆盖全球的卫星导航能力。相较上一代产品,第二代北斗卫星系统在诸多方面进行了技术升级。例如,它可以有效避免遭受电磁干扰和攻击,实现无源定位等,而且在性能上也得到全面提升。第二代北斗卫星系统的建设将使我国的卫星导航技术水平获得巨大提升,拉近甚至在某些领域超过欧美国家的卫星导航技术水平,并促进我国卫星导航定位应用与市场的快速发展。

我国逐步实施北斗卫星系统建设的意义非常重大,它不仅可以为国防和经济建设提供基础服务,而且由于其具备数据传输功能,在海洋领域也大有用武之地,是未来离岸观测数据传输主要手段之一。但同时也应该看到,应用北斗卫星系统进行数据通信,需要解决数据长度限制和可能存在的数据丢失问题,这就要求在通信协议的可靠性设计和数据压缩优化算法等方面进一步深入开展研究工作。

三、海事卫星通信

国际海事卫星组织(Inmarsat),是一个提供全球范围内卫星移动通信的政府间合作机构,其运营的卫星通信系统一般称为 Inmarsat 系统,是全球海上遇险与安全系统(Global Maritime Distress and Safety System,GDMSS)的重要子系统之一。

海事卫星通信系统主要由同步通信卫星、移动终端(包括海用、陆用和空用终端)、海岸地球站以及网络协调控制站等构成(图 7-3)。卫星将发自空中、海上、陆地的信号进行转发。海岸地球站

(CES,简称岸站)是设在海岸附近的地球站点,它既是卫星系统与地面系统的接口,又是一个控制和接入中心。移动终端是机动用户站点,例如船站(SES)是海上用户站,它设置在航行的油船、客轮、商船和海上浮动平台上。船站的天线均装有稳定平台和跟踪机构,使船只在起伏和倾斜时天线也能始终指向卫星。海上船舶可根据需求由船站将通信信号发射给地球静止卫星轨道上的海事卫星,经卫星转发给岸站,岸站再通过与之连接的地面通信网络或国际卫星通信网络,实现与世界各地陆地上用户的相互通信。网路协调控制站(NCS)是另一个重要组成部分,每一个海域设有一个网路协调控制站,它采用双频段工作模式,完成该海域内卫星通信网络信道控制和分配工作。

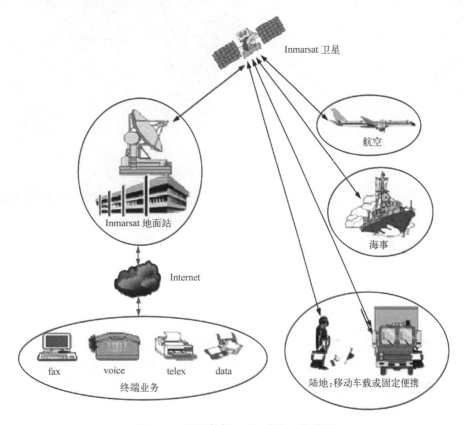

图 7 - 3 国际海事卫星组成及工作原理

(一)国外进展

国际海事卫星从投入运行至今的发展中,逐步推出 Inmarsat - A、Inmarsat - B、Inmarsat - C(包括 Mini - C)、Inmarsat - D、Inmarsat - E、Inmarsat - M(包括 Mini - M)、Inmarsat - F 等系统,在各个不同的历史阶段,满足海上用户的不同日常和安全通信的需要。目前,Inmarsat - A 已在船舶上全部取消,而 Inmarsat - F 是新开发的系统,分为 F33、F55、F77 三种型式,其中 F77 是完全符合 GMDSS 标准的业务。Inmarsat 第四代第 3 颗卫星已于 2008 年 8 月 18 日成功发射,并于 2009 年 2 月 24 日完成全球覆盖调整。Inmarsat 系统正不断更新改进其现有的通信卫星,以便为用户提供更多更好的服务。海事卫星海上宽带业务(Inmarsat Fleet Broadband,FB)是海事卫星第四代卫星移动宽带业务应用于海上的名称,应用 Inmarsat FB 业务最高通信速率可达 432 kbit/s,实现了船舶通信的 IP 化,可以保证用户在全球海上任何一个地点得到高质量、高可靠的通信服务。Inmarsat FB 同时也是 GMDSS 的组成部分，支持海上安全信息传输(航行及气象预警、位置等)、搜救协调通信和海上反恐等应用。图 7 - 4 为 Inmarsat FB 业务卫星覆盖图。

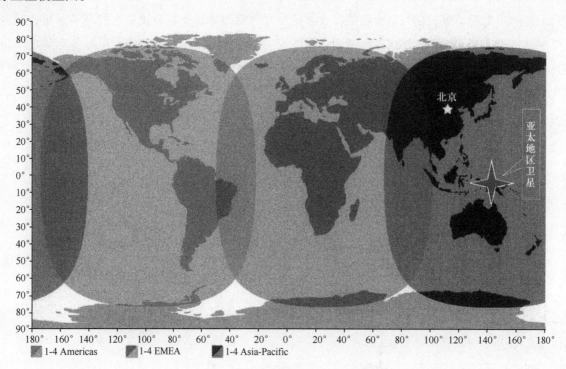

图 7 - 4 Inmarsat FB 业务卫星覆盖图

(二)国内进展

在海洋中航行的船舶，特别是远洋跨洋区航行的船舶，必须具备符合国际标准、报警优先、覆盖全球、质量可靠、24 h 不间断的通信手段，目前海事卫星通信已成为我国海上船舶日常生产和生活的重要通信方式之一。在我国现有的海事卫星用户中，船舶用户所占比例最多，近海和远洋运输船舶、远洋科学考察船舶、海上石油勘探平台和远洋渔业捕捞船主要依靠海事卫星进行通信，较大型的救助船、海事、海警、渔政和海监巡逻船等海上执法船舶在发生紧急事件时，也依靠海事卫星进行通信。对于海上救助和执法监管部门，当发生海上应急事件时，通过海事卫星业务可以为指挥中心提供目标船舶、搜救现场实时动态图像，这对于增加搜救的成功率、提高执法效率、提升船舶安全航行保障能力具有重要意义。此外，海事卫星也是浮标等离岸平台的重要通信方式之一，国家海洋局应用的近海大型锚系浮标以及海啸浮标、溢油跟踪浮标等专用浮标都普遍采用此种通信手段。

(三)发展趋势

随着海事卫星海上宽带业务的推广，大数据量高频次数据传输成为可能，因此，发展集成新型海事卫星通信模块的离岸平台是未来海事卫星通信技术应用发展的趋势之一。

四、铱星通信

铱星通信系统，又称铱星计划，是美国摩托罗拉公司提出的第一代真正依靠卫星通信系统提供联络的全球个人通信方式，旨在突破现有基于地面的蜂窝无线通信的局限，通过太空向任何地区、任何人提供语音、数据、传真及寻呼信息。铱星系统是由 66 颗由无线链路相连的卫星（外加 6 颗备用卫星）组成的一个空间网络（图 7 - 5）。设计时原定发射 77 颗卫星，因铱原子外围有 77 个电子，故取名为铱星通信系统。铱星通信系统建设历时 12 年，耗资 57 亿美元，于 1998 年 11 月 1 日宣布在全球投入商业运营。中国铱星业务在 1999 年年中投入商业运行。自 2001 年开始，铱星提供互联网连接服务。2003 年铱星卫星通信系统开始提供短信服务。

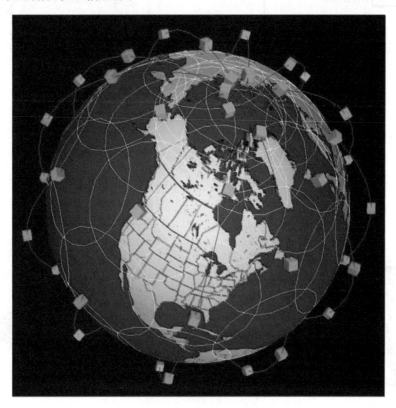

图 7 - 5　铱星通信系统

（一）国外进展

铱星通信系统因其所具有的"无缝隙"全球覆盖，极低的通信延时，良好通信质量的独特性能，日益受到人们的关注。而铱星系统提供的突发短数据（Short Burst Data，SBD）业务，类似于地面移动通信系统提供的短信息 SMS 业务，更具有快速、灵活、低廉、高效的特点，逐渐受到用户的青睐。通过 SBD 数据业务方式，可以实现全球范围内小数据量的双向数据传输，是传输海上浮标数据的理想通信手段。用户可以利用 SBD 业务，通过铱星网络进行数据的发送和接收。在地面上，用户可以通过 E-mail 方式，或 DirectIP 方式接收来自铱星 SBD 数据传输终端（DCE）发送数据；当然，用户也可以在铱星 SBD 终端之间进行数据的收发（点对点方式）（图 7 - 6）。

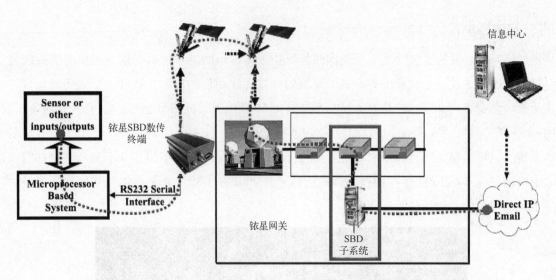

图7-6　基于铱星 SBD 业务的数据传输系统结构图

铱星业务的覆盖范围和通信方式,特别适合作为在海洋、高山、高空、沙漠、孤岛、冰川、极地等边远偏僻通信不发达的区域的应急或备用通信手段,适用于远洋船舶定位跟踪、海洋/陆地环境监测、SCADA 工控系统、无人值守的数据监测站、灾害监测预报等处于特殊地理区域的行业。目前铱星主要应用在车辆定位跟踪、海洋资料浮标、船舶跟踪救援和无人机大气环境监测等方面(图7-7)。

车辆定位跟踪　　　　　　　海洋浮标　　　　　　　船舶跟踪救援

数据采集SCADA　　　　　无人机大气环境监测

图7-7　铱星系统应用

（二）国内进展

在海洋监测领域，铱星通信主要用于远洋资料浮标的数据传输。我国已经将铱星 SBD 透明数传电台成功应用在海洋资料浮标上。通过 RS232 接口接收来自前端的数据采集设备的各种数据。如海汽界面、空气及海水二氧化碳、水声传输等，然后通过铱星 SBD 通信网络及铱星网关将数据传输到岸站浮标信息采集处理中心，处理中心还可以向浮标发送指令信息，调整浮标的工作模式，从而构建成一个实时海洋浮标数据采集系统（图 7 - 8）。

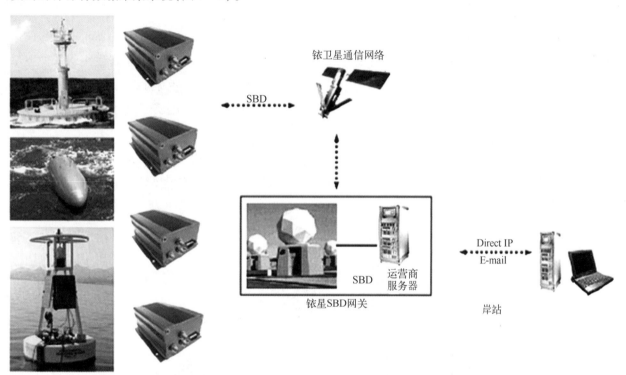

图 7 - 8　铱星数传系统在海洋监测资料传输中的应用

铱星终端在海洋浮标的数据采集系统中主要有 3 种应用方式。

（1）通过铱星 SBD 方式，定时向信息中心上传 GPS 位置报告。

（2）通过串口接收来自本浮标的监测数据设备的数据，并通过铱星 SBD 方式，上行发送到岸站。

（3）通过铱星 SBD 方式，接收来自信息中心的参数设置指令或其他信息。

（三）发展趋势

铱星通信的优势在于信号全球覆盖，通信不受地理位置和天气条件的影响，而且数据传输终端设备体积较小，便于安装，成本不高，是可以广泛应用于岸基、近岸和离岸等各种海洋环境观测系统中实现数据无线传输的通信手段。但铱星通信同样存在不足之处，它可以用来传输低密度的短数据报文，例如报警信息和定位信息等，但它通信带宽较低，不适于用来传输高实时性、大数据量的数据。由于铱星通信的这些特点，可以考虑将铱星和其他通信方式结合起来，开展铱星混合通信系统在海洋领域的适用性研究和开发，使其更适合在海洋环境观测系统中应用。

在过去的15年内，铱星用户数量稳步上升，铱星公司利润从16年前的亏损破产变为了如今的年利润4亿美元。铱星公司将开始全面升级现有的通信系统。届时，现有卫星将相继报废并由斥资27亿美元建造的"铱星次时代"系统所代替。新系统能高速连接全球任何地点，数据传输速率将是目前的78倍，达到10 Mbit/s，能够彻底将铱星通信目前的劣势变为优势，在更多的领域得到更广泛的应用。

五、VSAT 通信

VSAT通信也是卫星通信的一种，甚小口径卫星通信终端(Very Small Aperture Terminal，VSAT)，通常系指终端天线口径1.2~2.8 m的卫星通信地球站。它是在20世纪80年代初期研发出的一种卫星通信终端设备，近年来快速发展并得到广泛应用。VSAT通信系统综合了诸如分组信息的传输、交换、多址协议以及频谱扩展等多种先进通信技术，可以实现数据、语音、视频图像、传真和随机信息等多种形式的信息传输。

VSAT卫星通信有别于公共卫星通信网在于它可以由用户自行规划、建设、运行、管理的专用卫星通信网络，可极大地满足不同用户的各种特殊行业需求及应用，且所有站点可以建在自己的工作地点，卫星资源也可以自主调配(图7-9)。而且由于天线尺寸小，特别适合车载、船载、机载、便携等移动通信应用。

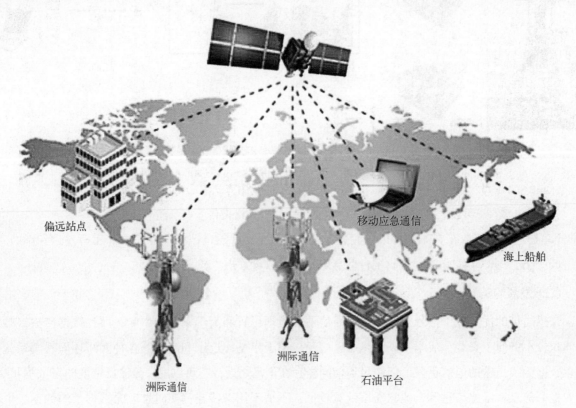

图7-9 VSAT系统

（一）国外进展

VSAT 通信发展至今已有 30 年的历史，自 1984 年美国休斯网络系统公司开发出第一套 VSAT 通信设备并投入商业运营以来，全球 VSAT 通信得到蓬勃发展。目前仅在美国就已有 10 万多个 VSAT 站投入使用，在亚洲，印度引进美国 VSAT 技术，生产 VSAT 设备，年产量已达 1 000 台以上。全球 VSAT 小站数量一度达到了几十万的规模，应用之广已达相当程度。对于海洋观测通信系统而言，VSAT 卫星通信可以迅速弥补公共电信网络对海岸线及岛屿的布点不足以及海上舰船/平台的通信问题，同时又可以提供高质量、相对低成本的通信手段。

VSAT 卫星通信在国外海洋观测上的应用主要是连接各种海洋观测设备（网络）并将观测数据传输到各级数据处理中心进行处理。由于卫星通信具有极好的广播特性，处理后的观测数据还可以直接发到卫星覆盖区内任意地点和任意数量的接收站。雷达观测站通常布置在较偏僻的地点，而且雷达观测数据具有信息量较大的特点，VSAT 卫星通信具有宽带数据传输的能力，因此，十分适合雷达观测数据的通信。对于海岛礁石观测系统，VSAT 卫星通信站体积很小，功耗很低，可以建成无人站并采用太阳能供电，因此，特别适合作为无人岛礁上的海洋观测设备。海上舰船可以利用船载的 VSAT 卫星通信站与陆地数据中心进行高质量的数据通信，包括高速数据、话音和视频。此外，VSAT 卫星通信网还可以与地面光纤通信网及地面移动通信网结合构成互为备份、天地合一的完整通信网络。

（二）国内进展

在我国，VSAT 系统目前已广泛应用于新闻、气象、民航、人防、银行、石油、地震和军事等部门以及边远地区通信，在海洋领域也已有很多应用，特别是在海洋监测、调查、执法船上，船载 VSAT 卫星通信系统可以在广阔的海面上，保持舰船与陆地、舰船与舰船之间的话音、数据通信，是保障海上作业安全，提高海上作业水平和工作效率的有效措施。在我国海洋观测系统中，对于一些偏远的岛屿或地区，VSAT 系统是实现观测数据传输的主要手段，在核心节点，VSAT 系统构成地面专线的备份线路，是保障海洋环境预报数据获取和防灾减灾的重要通信基础设施。

（三）发展趋势

随着 VSAT 通信技术的发展和通信资费的进一步降低，其应用还将进一步扩展，以高清图像、语音、视频为主的多媒体通信内容将逐渐增多，通信带宽需求进一步增加。在技术方面，以网状网组网方式为基础的 VSAT 卫星通信系统以其灵活的组网形式和高可靠性将逐渐成为主流。

六、Argos 通信

Argo 计划是由美国、日本、法国等国家的海洋大气科学家于 1998 年最先提出的，它旨在建立一个全球卫星定位和数据采集系统。在这之前，人们只能通过海洋调查船或锚碇浮标观测海洋次表层的温度和盐度信息，Argo 计划的出现改变了这种现状。Argo 观测网是迄今为止人类历史上第一个提供全球海洋次表层信息的观测系统。Argo 计划利用极轨卫星为装载 Argos 发射器的浮标、野生动物以及任何移动平台提供定位信息、收集环境各种数据、观测海洋及测量海流温度、盐度等要素，监测公共健康，管理渔业及加强海洋安全，不仅可以为科学家加强对环境感知及工业与环境保护之间关系提供一种研究工具，更可以提高气候预报的精度，有效防御全球日益严重的气候灾害（如飓风、龙卷风、冰雹、洪水和干旱等）给人类造成的威胁。

Argos 通信系统主要由卫星发射器（PTT）、地面部分和空间部分组成（图 7 − 10）。其中地面部分包括地面接收站，数据处理中心及用户服务中心；空间部分目前是由 5 颗 Argos 卫星组成。其工作原理是 Argos 系统中卫星发射器将传感器测量各种参数按照规定格式通过天线向上发射。当卫星运行到发射器上空后，卫星接收发射器发射出的信号，然后卫星从经过调制信号的载波中提取出测量数据，并根据定位计算的需要测量载波本身的多普勒频率偏移值，然后把这两类数据向下传给地面各种接收站。地面接收站接收到数据后进行初步处理，再转送到数据处理中心（CLS）进行处理，最后将处理的数据通过互联网等途径把结果分发给用户。

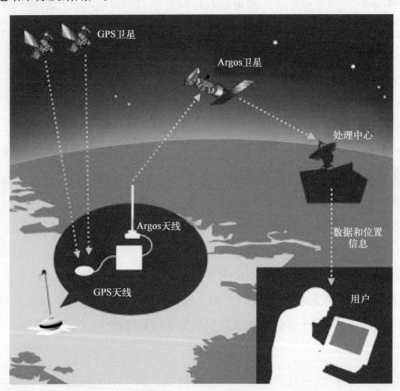

图 7 − 10　Argos 通信系统

（一）国外进展

目前 Argos 通信系统已经发展到第三代，Argos − 3 系统中卫星发射器（PTT）由卫星发送器（PMT）取代；空间部分中 Argos 卫星则由 Argos − 3 卫星组成。法国在 2006 年发射了 1 颗 Argos − 3 卫星，并在 2009—2014 年的 5 年内发射 3 颗 Argos − 3 卫星以满足需要。Argos − 3 卫星具有以下特点。

（1）统一的数据管理。Argos − 3 卫星可以向卫星收发器（PMT）下载数据，所有的下载数据通过法国空间总局的数据处理中心来管理。

（2）更大的数据容量。Argos − 3 卫星经过时，卫星收发器具有高达 4.8 kbit/s 的上传速率，是 Argos − 2 卫星数据传送容量的 10 倍。

（3）更有效的数据传输。单向 Argos 系统需要发送多余的数据以增加卫星接收数据可能性。而对于 Argos – 3 卫星可以发送下载数据的特性，Argos – 3 卫星收到数据后会发送响应信号，卫星收发器收到该信号就停止发送数据。而且由于 Argos – 3 卫星可发送下载数据的特性，卫星收发器可预知卫星过顶时间，当卫星经过时，卫星收发器仅在卫星过顶时发送数据，这样可减少发送时间以节省电源，延长用户时间。

（4）可对用户平台控制和编程。用户通过 Argos – 3 卫星向卫星发送器发送 128 位数据控制其设置。例如打开或关闭收发器、改变时间和日期设置、修改传感器的采样速率及可控制用户平台的命令。

最初的 Argo 计划准备用 5 ~ 10 年时间，在全球大洋中每隔 300 km（间隔大约为 3° × 3°）布放一个由卫星跟踪的剖面漂流浮标（称为"Argo 剖面浮标"），总计约为 3 000 个，组成一个庞大的全球 Argo 实时海洋观测网，以便快速、准确、大范围地收集全球海洋 0 ~ 2 000 m 上层的海水温度、盐度和浮标的漂移轨迹资料。每个 Argo 浮标每 10 天可获取一条温盐深（约 1 000 组数据）资料。随着 Argo 计划的推广，到目前全世界已有超过 16 000 个 Argos 发射器在工作，在 2012 年 11 月，国际 Argo 计划已经获取了第 100 万条剖面，这一数字是 20 世纪获取各类剖面数据总和的 2 倍。现在 Argo 观测网每年可以获取约 120 000 条剖面。

Argos 系统具有覆盖全球、服务连续、能在恶劣环境下及时获取数据等优点。目前，已广泛应用于气象学、海洋学、生物学以及渔业资源保护等领域。

在气象学和海洋学中，人们利用 Argos 系统传输回来的观测数据进行海洋特征研究，例如热带西太平洋上层热含量的初步研究等。在一些全球性的气象和海洋研究计划和监测网中普遍使用 Argos 系统，如全球大气研究计划、热带海洋和全球大气计划、世界海洋环流实验计划、世界天气监测网以及海洋剖面探测的 Argo 计划等。

在生物学中，科学家使用 Argos 系统对陆地动物和海洋动物进行持续跟踪，以研究其分布、迁徙习性、生理特征变化情况以及人类活动对其造成的影响，并对濒临灭绝的动物给予保护和进行控制。

在渔业资源保护上，由 CLS 公司基于 Argos 开发的 ArgoNet 系统用于渔船监控，得到了世界上许多渔业大国以及印度洋金枪鱼委员会（IOTC）、大西洋金枪鱼类保护委员会（ICCAT）等国际渔业组织的认可。目前，全世界有逾万艘渔船安装使用，并为 30 多个国家的渔业执法机构提供服务。另外，渔业科研部门也可利用 ArgoNet 根据实际气象条件和捕获情况建立渔情信息库，供渔情预报使用。

（二）国内进展

据中国 Argo 实时资料中心数据，中国于 2001 年加入国际 Argo 计划，自 2002 年具体实施以来，在太平洋和印度洋海域布放了 333 个浮标，目前（截至 2015 年 7 月）仍在海上正常工作的浮标有 191 个，基本建成我国 Argo 大洋观测网，目前 Argos 通信系统主要应用于自持式剖面循环探测浮标和拉格朗日表层漂流浮标上，作为其主要通信手段。

（三）发展趋势

随着科学研究的深入和技术的发展，在维持现有 Argo 观测内容的基础上，新的 Argo 浮标观测范围将扩大到 2 000 m 深甚至海底，还有一些 Argo 浮标将安装生物地球化学等新的传感器，平台感知的信息量将继续增大，因此，进一步提高 Argos 系统的通信能力是未来发展的必然方向。

此外，实时数据的获取能够提高气象实时预报能力和海洋环境动态变化监控能力，对气象学和海洋学具有重要意义。增加空间卫星和地面站数量，研究重点区域优先覆盖策略，提高地面站接收性能，开发数据自动化处理技术和减少数据传输时间对数据的实时获取具有极其重要的意义。

针对海洋探测、动物跟踪、无人监测站等应用需求，平台终端将向着小体积和低功耗方向发展。另外，将平台终端与定位接收机集成开发，不但能满足高精度定位要求，还具备信息输入、传输以及显示等功能，有望成为具有简单控制系统的综合业务终端。

国内对 Argos 系统的应用已积累了一定经验，但面对新一代 Argos 系统，只有全面深入地了解其新特点、新变化，进一步掌握系统发展进程与趋势，才能使其更好地为我国海洋观测业务服务，从而为我国海洋经济发展、观测预报以及防灾减灾提供技术支撑。

第二节　水下通信技术

水下传感器网络是一种全新的获取连续、高时空分辨率、大时空尺度海洋观测资料的技术手段。水下传感器网络由多功能、集成化的传感器节点组成，这些传感器节点具有数据采集、通信组网和信息处理能力。将多个此类传感器节点布放在一个特定的区域内，传感器节点实时采集各种海洋观测要素数据，传感器节点之间利用有线和/或无线通信技术实现观测数据的实时传输，可以实现大范围观测区域、高覆盖面的观测。水下传感器网络的架构总体上可分为如下三类。

（1）静态二维水下传感器网络。主要用于海底观测，网络上的节点固定在海底，观测数据通过光纤、AUV 或水中/水面上的基站进行收集，而后通过光纤或无线电与陆基站点进行通信，将海底观测数据传输到陆上的数据中心。

（2）静态三维水下传感器网络。主要用于水下固定位置的立体观测（如生化过程、污染等），网络节点被锚定或通过气囊控制固定在水下不同深度位置，通过网络将数据传输给基站，再由基站传输到陆基站点。

（3）动态三维水下传感器网络（图 7 - 11）。主要用于水下环境综合观测、资源探索或重点目标保护。此种网络由固定节点和移动节点组成，移动节点主要包括 AUV、水下滑翔器等，其组网方式灵活，可根据任务或现状的变化，动态发送指令，控制 AUV 等设备的观测位置，也可通过指令控制气囊的缩放以控制固定节点的深度。

水下传感器网络的通信方式总体上可以分为有线通信和无线通信两种，其中有线通信方式主要是指水下光纤通信，无线通信方式则可以分为水声通信、水下无线光通信和电磁波通信 3 种形式，其中应用最多、技术最成熟的是水下光纤通信和水声通信，以下分别对各种通信方式及其技术进展进行简要介绍。

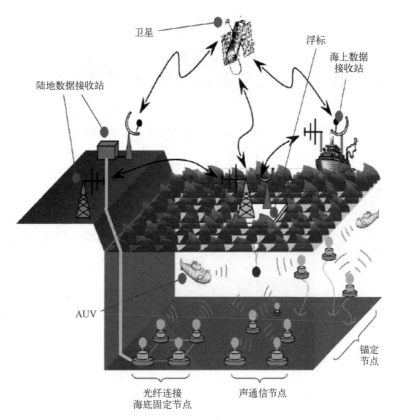

卫星　　　　　　　　　　浮标

陆地数据接收站　　　　　　　　　　海上数据
接收站

AUV

锚定
节点

光纤连接　　　　声通信节点
海底固定节点

图 7-11　动态三维水下传感器网络

一、光纤通信

光纤通信是水下最为可靠的通信手段，使用光电复合缆连接的海底观测网是当前技术发展的前沿。海底观测网通过岸基高压供电实现长距离电能和信息传输，可支持海底各种观测设备的灵活对接与自动接驳。海底观测网摆脱了电池寿命、船时与舱位、天气和数据延迟等多种局限，使得科学家可以实时获取海底观测数据，也可以实时监测地震、海底火山喷发、海啸等突发事件。通过光电复合缆连接的海底观测网不仅可以将固定观测平台相互连通，而且还可以通过对接移动平台形成完整的水下观测系统。当前 AUV 在海洋观测过程中的作用日益明显，但其工作也受到电池能量和数据传输能力的限制，如果在海底有线观测网上设置对接站(Docking Station) 为 AUV 补充能量并接收采集到的数据，就可以将移动平台的成果更多地融合到固定平台上，充分发挥两者相结合的优越性，从而获得更丰富的观测数据。

目前使用的海底光缆多为光电复合缆，它最初是用于建立跨海国家之间的语音和数据通信，因为相比于卫星通信，使用海底光缆实现远距离通信具有综合价格低，通信速度快等优势。海底光缆的寿命一般为 25 年左右，高于普通卫星寿命，日本等国家曾利用已经淘汰的、原先用于电信行业的海底光缆构建海底观测网取得了较好的效果。海底光缆的基本结构见图 7-12。

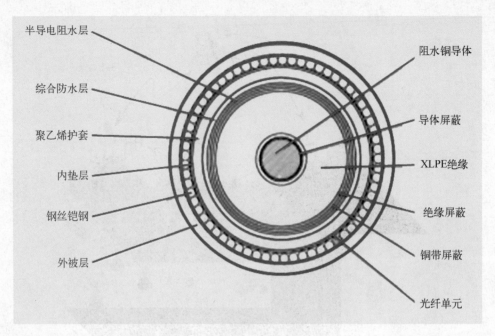

图7-12 海底光缆基本结构

（一）国外进展

国际上采用光纤作为主要通信方式的海底观测站、海底观测系统和观测计划已有很多，例如美国早期建成的 LEO-15（Long-term Ecosystem Observatory at 15 meters）生态环境海底观测站、MVCO（Martha's Vineyard Coastal Observatory）海岸观测站、HUGO（Hawai'i Undersea Geo-Observatory）和 H2O（Hawaii 2 Observatory）海底观测站以及在 2009 年建成并投入运行的 MARS（Monterey Accelerated Research System）研究系统等；加拿大的海底连缆观测网 VENUS（Victoria Experimental Network Under the Sea）、2009 年初步建成的 NEPTUNE-Canada（North-East Pacific Time-series Undersea Networked Experiments）海底观测网络计划加拿大段等（图7-13）；欧洲的 SN-1（Submarine Network）海底网、NEMO（NEutrino Mediterranean Observatory）等；日本的本州相模湾海底观测站、北海道十胜—钏路海底观测站、四国室户岸外海底观测站、在西太平洋的 VENUS（Versatile Eco-monitoring Network by Undersea-cable System）和 Geo-TOC（Geophysical and Oceanographical Trans Ocean Cable）海地观测系统等。正在设计和建设中的海度观测网建设计划包括美国的 OOI（Ocean Observation Initiative）、欧洲的 ESONET（European Sea floor Observatory Network）和 EMSO（European Multidisciplinary Seafloor Observatory）、日本的 DONET（Dense Ocean-floor Network system for Earthquakes and Tsunamis）以及我国台湾的"妈祖"计划等。其中 NEPTUNE-Canada 是目前全球最大的深海海底连缆观测网，该系统以 800 km 海底光纤电缆为主干，从温哥华岛西岸出发，穿过大陆架进入深海平原，向外延伸到大洋中脊的扩张中心，最终形成一个回路，用以传输高达 10 kV、60 kW 的能量和每秒百亿字节（10 GB）的大量数据，环形回路设计大大提升了系统的可靠性。目前该网络中共设有 5 个主节点，每个节点周围连有数个接驳盒，观测仪器通过分支光电缆与接驳盒相连，进行水下连续观测，并可将数据实时传输至陆地上的数据中心。

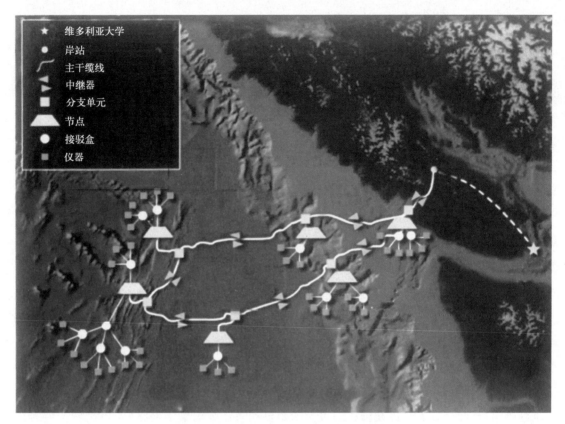

图 7 – 13 NEPTUNE – Canada 网络拓扑图

（二）国外进展

我国海底观测通信系统的研究和建设工作起步较晚，但科学家和工程技术人员已经开始了关键技术的探索。由著名海洋科学家、中国科学院院士、同济大学教授汪品先领衔的"海底观测组网技术的试验与初步应用"重大科技攻关项目，于 2009 年 6 月 23 日通过了上海市科委组织的专家验收，实现了中国海底观测系统建设零的突破。该项目试验站由海洋登陆平台及控制和传输模块、1.1 km 海底光电复合缆、基站包括特种接驳盒、外接 ADCP、CTD、OBS 多种仪器等组成，实现了数据的实时采集、网络传输与可视化管理等主要功能。浙江大学从 2009 年起在舟山市摘箬山岛建立的"浙江大学摘箬山岛海底观测网络示范系统"（ZJU – ZRS Experimental Research Observatory，简称 Z_2ERO）以光纤通信为主干、水声通信为扩展和补充，也为我国海底观测系统的通信提供了示范试验平台。国家海洋技术中心也提出了基于水下环状光纤网的生态环境长期在线监测系统并开始项目研究工作。

（三）发展趋势

未来光纤通信仍然是水下通信技术的主流，它可以提供稳定的通信能力和较大的通信带宽，满足实时数据传输的需求。但水下光纤通信系统也存在建设周期长、费用高、维护困难等特点，我国尚未大规模建立海底观测系统，因此在建设之初更应参考国外的成功经验和失败教训、参照国外大型海底观测计划进行合理规划、完善技术设计。特别是在光纤骨干网的建立中要以长期、稳定、业务化运行为目标进行设计和建设，同时兼顾技术前瞻性，研究和探索有线无线混合组网模式，为进一步实现数据融合、形成更为完善的海底观测系统奠定技术基础。

二、水声通信

电磁信号在海水中的衰减相当严重，因此，水声通信仍然是构建水下无线传感器网络最可靠的通信技术。水声通信具有通信距离远、通信可靠性高等优点。但是，水声通信的传播延迟长、信号衰减大、多径效应严重、通信带宽有限等一些特性导致其在水下通信网络设计上面临着巨大的挑战。

基于水声通信上述特点，为了克服这些不利因素，尽可能地提升带宽利用效率，早期发展了多种水声通信技术，如单边带调制技术、频移键控（FSK）技术、相移键控（PSK）技术等。2010年以后，由于正交频分复用扩频（OFDM）技术和多输入多输出（MIMO）技术的引入，水声通信技术取得了很大突破和进展。

（一）国外进展

国外水声通信和水下无线传感器网络研究起步较早，很多的科研机构在该领域积极展开研究，主要包括：美国康涅狄格州大学、佐治亚理工学院、南加州大学、麻省理工大学、伍兹霍尔海洋研究所和新加坡国立大学等。美国计算机学会（ACM）2006年就成立了国际工作组（WUWNet），专门开展水声传感器网络的研究和交流。近几年美国水下无线传感器网络的较大的项目有：美国海军研究办公室的海网（SeaWeb）计划、哈佛大学的 CodeBlue 平台研究计划、圣迭戈 SPAWAR 系统中心的分布式侦察传感器网络（DSSN）以及麻省理工大学的自动海洋数据采集网络（AOSN）等。在美国海军潜艇联合会举行的潜艇技术论坛上，披露了近海水下持续监视网（PLUSNet）计划，它通过构建半自动控制的水下三维立体声学网络，来实现对水下环境的监视和采样以及对安静型潜艇的探测，并预计在2015年前后具备完全作战能力。洛克希德·马丁公司为美国海军研制能够适应近海海域环境、可以快速布防的先进部署系统（ADS），被用于探测水下敌方潜艇。欧盟则在海洋科学技术计划（MAST）的支持下开展了一系列的水声通信网络研究。

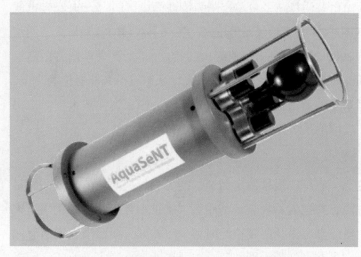

图 7-14　AquaSeNT 公司的水声调制解调器产品

在通信设备方面，国外目前也已有多家公司制造出了商用水声调制解调器产品，美国 Link-Quest 公司的 UWM 系列产品体积大、能耗高，适于远距离通信，澳大利亚 DspComm 公司的 AquaNetwork 系列产品以及英国 Tritech 公司的 Micron Data Modem 体积相对较小，误码率和耗电量都很低。2013年，AquaSeNT 公司发布的水声调制解调器采用了较先进的 OFDM 技术，能够在 4 km 范围内达到 3.2 kbit/s 的通信速率（图7-14）。

(二)国内进展

我国从事水声通信和水下无线传感器网络研究的单位主要有中国科学院声学研究所、中国科学院海洋研究所、中国科学院自动化研究所、中船重工715研究所、哈尔滨工程大学、厦门大学、中国海洋大学和国家海洋技术中心等。早在"八五"期间这些单位的科研人员就开始针对低速率远程水声通信和高速率近程水声通信进行了研究和试验。2012年我国"蛟龙"号载人潜水器成功突破7 000 m下潜深度的同时,其携带的自主研发的水声通信系统也首次在7 000 m深度实现了与母船之间的图像、语音、数据和文字的实时通信,传输速率最快可达到5~15 kbit/s。而在基于水声通信的水下无线传感器网络方面的研究则刚刚起步,目前主要的研究方向包括:针对水声通信的组网协议、网络体系结构设计以及水下网络安全技术等。其中,中国科学院自动化研究所提出了基于机器鱼的移动传感器网络实现环境监测的方案。中国科学院声学研究所、中国科学院沈阳自动化研究所和西安光学精密机械所共同设计研制了水下反恐传感器网络监控系统。中国海洋大学在水下传感器网络和海洋立体监测网络领域展开了研究,研制并在海上试部署了水面无线传感器网络。中船重工715研究所构建了水声通信网试验系统,该水声通信网试验系统包括水声MODEM通信网络子系统、浮标无线监控子系统和船基控制中心。船基控制中心(类似SeaWeb服务器)通过数传电台接收各浮标的数据,并对水下MODEM的组网运行状态进行监控。该项目于2010年12月开展了湖上5节点的组网试验。

(三)发展趋势

虽然水声通信具有带宽低,易受干扰等不足,但其作为目前最成熟的水下无线通信方式,可以作为水下光纤通信组网的有益补充,快速、低成本地建立具有自组织和相互协作特性的小范围观测网络或应急观测网络。多潜器联合作业是水声通信的另一应用方向,潜器(包括UUV、AUV等)通过水声通信进行组网,实现协同控制,在水下开展联合作业,可以提高海洋调查和目标搜索等作业的效率,在军事上可以实现潜艇、鱼雷和主动式水雷等装备的集群攻击。随着水声通信和水声传感器网络相关技术的不断完善,其未来必将成为海洋观测、海洋开发和领海防御的重要技术手段之一。

三、无线光通信

水下无线光通信技术的研究开始于1963年,Dimtley和Sullian等人在研究光波在海洋中的传播特性时,证实了在海洋中亦存在一个类似于大气中存在的透光窗口,这一物理现象的发现为研究水下光通信问题奠定了基础。水下无线光通信(图7-15)通常采用光波波长为450~570 nm的蓝绿光束,蓝绿光通过海水时,不仅穿透能力强,而且方向性好,是在深海中传输信息的通信重要方式之一。水下无线光通信技术可以克服声通信的带宽窄、受环境影响大、可适用的载波频率低、传输的时延大等缺陷。但海水是一个复杂的物理、化学、生物组合系统,它含有溶解物质、悬浮体和很多活性有机体,导致光波在水下传播过程中易因吸收和散射作用而产生衰减,进而会造成激光通信误码率提高,当误码率达到一定程度时会直接导致通信失败。为了保证通信成功,通常采用两种方法来解决这个问题:①增加信噪比,即增大发射功率、降低接收设备本身的噪声、选择好的调制制度和解调方法、加强天线的方向性等措施;②采用信道编码,即增加差错控制功能来解决这些问题。第一种方法提高信息传输可靠性的代价较大，费用高，只能将传输差错减小到一定程度。随着编码理论和高速数字处理硬件技术的发展，编码处理硬件成本越来越低，使得纠错技术在实际的数字通信中逐渐得到广泛的应用。

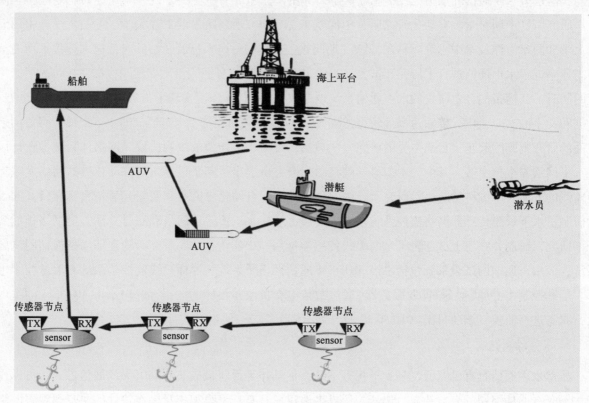

图 7 - 15　深海无线光通信示意图

(一)国外进展

早期的水下光学通信技术研究集中在军事领域，它一直是水下潜艇通信中的关键技术之一。美国海军从 1977 年提出卫星与潜艇间通信的可行性后，就与美国国防研究远景规划局开始执行联合战略激光通信计划。从 1980 年起，以几乎每两年一次的频率，进行了多次海上大型蓝绿激光对潜通信试验，这些试验包括成功进行的 12 km 高空对水下 300 m 深海的潜艇的单工激光通信试验以及在更高的天空、长续航时间的模拟无人驾驶飞机与以正常下潜深度和航速航行的潜艇间的双工激光通信可行性试验，证实了蓝绿激光通信能在天气不正常、大暴雨、海水浑浊等恶劣条件下正常进行。

澳大利亚国立大学信息科学与工程研究学院的研究小组自 2005 年开始研发低成本、小体积、结构简单的光学通信系统，选用 Luxeon Ⅲ LED 的蓝(460 nm)、青(490 nm)、绿(520 nm)光，接收器电路采用对蓝、青、绿 3 种光灵敏度很高的 SLD - 70BG2A 光电二极管。至 2010 年，经实验研究，在兼顾速度与稳定性的前提下，系统通信速率可达 57.6 kbit/s，但由于该系统采用红外无线通信协议，其水下传输速率受到一定限制。

美国伍兹霍尔海洋研究所 2009 年研制了一套基于发光二极管(LED)低功耗深海水下光学通信样机，采用键控调制技术(OOK)实现了最高 10 Mbit/s 的通信速率。但该技术主要是针对深海领域，并没有考虑水下光学信道中的散射影响。此外，据 2010 年资料显示，伍兹霍尔海洋研究所正在开发一种声、光混合通信系统，在100 m范围内使水下通信速率达到10~20 Mbit/s，可以支持实时数据交换，一旦距离超过100 m，仍然利用水声通信系统进行数据传输。

麻省理工大学将可见光通信应用于水下无线传感器网络，利用水下光链接实现AUV对水下传感器的识别、定位及数据获取，通信速率达到512 kbit/s，并于2010年研制出两套小型、轻便、廉价、易于操作的试验样机，分别用于短距离(1~5 m)通信和较长距离通信(十几米)，通信速率可以达到1 Mbit/s。

美国海军航空系统司令部(NAVAIR)的科研小组2011年开始对水下无线光通信展开了系统的理论研究，通过对激光的副载波频率调制实现水下机器人的通信链接，主要研究在海水散射影响对PSK调制的水下光学无线通信在10~100 Mbit/s通信速率的影响，结合实验室内模拟试验进行分析，结果证明了海水的混浊度对信道调制带宽和相位具有重要影响。

(二)国内进展

我国在水下无线光通信领域的研究才刚刚起步，公开的相关文献较少。中国海洋大学分别在1998年和2009年采用半导体激光器在3 m和1.8 m的水箱中进行了不同水质，不同频率的光传输实验，传输数据率为9.6 kbit/s，并对水下无线光通信系统的调制技术和差错控制技术进行了分析研究。中国科学院沈阳自动化研究所研制了全向光通信模块，采用IrDA协议，最高测试传输速度达到57.6 kbit/s，零误差通信距离为2 m。厦门大学光电子工程技术研究中心将自行设计的Nd：YAG声光调Q大功率532 nm激光器运用于水下无线光通信系统的研究，理论上传输速率可达100 kbit/s，并于2010年研发了基于AMBE-1000和STC89C52的水下无线光通信发射系统。和国外的研究成果相比，国内的水下光通信系统无论是在通信速率还是通信距离上都有待提高。

(三)发展趋势

相对于水下声通信，传输速率是水下无线光通信的最大优势和特点，较高的传输速率使未来水下高分辨率音、视频传输成为可能。此外，随着节点设备的小型化，组网技术研究是水下无线光通信的重要发展方向，通过无线光在AUV、船只、浮标等观测平台之间建立高速数据通信网络，可以实现数据的实时传输与AUV的精准路径导航。就目前研究进展来看，以声、光以及光纤等传输介质混合组网实现水下通信是一个有发展前景的方向，它能够充分利用各种通信方式的优势，实现优势互补。虽然目前能够实现业务化运行的水下光通信系统相对较少，但相信在未来，随着技术的不断成熟，无线光通信必将在海洋环境观测、资源开发以及维护国家安全等领域发挥重要作用。

四、电磁波通信

相比声波而言，电磁波具有更高的工作频率和更快的传输速度。然而，在水中应用电磁波则有很多限制因素，首先，由于海水的导电性质，电磁波在海水中衰减严重，且频率越高衰减越大。水下实验表明：MOTE节点发射的无线电波在水下仅能传播50~120 cm。岸对潜(艇)甚低频单向通信是一种世界各海军国家传统的军用远程单向通信手段，从发射到接收的海区之间的传播路径是在大气层中，衰减较小，但从大气层进入海面再到海面以下一定深度接收点的过程中，电磁波场强将急剧下降。这就决定了这类通信只能支持远距离、小深度的水下通信。

（一）国外进展

20 世纪冷战时期，美国和苏联分别将岸对潜（艇）单向通信的工作频率从甚低频的几十千赫兹降到了超低频的 100 Hz 以下，从而实现了 100 m 左右的收信深度。以上两种方式的通信，发射设备的规模宏大，其占地面积以平方千米计，发射机输出功率从几百千瓦到数兆瓦，通信距离可达数千千米甚至超过万米，但其收信深度（即潜艇能可靠接收信号时艇的水线深度）都较浅，甚低频通信的收信深度仅几米至几十米，超低频通信的收信深度也仅百米左右。另外，水下节点采用电磁波通信需要很长的接收天线，这对于体积较小的水下节点而言也是一个挑战。

电磁波在水下较近距离可以实现较高速的数据通信，尽管这不是水下最优的通信解决方案，一些公司仍然致力于对该技术和设备的研发。2006 年 6 月，Wireless Fibre Systems 发布了首款商用水下射频调制解调器 S1510。随后，经过数年改进，2010 年又发布了宽带水下射频调制解调器 S5510，该调制解调器可在 1 m 的范围内达到 1 ~ 10 Mbit/s 的数据传输率。但上述设备的缺陷是体积都相对庞大，不适用于小型化节点。

电磁波的另外一种应用模式是采用近场磁感应技术，与传统的使用天线来产生和传输电波不同，该技术中能量的传递是在两个设备的磁场范围之内进行的，这种方法对于其他电磁信号的干扰具有免疫性，而且由于短距离传输，通信的安全性也相对较高，一些 AUV 的水下数据传输和充电就采用了此种技术。

（二）发展趋势

水下无线电磁波通信作为水下通信手段之一，未来有四大发展趋势：①向极低频通信发展，对超导天线和超导耦合装置的研究将成为热点；②发展顽存机动发射平台，比如机载、车载及舰载甚低频通信系统；③提高发射天线辐射效率和等效带宽，提高传输速率；④作为水下短距离的高速通信手段，其组网协议的适应性设计和通信设备的节能、小型化设计是重要的研究方向。

第八章
海洋观测系统

  鉴于海洋观测在认知海洋方面有特殊的重要性，长期以来，世界海洋强国或国际组织，针对与社会经济发展和国防建设密切相关的海洋现象或特定的海洋科学问题，致力于发展海洋观测技术，组织实施阶段性的或长期的海洋观测计划。随着海洋观测技术和海洋生态监测技术的发展以及海洋数据通信和传输等保障技术的进步，世界各国纷纷建立了区域或全球性的海洋观测系统。

  了解世界主要海洋观测系统（站）的建设和运行现状，有助于我们保持世界海洋科学和海洋前沿技术发展的国际视野，明确我国海洋技术水平在世界上的位置，并为我国海洋观测系统的建设提供决策依据和技术借鉴。本章介绍的海洋观测系统在地理位置上主要位于欧洲、美洲、大洋洲和亚洲（表 8-1）。

表 8-1 世界主要海洋观测系统统计

位置	国家或组织	名称
欧洲	欧盟	Europe Sea Floor Observatory Network（ESONET）
	塞浦路斯	CYCOFOS & TWERC
	挪威	LoVe
美洲	美国	Integrated ocean observation system（IOOS）
	美国	CGSN & RSN
	加拿大和美国	NEPTUNE
大洋洲	澳大利亚	Integrated Marine Observing System（IMOS）
	美国（夏威夷）	ACO
	新西兰	HAWQiTahi & TASCAM
亚洲	印度	OMNI
	日本	DONET
	阿曼	LORI
	台湾地区	MACHO

第一节　欧洲主要海洋观测系统

  欧洲海洋观测系统较为典型的有欧盟多国参与的欧洲海底观测网（ESONET）、塞浦路斯的近海海洋预报（CYCOFOS）和海啸早期预警响应系统（TWERC）、挪威的罗佛敦-韦斯特海洋观测系统（LoVe）。

一、欧洲海底观测网

欧洲海底观测网(European Seafloor Observatory Network,ESONET)是全球环境和安全监视系统(Global Monitoring for Environment and Security,GMES)的欧洲海底部分,目的是提供地球物理、化学、生物化学、海洋学、生物学和渔业的战略性长期监测能力。针对从北冰洋到黑海不同海域的科学问题,在大西洋与地中海精选 10 个海区设站建网,进行长期海底观测(图 8 - 1)。

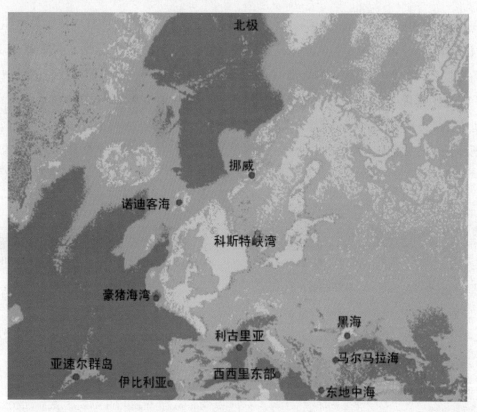

图 8 - 1 ESONET 观测站点图

ESONET 欧洲海底观测网在目标海域主要有水下电缆式观测和浮标系统。从 2004 年夏季开始 ESONET 直接从欧盟获得经费支持,2005—2008 年,完成了基础设备的研制并开展了电缆式和浮标式仪器的试验工作,2009 年开始业务化试运行。最终历时 4 年于 2011 年完成基本建设,共建设完成 6 个观测站。目前正在制定相应标准和建立同 GMES 的海底接口,在处理从 ESONET 取得的数据资料的同时,也参考德国国际海洋数据中心的 PANGEA 系统,并与 ORION(Ocean Research Interactive Observatory Networks)的标准仪器接口相协调。

ESONET 计划不是一个独立完整的海底观测网络系统,它是由不同地域间的网络系统组成的联合体。ESONET 计划的研究人员希望 20 年后 ESONET 具备监视整个欧洲的强大能力。为了实现这一目标,ESONET 计划的科学家们正在探求与其他合作伙伴共享基础信息的可能性。致力于地中海 2 400 m 水下中微子望远镜建设项目的科学家已经架设了一条通向海岸的光缆来传输数据,从当地的海底观测站也可以获得这些数据和信息。

目前，欧盟委员会和几家欧洲基金机构正在支持建设大型研究基础设施平台——ESONET 愿景网（"the vision"），这也是欧洲多学科海底观测站的组成部分。其主要目标是对在大西洋中脊的热液活动进行长期永久监测。洋中脊的热液循环，会对能量和物质从地球内部至地壳、水圈和生物圈的传输产生影响，并在海底断裂带通过可渗洋壳的海水循环和周围的岩石进行化学物质交换，并把海水加热至 400℃ 高温，这股热流向上流动到热液喷口，形成物理 – 化学特性不同的物质（从黑烟囱到喷溢物）。对大西洋中脊进行监控，也是 ESONET 的永久观测活动之一，观测站由法国海洋研究所设计，位于亚速尔群岛南部的 Lucky Strike 地带，观测站由两个海洋监控点组成，通过声学手段将数据传送至浮标上（图 8 – 2）。使用的仪器包括地震仪（由巴黎物理地球学院提供）、化学分析仪和摄像机，现场数据每天传送至陆上数据管理系统，并且每年都会对观测站开展维护活动。

图 8 – 2　ESONET 的熔岩湖地球物理节点

二、塞浦路斯近海海洋预报与观测系统和海啸预警早期响应系统

塞浦路斯近海海洋预报与观测系统（Cyprus Coastal Ocean Forecasting and Observing System，CYCOFOS）主要覆盖塞浦路斯和地中海东部海盆的深海区域和近岸区域，是欧洲海洋观测系统（EuroGOOS）的一部分。

自 2002 年起，CYCOFOS 开始业务化运行，并可实时提供在线监测数据。到 2010 年 9 月，其部署的浮标和传感器系统配合计算科学网国际股份有限公司（Computer Science Network，CSNET）旗下的海底观测部分——近海通信主干网（Offshore Communication Backbone，OCB）共同运行。CSNET 在 2012 年对 CYCOFOS 的浮标和传感器系统进行了一次维护，并在其管理下的塞浦路斯海啸预警和早期响应系统（Tsunami Warning And Early Response System For Cyprus，TWERC）中最大间距为 140 km 的两个节点（图 8 – 3）成功布放了传感器包，传感器包内包括 Guralp 公司的 CMG – 3T 型海底地震仪和 Sonardyne 公司的 8174 型海啸仪（海底压力式）。2014 年 4 月，CSNET 公司的 OCB 由基于浮标的能源和小口径卫星通信系统转变为岸基光电通信系统。目前，OCB 海洋观测系统通过雷迪厄斯海洋通信股份有限公司（Radius Oceanic Communications）管理下的波塞冬海底通信系统与海岸相连。波塞冬的双芯电缆向 OCB 提供恒定电压和光纤带宽服务，同时给未来的海底通信客户提供恒定电流和光纤。OCB 和波塞冬海底通信系统的东西两端相连，而波塞冬海底通信系统又连接上了塞浦路斯电信局的所有岸站（图 8 - 4）。通过减少潜在因素的影响和降低长期运营与维护成本，新的网络架构从内在上改善了电力供给与数据路径冗余（双海岸站供电、多条数据路径和修复路径）和带宽上的问题。近期 CYCOFOS 观测系统的计划是设计和整合 OCB 东西两观测节点处的垂直剖面阵列。

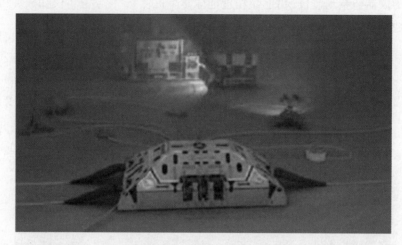

图 8 - 3 OCB 的 TWERC 节点

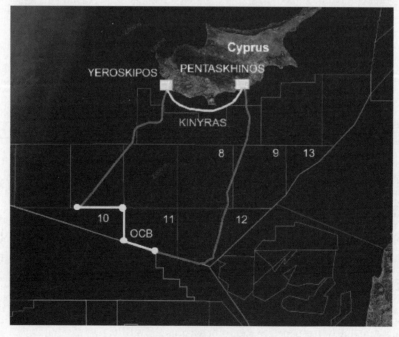

图 8 - 4 OCB（黄色）与波塞冬通信电缆（红色）相连

图片来源：雷迪厄斯海洋通信公司

CYCOFOS 预报系统包括的主要模块如下：①数据实时获取和波浪与海流模型初始边界条件的前处理；②适用于波塞冬海域的高分辨率预报模型和海流预报模型；③粗糙和精细网格波浪的预报模型；④模型产品的可视化模块。

在功能上可以做到塞浦路斯近岸实时海洋预报、地中海东部区域塞浦路斯离岸波浪预报、塞浦路斯海洋遥感、中尺度海域观测以及溢油预报。

三、挪威罗佛敦－韦斯特海洋观测系统

罗弗敦－韦斯特海洋观测站（The Lofoten Vesteralen Ocean Observatory，LoVe）是挪威国家石油公司标准协会和挪威海洋研究所（Institute of Marine Research，IMR）长期共同努力建成的。LoVe 位于挪威北部的海岸（图 8 -5），第一个观测节点距离挪威海岸约 20 km，这是计划建设横断面观测的第一步，未来一共将建设 5 个观测节点，计划筹建的观测横断面会经过大陆架直达深海。在观测横断面建成之前，LoVe 暂不会发挥提供气候、渔业和生态系统研究数据的作用。可从 LoVe 的官方网站上了解相关情况，并任意下载和使用相关数据。

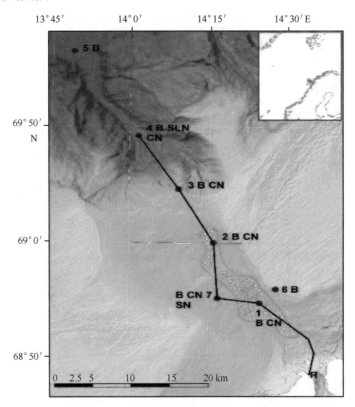

图 8 -5　罗弗敦－韦斯特海洋观测站及规划站位

图片来源：Metas 公司的泰叶·托科尔森

由于该区域的大陆架十分狭窄，大西洋中向北流动的温暖海水聚集在这里且动态多变，所以是研究海洋学、生物学和经济学的热点地区。首先，经由此地的大西洋温暖海水的性质和水量将在今后一些年推动北极地区海洋环境的变化；其次，大量海洋鱼群游过此地或在此地产卵，许多幼虫在这

里第一次摄取食物，所以，此地是研究海洋生物学的好地方；最后，这一地区可能储藏了大量油气资源，但由于这一区域对鱼类、鱼类中的掠食者和渔民来说十分重要，所以是否开采这些资源受到一定争议。

LoVe 的建设旨在进一步完善这一地区的物理、化学和生态环境知识库，并支持对这一关键地区的常规海洋监控。LoVe 观测系统位于水下 255 m 深处，所在区域有深海珊瑚。观测系统包括一系列的传感器，一架观察珊瑚用的摄像机、温盐深仪、声学流速仪和叶绿素与浊度传感器，还配有包括两个传感器和一个水听器的回声探测器，在未来系统将安装更多的传感器。

第二节 美洲主要海洋观测系统

美洲的海洋观测系统集中在北美发达国家，主要有美国综合海洋观测系统(Integrated Ocean Observing System，IOOS)、大洋观测计划(Ocean Observatories Initiative，OOI)的近岸全球尺度节点与区域尺度节点观测网(GCSN&RSN)以及加拿大的金星和海王星海底观测系统(VENUS & NEPTUNE)。

一、美国综合海洋观测系统（IOOS）

美国综合海洋观测系统(IOOS)有 11 个作业水区(图 8 - 6)，覆盖范围内业务化运行的岸基海洋观测站(点)、高频地波雷达站和近海浮标等统计信息见表 8 - 2。

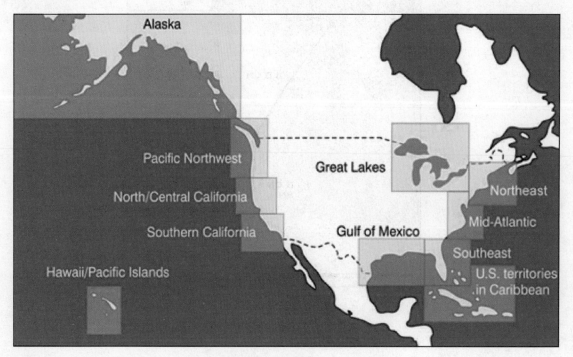

图 8 - 6 美国 IOOS 系统 11 个近岸水区

表 8 - 2   美国 IOOS 区域性机构范围内的业务化观测站(个)分布数量(个)[*]

区域海洋观测系统	岸基台站	浮标	高频地波雷达站	滑翔器[**]
阿拉斯加海洋观测系统(AOOS)	50	31	2	0
加勒比区域观测系统(CaRA)	22	19	2	1
中北加州近海区域观测系统(CeNCOOS)	19	12	26	2
墨西哥湾近岸区域观测系统(GCOOS)	93	32	3	3
五大湖观测系统(GLOS)	97	18	0	0
大西洋中段区域近岸观测系统(MACOORA)	58	30	19	1
西北联合网海洋观测机构(NANOOS)	35	30	11	0
东北近岸区域观测系统(NERACOOS)	47	30	23	3
太平洋岛屿海洋观测系统(PacIOOS)	7	13	3	0
南加州近岸区域观测系统(SCCOOS)	13	22	30	4
东南区域近岸海洋观测系统(SECOORA)	94	21	13	0

注:[*] 为统计截至 2014 年 4 月 30 日;[**] 为目前激活的数量。

(一)业务化观测与布局

美国业务化运行的观测网络具有明确的目标性和应用性,即保障社会安全、服务经济发展和保护生态环境,例如为其海洋灾害预警、海洋污染示踪、海上救援、生态渔业资源保护等国家目标服务。在观测项目和分布上,其主要集中在海水表层和海洋气象,目前并不涉及海水深部或者海底的观测。

IOOS 是美国海洋大气管理局(NOAA)领导下的全联邦跨系统计划,目前共有 18 个联邦机构参与,若不包括美国境外的和未来计划实施和建设的观测站(点),现阶段在美国境内 11 个区域性海洋观测系统空间范围内业务化运行的共有 535 个岸基台站和 132 个高频地波雷达站(表 8 - 2),全球范围内多达 1 000 余个浮标的浮标观测网是美国海洋业务化观测的主体,但在上述 11 个区域内主要有 258 个浮标或海上平台。此外还有滑翔器、动物遥测系统以及在全球范围的 240 艘左右的观测志愿船。

1. 岸基台站

岸基海洋观测台站系统由分布于沿岸、岛礁、灯塔和码头的自动观测传感器系统组网构成,是美国业务化的自动观测系统的主要部分。各岸基台站沿美国东西海岸线的平均间隔约为 40 km,基本全部实现了全天候自动化无人观测。其观测项目是经过计划和设计的,部分观测站点仅观测风向、风速、阵风强度或仅观测气压和气温,但绝大多数站点会观测上述五项指标;部分台站根据区域海洋气候特点和周边观测系统的观测互补性适当增加观测露点、海水表层温度和冰层;国家水位观测网的 232 个主控台站还额外观测水(潮)位,在特殊时期还在主控站之间增设持续观测至少 1 年的 600 多个二级站和观测周期至少 30 d 的若干个三级站。此外,选择性地在一些站点观测特殊项目,例如南加州近岸区域的 LJPC1 站观测波浪,墨西哥湾区域的 PTAT2 站观测潮汐。另外,重要的入海河口均布设有国家河口研究观测中心的观测组站，一般包括 1 个自动气象观测站和若干个观测海水温度盐度深度、电导率、浊度、溶解氧和 pH 值的水文站。

为了提高海上作业的安全性和效率，满足港湾航运的需求，NOAA 下属的国家海洋局在主要港湾航道建设了 21 个 PORTS® 系统。用于水文和气象观测的岸基水位站是 PORTS® 系统的重要组成部分。可实时发布水位、水流等重要环境数据，帮助用户（包括货船的经营者、船长、引水员、娱乐业主、游客及港湾设备管理者等）对船舶装载吨位、限制通行时间等问题做出决定，以保护航运和娱乐业的安全，提高经济效益。经济专家的分析证实了 PORTS® 的经济效益，以坦帕港湾（Tampa Bay）为例，PORTS® 系统安装之后的 5 年中，佛罗里达搁浅船舶的数量下降了 60%。

2. 浮标

浮标系统包括各类固定和移动浮标、海上固定或移动平台上的自动观测传感器系统等，是美国业务化的自动观测系统的另一主要部分。美国业务化浮标观测系统在布局上沿海岸线轮廓呈网状分布，由陆地向海洋方向逐渐稀疏。在阿拉斯加区域的主要为 6 m 船型锚系浮标，其余个别为 12 m、3 m 和 1.8 m，可测量风向、风速、冰层、波浪、气温、气压、水温等指标；在墨西哥湾区则主要在海上固定、移动钻探平台和立柱上装置观测仪器，除气象观测外可观测剖面海流和波浪，此外也有少量的 3 m 和 10 m 浮标；在靠近低纬的加勒比区域，部分浮标装备热能指数传感器。在其余海洋观测区域主要布设的是观测波浪和气象的 3 m 圆形或泡沫浮标，波浪骑士以及携带温盐深仪和叶绿素传感器的 1.8 m 浮标。除此之外，沿海岸线轮廓还布设有测量波形曲线的 2.6 m 海啸预警浮标。在上述区域以外业务化运行的还有部署在整个太平洋中部的海洋热带风暴阵列，包括 55 个浮标的阵列可观测该区域海洋表面流场和风场，以帮助探测和了解厄尔尼诺与拉尼娜现象。

3. 高频地波雷达

高频地波雷达（High Frequency Radar，HFR）已经在 IOOS 各地区进行业务化使用。在国家层面上，高频雷达有很广的应用范围，包括物质循环研究、漏油事件/污染跟踪、搜索和救援、海滩关闭、海啸、台风和飓风的检测、海上安全和业务、浮标跟踪、渔业、绿色能源以及水质和娱乐；在国际层面上，美国 IOOS 提出了通过地球观测组织（Group on Earth Observations，GEO）建立全球性的高频雷达网，目前有 90 个国家参加了 GEO。在全球范围内，主要的 35 个国家中有超过 350 部 HFR，而在美国进行海洋观测业务化运行的就达 130 多部，观测分辨率共分为 4 级，主要对应测量 20 km、45 km、75 km 和 150 km 海域范围内的海流流场。测量 20 km 海域的高分辨率（频率 40～45 MHz）HFR 主要有 5 部，全部位于中北加州区的旧金山附近海域，从属于旧金山州立大学；测量 45 km 海域的较高分辨率（频率 25 MHz 左右）的 HFR 共有 30 部，除 3 部部署在中北加州区外，其余均部署在南加州和东北近岸区域；测量 75 km 范围（频率 12～16.5 MHz）的 HFR 共有 50 部，主要分布在中北加州区、南加州区、东北区、东南区、加勒比和太平洋岛屿区；除在阿拉斯加区域北部仅有 2 座外，测量 150 km 的远程 HFR（频率为 4.4～8.5 MHz）基本全部覆盖美国东西海岸（图 8-7）。

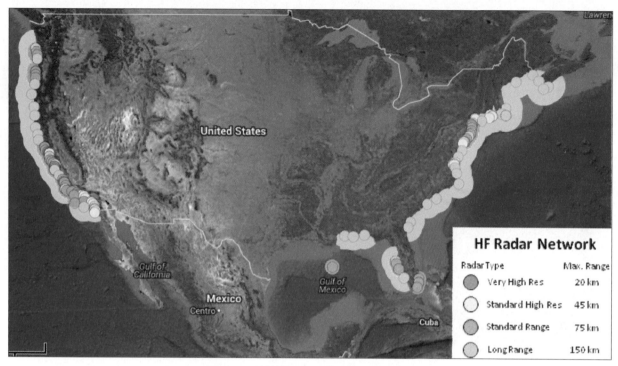

图 8 - 7　美国东西海岸高频地波雷达分布

4. 滑翔器

近年来，可控滑翔器的显著应用增加了美国 IOOS 的潜力和自适应观测能力。过去的 5 年，美国滑翔器运营商已经出动了超过 25 722 次的滑翔班次，在此过程中制造的基础设施已为其全国性的业务化滑翔器网络提供了坚实的基础。自 2005 年起，美国就已开始了水下滑翔器的业务化试运行，目前部署的水下滑翔器主要为 Slocum 式和 Spray 式（图 8 - 8），布局分别应对飓风预警、溢油预警响应以及渔业、气候、生态和水质管理等业务。业务化运行的水下滑翔器的任务与目标同其所携带的传感器种类密切相关，除辅助飓风预报以外，串联水下滑翔器还可通过跟踪研究行进中的有害藻华，以便更好地掌握赤潮的预测技术。水下滑翔器技术可收集关键水体信息却不危害人身安全，具有辅助海洋防灾减灾的巨大潜力。

5. 动物遥测

水生动物遥测可在远处对动物行为和环境数据进行测量。一方面是将具有"标签"性质的生物传感器让动物携带，根据传感器发送的卫星信号和数据对动物进行追踪和行为分析，这种方式在防止物种灭绝，保护生物多样性，并实施生物资源生态系统化管理中至关重要。另一方面是借助动物观测海洋环境，可以消耗较低的成本而获得高质量的海洋学物理数据。动物尤其擅长寻找到海洋学家感兴趣的区域，例如海沟或上升流区。美国 IOOS 制定了建立美国动物遥测网络战略计划，并与海军研究局、海军海洋学办公室、国家环境预报中心以及斯坦福大学霍普金斯海洋研究站的太平洋捕食者标记计划（Tagging of Pacific Predators，TOPP）合作，对 TOPP 的 8 138 个观测点的访问数据用于模型再分析后证明，动物源传感器的数据足够精确且质量较高，能够填补海洋观测的空白（比如边界洋流），并能促进海洋物理模型的运行。

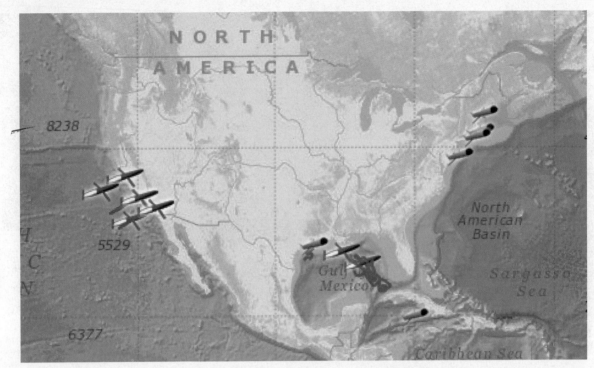

图8-8 美国水下滑翔器的业务化试运行布局

图片来源：http://www.ioos.noaa.gov

NOAA 和 IOOS 的部分区域进行了动物遥测的业务化试运行。例如 AOOS 与加拿大和俄罗斯共同合作开发了北极动物标签网络，以增强对偏远北极海域的海洋和动物的观察；PacIOOS 在夏威夷大学研究人员和太平洋声学阵列的帮助下，开始进行太平洋虎鲨追踪系统的业务化试运行（图8-9）；GLOS 和大湖区渔业委员会也于 2012 年 5 月进行了大湖声学遥测系统的业务化运行，以解决五大湖渔业和生态管理出现的问题。

图8-9 虎鲨追踪系统

（二）数据管理和通信

数据管理和通信（Data Management and Communication，DMAC）是 IOOS 业务化运行的核心。业务化观测系统获取的数据信息通过卫星或有线通信实时传输至数据中心，可在 6～60 min 完成观测数据的显示与网络化共享。在建立大型数据共享平台（例如美国国家浮标数据中心平台）的基础上，IOOS 于 2013 年 4 月发布了传感器观测服务模板和两个执行软件包（52North 和 ncSOS），并在同年 10 月前完成了在全美范围各观测区域的推广，可使每个用户都能轻易访问和使用系统中的各类物理、化学及生物学数据。此外，DMAC 正在推动海洋生物数据的标准化，并为海洋动物的遥测网络组建数据接口。

数据质量是海洋观测系统实现业务化目标的关键。美国综合海洋观测系统在 2012 年 8 月正式成立了实时海洋资料质量保证体系，并将其作为 DMAC 服务的一部分，IOOS 在 2013 年 10 月之前设计发布了溶解氧、海浪和洋流三个指标观测的质量控制程序手册，并紧接着在 2014 年 1 月发布了温度和盐度的质量控制程序手册，这些观测指标传感器质量控制程序的标准化代表了 IOOS 的又一重大进步。谷歌地图等 GIS 系统也广泛应用于美国综合海洋观测系统中。例如 SECOORA 基于谷歌地图开发的 GIS 系统可以自动获取并发布海洋的信息，在"海洋观测"工具栏，可绘制最大风力、海浪和水位专题图。

（三）海洋观测系统装备

从装备类型来看，IOOS 的观测系统装备主要包括多观测要素传感器（仪器）、观测搭载平台、能源供给和数据通信传输等其他辅助设备。

1. 传感（仪）器

IOOS 的传感（仪）器专业性强且性能优良。例如美国国家潮位观测网的主控观测站使用的观测设备主要是 Aquatrak 公司的 Model5000 系列声学潮位传感器和 WaterLOG 公司的 H－361i 型雷达传感器，不需建造验潮井，仅有个别地区因特殊的环境条件使用压力式、浮子式或气泡式潮位计，如阿拉斯加和五大湖地区使用 BEI 公司的气泡式传感器。而临时站使用 YSI 公司的便携式 600LS 型高精度透气式应力传感器，其重量仅为 0.5 kg，仅需 4 节五号碱性电池即可工作。在海洋气象方面主要有 R. M. YOUNG 公司的 05106 海洋型测风传感器等，该传感器可应对海洋观测下特殊的盐度、湿度等恶劣环境，并能快速响应移动观测要求。

这些仪器智能化和自动化程度高，几乎都是成熟的商业化产品，装备部署均通过了深水（西海岸）、浅水（东海岸）、淡水（五大湖）和应急（墨西哥湾）等多种环境下严格的测试与评价程序以及质量保证措施，可基本实现全自动无人值守、长时间连续稳定的观测。

2. 搭载平台

IOOS 的海洋观测平台主要有传统的台站、雷达站、锚系浮标、潜标等固定式平台和拖曳式、AUV、滑翔器、漂流浮标、船队等实现自动或随动水平扫描、垂直扫描或任意形状扫描式观测的移动式平台。被观测要素的主要特征对观测平台有特定的要求，例如矢量参数测量平台对自身稳定性有较高的要求；而对同一观测要素，由于测量方法和传感器的不同会有多种形式的平台，例如美国业务化的波浪测量系统有固定在海床基平台的声学、电磁、或压力传感器，有系泊的 Datawell MKⅢ 波浪骑士，也有在岸基的高频地波雷达站。

除船队、海洋石油平台外，大多数观测平台均是无人值守的。

岸基台站广泛分布于沿岸、岛礁、灯塔和码头（图8-10），一般均有备用观测装备，并每隔1~3年巡检更换。

图8-10　美国业务化海洋观测岸基台站

近海观测平台主要以锚系浮标为主。美国的锚系浮标主要有三种：直径10 m、12 m的大型圆盘形和6 m中型船形浮标，这两种浮标主要用于几百至几千米水深的海域；还有3 m圆盘形浮标，主要用于近海或者湖泊及河口的监测。截至目前，NDBC统计在站的锚泊海洋资料浮标有258个，其中大部分为NOMAD浮标以及3 m圆盘形浮标，大型圆盘浮标已经趋于淘汰。美国海洋浮标系统经过40多年的技术进步与应用，浮标技术已经相当成熟，其功能在商业化应用中不断完善；浮标种类齐全，浮标的测量项目多，海上生存能力强，可随着海洋监测的需要配置专用化浮标、小型化浮标。

目前美国的水下滑翔器主要为Slocum式和Spray式，水下滑翔器等移动式平台可在灾害来临时收集关键水体信息却不危害人身安全，具有辅助海洋防灾减灾的巨大潜力。以2011年8月的飓风"艾琳"和2012年10月的飓风"桑迪"为例，当"艾琳"形成时，由沿途各区域的岸基观测站、浮标和高分辨率HFR组成的观测网为其预测提供了重要的数据信息，在"艾琳"登陆完成前就完成了行进路径的准确跟踪预测，然而"艾琳"的预测强度还是被高估并造成了社会资源浪费。所幸当时MARACOOS配备了一架水下滑翔器正在支持美国环保署对该区域的巨大藻类进行监测，由于"艾琳"接近大西洋中部，滑翔器收集到了"艾琳"沿途路径上的水体特征信息。在风暴过后，罗格斯大学的科学家研究分析了水下滑翔器和高频地波雷达获得的数据，发现在飓风眼通过之前海洋表层的实际温度已经降低，当用海水表面当时较低的温度参数重新运行飓风预报模型时，预测产生的强度值比暴发当时的预报值更准确。

之后当飓风"桑迪"登陆时，MARACOOS在其附近部署了水下滑翔器，获得的实时数据对"桑迪"强度进行预测的结果比未取得数据预报的强度要大很多，新的预报结果打消了政府决策者和公众对之前飓风"艾琳"强度估计过高的怀疑，并及时提高了预警等级，尽可能地减少了损失。此实例体现了美国业务化无人水下移动平台（滑翔器）在海洋防灾减灾方面的能力。

3. 辅助设备

辅助设备可间接保障业务化海洋观测的稳定性和可靠性。目前，IOOS的能源普遍使用太阳能和蓄电池结合的供电方式，部分使用海洋能、风能等可再生能源，极大地提高了观测系统的工作寿命，减少了维护次数。在不易维护的区域和海域，台站和浮标系统采用至少两个独立供电系统，每个系统都有蓄电池和可再生能源利用装置，都能为观测系统供电，提高了观测系统的可靠性。

同时，观测系统采用多种通信手段，通信的可靠性高，无人值守的自动监测台站和浮标基本实现了遥测功能，部分实现了遥控功能。数据传输系统由最初线缆、HF通信网络演变到现在的卫星、电话、无线电等多种通信方式组成。通过卫星传输数据，突破了地理位置上的局限性；采用卫星的双向数据传输技术，使观测系统遥测和遥控功能得到实现。

此外，浮标等海洋自动观测设施被破坏是一个世界性难题。IOOS目前在部分业务化运行的国际性浮标上安装摄像系统来间接避免对浮标的破坏。美国国家资料浮标中心（National Data Buoy Center, NDBC）在位于墨西哥湾附近的热带大气海洋阵列浮标和位于阿拉斯加湾南部的深海海啸预警浮标（Deep - ocean Assessment and Reporting of Tsunamis, DART）上开发安装了摄像系统（图8 - 11）。例如，当委内瑞拉的渔船Cayude号接触到TAO浮标并开始拖拉时，NDBC通过摄像头可以对它进行实时监控和取证，海上执法部门可以基于这些影像采取行动。美国海岸警备队对该船只发出警告，并请国际渔业协会进行执法。同时，NOAA的国际机构和美国国务院委托委内瑞拉政府采取行动以防止恶意破坏浮标的情况再次发生。此方法可通过引起高层的关注来尽量减少人为对业务化观测系统的破坏。浮标上的

图8 - 11　DART浮标上安装的摄像头

摄像系统不仅仅能拍摄和取证，也可以将所在海域的海空状况实时记录并实现可视化。

（四）教育与知识传播

美国早在20世纪60年代就开始重视海洋教育，通过资助海洋教育来吸引更多的人才从事海洋科学研究和服务海洋事业。目前，美国主要通过建立卓越海洋教育网、超过140余所的涉海高等院校、组织形式各样的全民海洋教育等方式普及海洋教育。其中，其业务化海洋观测网也为美国的全民海洋教育提供了重要的实践与知识传播平台。

培养下一代科学家是美国IOOS的宗旨之一，例如CaRA海洋观察系统组建了波多黎各气象夏令营，为公众介绍沿海天气和海洋观测工具。该夏令营的目的是让高中生接触更多的开放大气科学学术研究、职业发展技术研究、地理学和海洋学等内容。2012年，美属维京群岛海洋行动小组为当地的学生提供了赞助，最后其中超过45%的参加者都留在了气象学和海洋学领域。2013年4月的地球日，NANOOS在华盛顿海岸重新部署了一个配有海洋酸化传感器的浮标，6名来自华盛顿大学海洋系的博

士生登上邮轮协助内波的研究，并在海上学习宝贵的经验，同时参加研究的还有来自教育界的 2 名教师，3 名 NOAA 志愿者和 1 名西雅图水族馆的工作人员。任课教师的任务包括与他们的科学课学生共同了解和使用实际巡航/系泊的数据、学习船上的科学研究项目，并在整个巡航过程中使用 Skype 与学生通信；志愿者们希望丰富他们关于当今海洋科学研究的科学知识，以方便他们向华盛顿海岸的国内外游客提供信息；浮标的部署有助于让美国未来的科学家和领导人了解海洋观测和海洋酸化的主题，同时能提供数据帮助决策者做出有利于改善国家的安全、经济和环境的决策。此外，IOOS 还提供了非正式教育的机会，以激发青少年及其家长对海洋环境的兴趣，例如 GCOOS 对环保英雄游戏的获胜者进行奖励，该游戏是一个互动的生态保护游戏，其具体内容包括了解墨西哥湾的环保价值以及拉近海湾内观测和科研与公众日常生活的关联性。

二、美国大洋观测计划的全球近岸节点和区域节点观测网

由美国国家科学基金会资助的大洋观测计划（Ocean Observatories Initiative，OOI），已在多个技术测试和开发前沿方面取得了重大进步。2011 年，OOI 工作组对沿海和全球阵列开展了海上测试，在俄勒冈州和华盛顿沿海安装了大范围水下光缆；采购了核心仪器平台（滑翔机、AUV）、传感器和设备；并在 OOI 网络可视化方面取得了重要进展。

近岸和全球尺度节点（Coastal and Global Scale Nodes，CGSN）由伍兹霍尔海洋研究所、俄勒冈州立大学以及斯克里普斯海洋研究所共同创立。OOI 在 2011 年为 CGSN 配备了水下滑翔器，随着在华盛顿和俄勒冈州沿海永久阵列以及在新英格兰沿海的前沿阵列运行的初步开发（图 8 - 12），CGSN 已于 2012 年开始业务运行并向用户传送数据。

图 8 - 12　OOI 小组在将全球混合分析器装至 R/V Oceanus 上，用以在新英格兰沿海进行海上测试

区域尺度节点（Regional Scale Nodes，RSN）前身是美国和加拿大"海王星"计划（North – East Pacific Time – series Undersea Networked Experiments，NEPTUNE）的美国部分，早期的"海王星"计划在 1998 年开始设计，由美国和加拿大两国按照 2:1 的经费投入和工作量分头建设，美国参与的工作也是 OOI 的重要组成部分。之后由于金融危机和美国政府的战争预算，OOI 的规模到 2007 年落实的经费大为缩减，政府预算直到 2009 年才兑现，最后的实施方案是从 2009 年 9 月到 2014 年。

RSN 是指板块尺度上的试验平台，用来综合观测从海底生物圈到水圈、整个海洋水柱，直到海气界面的各种过程。区域网将深入观测各种关键性海洋过程，包括生物地球化学循环、渔业与气候作用、海啸、海洋动力、极端环境中的生命、板块构造过程。受经费反复缩水的限制，OOI 的网络架构由最初的环形网到"V"形网，最后缩减到单线网。OOI 的供电方式与加拿大"海王星"类似，采用高压 10 kV 供电，拥有 10 Gbit/s 的信息传输能力，可扩展至 40 Gbit/s，总共在 3 000 m 水深范围内将布设 7 个主节点。

在 2011 年，RSN 取得了众多里程碑式的成就：完成了两条长度为 1 nmile 的横向钻管的铺设；在俄勒冈沿海安装了 540 nmile 的主干电缆；并给太平洋沿岸设施装配了电力和光传输设备。在 2012 年秋季进行了主要节点的安装，并对高功率、大宽带光缆上的仪表、系泊设施和传感器开展了广泛的试验。2013 年夏季在"愿景 13"的计划期间，利用 R/V"汤普森"号和搭载在 ROV 上的海洋科学遥控平台对 RSN 的基础设施进行了测试和更新。其中，长达 22 000 m 的光纤延伸电缆、3 个中等功率接线盒、4 个短周期地震仪和 1 个高清晰度摄像机已安装并经过检验。RSN 在 2014 年 7—10 月进行了"愿景 14"计划，将部署华盛顿大学设计的全新的配有深水剖面仪、浅水剖面仪和平台的观测系泊缆，已于 2014 年 10 月初完成长达 925 km 的网络建设（图 8 – 13）。RSN 也于 2015 年初试运行和全面投入使用（图 8 – 14）。图 8 – 15 显示的是在 Friday 港口实施场地安装深水剖面仪的情况。

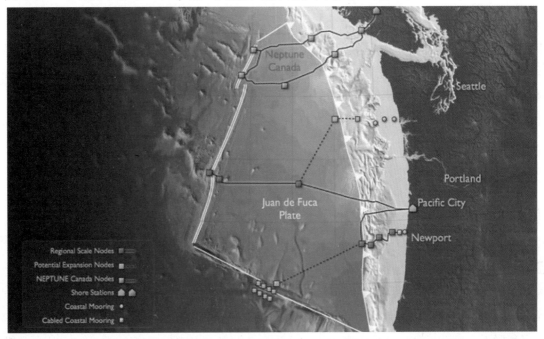

图 8 – 13　国家科学基金会提供资金建立海洋观测计划的 RSN

图片来源：海洋观测计划地区观测节点和华盛顿大学

图 8 – 14 2013 年 11 月，在 Friday 港口实验室试验场地，工作人员把海洋观测
计划地区观测节点深水剖面仪安装在系泊缆绳上

图片来源：华盛顿大学的蒂姆·麦金尼斯

OOI 的教育和公众参与组织（Education and People Engagement，EPE）正在建立各种软件界面和网络工具，帮助教育工作者将海洋带入他们的学习环境。新泽西州立大学负责 OOI 教育性能的开发。EPE 组织正在设计相关软件和网络工具，用户范围非常广泛，包括教师、研究生和大学生、信息科学教育工作者以及普通大众。

三、加拿大的海王星（NEPTUNE）和金星（VENUS）观测系统

20 世纪 90 年代中期，美国华盛顿大学和伍兹霍尔研究所的学者提出了用光纤电缆联网布放仪器进行大区域海底连续科学观测。经过 10 余年的努力，由加拿大建成了当今观测规模最大的海王星海底观测网，即 NEPTUNE。NEPTUNE 从 1998 年开始策划，于 2009 年 12 月 8 日正式运行，其最大深度约 3 000 m，观测网系统设计寿命期为 25 年。2011 年美国《大众科学》（Popular Science）杂志把它列入世界十大"史诗性"科学项目中。

NEPTUNE 布放于北美太平洋岸外的胡安·得·夫卡板块最北部，海底光电缆长达 840 km，采用 10 kV 直流恒压供电，与海水形成回路，可传输 60 kW 的能量和每秒 100 亿字节（10 GB）的大量数据。其中共有 5 个（另有 1 个待建）海底节点并形成了环路，观测范围从水下 17 ~ 2 660 m。通过海底节点可将海底电缆上的高电压进行降压并提供给水下接驳盒使用，水下接驳盒则通过分支光电缆与观测仪器和传感器相连。

NEPTUNE 要解决的重大科学问题是：①地震学和地球动力学；布放海床基机器人，用于监测、观测和记录地震或者火山爆发事件，以确定活跃的大洋中脊的地质学、物理学、化学和生物学过程之间特定的联系和变化特征；②次表层水文地质学和生物地球化学；③俯冲带过程中的液体喷发和天然气水合物；④跨边缘微粒通量研究；⑤水体过程研究，建立长期的数据序列，以改进目前重要

的全球表层水和底层水过程的物理学－化学－生物学模型；⑥渔业和海洋哺乳动物研究，包括渔业的先行研究和对鲸鱼以及其他大型哺乳动物的迁徙特点和摄食行为的详细研究；⑦深海生态学研究，通过广泛的空间和时间采样测量和现场试验，加强对以前研究很少的、覆盖了60%地球表面的深海群落的生态学功能的了解。围绕这些科学主题布放的观测仪器有宽频地震仪、海底压力计、海流仪、温盐深仪、氧传感器、声学多普勒流速剖面仪（Acoustic Doppler current profilers，ADCP）、数码相机、浊度计、水听器、荧光计、硝酸盐传感器、气体张力测量仪、方向传感器、流式细胞仪、沉积物捕获器等多种物理、化学、生物、地质观测仪器，摄像机以及观测型AUV，通过通信/电力光电缆网络和全深度锚泊系统的组合，使NEPTURE能够对海洋内部和在海底500 km×1 000 km范围内的海洋现象过程进行观测。它完全改变了传统的海洋调查观测及数据获取方式，科学家在岸基实验室内就可以看到海洋现象或过程的实况。海洋学家们可以坐在陆基实验室或课堂里，通过互联网实时观测海洋内部和海底各种物理、化学、生物、地质过程，可进行海洋学和板块地壳构造过程研究，从而实现了对海洋过程、海洋生物、海底地质的长期、实时、连续自动观测，实现对国民的现场海洋学教育。

NEPTUNE加拿大方面的经费主要来自国家创新基金会（3 990万美元）和不列颠哥伦比亚省知识发展基金（3 850万美元），还有一些部门支持的经费及美国对前期设计计划的补助金，总计1.12亿美元。为建设NEPTUNE系统，加拿大先期分别在南部不列颠哥伦比亚省的萨尼奇湾和乔治海峡建设金星（VENUS）海底观测站点作为技术先行试验，水下概念见图8－15。目前，维多利亚大学的加拿大海洋观测网（Ocean Networks Canada，ONC）负责NEPTUNE和VENUS海底观测站运行和发展。在过去10年间，ONC海洋观测站取得了巨大的进展。其资金来源主要是加拿大政府、加拿大创新

图8－15　加拿大VENUS的海底观测站

基金会、加拿大自然科学及工程研究委员会、大不列颠哥伦比亚省政府和加拿大高级研究与创新网络公司。

2013年全年，NEPTUNE和VENUS海底观测站的固定基础设施可让有需求人员从分布在全球最多样化的海洋环境中的200多个海底观测仪器中获得免费、实时的数据，加拿大对这两套观测系统基础设施的投入已达2亿美元，这在全球范围内都是独一无二的。目前两个系统共有长达850 km的光纤电缆连接的9个海底观测站点。

图8-16 保罗·马库恩和海岸巡逻队队员在部署萨尼奇湾VENUS的仪器平台

作为2013年运行计划的一部分，ONC利用了多种机动平台和ROV进行了5次主要的水下维护。3月初，第一支调查队乘坐M/V"海洋调查"号调查船前往位于萨利希海的VENUS，利用"海洋探险"号ROV进行了海底平台维护工作。之后从2013年的4月底到6月底，ONC开始了一系列的连续维护计划，为NEPTUNE和VENUS的海底观测站提供维修和研究支持（图8-16）。期间，NEPTUNE克莱阔特坡站点附近的原观测站部署了一件独特的全新仪器，这个简易电缆原位测量仪设计用于研究海底深处的水文地理、天然气水合物的形成和地震活动。

对于VENUS，2013年10月由考察船和ROV组成的编队对其全部观测平台进行了维护（图8-17），并把新的观测平台安置到更深处的佐治亚海峡海底站点。整个2013年，VENUS观测站传感器系统的二期扩建工程继续取得进展，部署了第一批自治滑翔器和数个专门的海底组件，用以研究海水和沉积物的动力学特征；在萨尼奇湾中部安装了全新的浮标剖面测量系统；在穿过萨利希海的两条附加的大不列颠哥伦比亚渡轮航线上，安装了海洋守护者船用仪表系统和海洋气象站。而在遥远的北部，2013年9月对剑桥湾部署的迷你观测网进行了全面维护，该观测

图8-17 试验台海洋水听器阵列修护的甲板操作

图片来源：ONC

网于 2012 年建立，可从北极区持续不断地发来实时数据。加拿大海王星和金星海底观测网建设和运行管理的成功为其他国家提供了宝贵的经验和技术，也促进了海底观测网向着更大的观测区域发展。

第三节　大洋洲主要海洋观测系统

大洋洲海洋观测系统主要有澳大利亚综合海洋观测系统、美国夏威夷的 ALOHA 海缆观测网以及新西兰的 TASCAM&HAWQiTahi 观测系统。

一、澳大利亚综合海洋观测系统（IMOS）

澳大利亚综合海洋观测系统（Integrated marine observing system，IMOS）是一个完全高度集成的国家系统，可观测洋盆和区域范围的物理学、化学和生物学变化。IMOS 的设施由国家创新系统内的 10 家机构负责运营，可供澳大利亚国内海洋和气候科学团体及国际合作者使用。在 2014 年联合国教科文组织的第四十七届政府间海洋学委员会议上，IMOS 正式被承认成为 GOOS 一个区域联盟（图 8 - 18）。

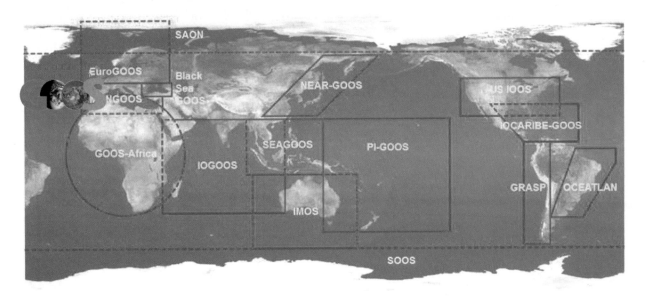

图 8 - 18　GOOS 分布图

IMOS 的国家科学实施计划汇聚了 6 个科学节点，"深海和气候节点"注重的是开放海域，另外 5 个"区域节点"则涵盖了西澳大利亚、昆士兰、新南威尔士、南澳大利亚和塔斯马尼亚等地区。研究主题包括海洋代际变化、气候变率和极端天气、主要边界流和跨流域海流、大陆架、生态系统反应等。

在 2013 年，IMOS 在澳大利亚袋鼠岛（Kangaroo Island）、玛丽亚岛（Maria Island）和中央大堡礁附近海域（Yongala）分别布放了 3 套单价为 15 万美元的海洋酸化浮标，以监测目标海域二氧化碳数据来确定表层海水酸度水平的改变，此外传感器还测量温度、盐度、溶解氧、叶绿素和浊度等参数，同时通过所采集水样，分析每月的浮游生物和营养物质含量。在 2014 年 5 月，IMOS 发布了 2015—2025 年 IMOS 发展战略计划，提出了为确保到 2025 年澳大利亚海洋环境健康可持续发展的 9 项战略任务。2014 年，IMOS 计划新增 1 艘综合性远洋考察船，预计于 2014 年 9 月 10 日在其母港——霍巴特港(Hobart)正式下水服役。此考察船搭载了先进的海洋测量设备，将用于生物地球化学、海洋表面温度、海气界面通量、海洋水色和海洋生物等项目的监测任务。IMOS 的动态信息见表 8 - 3。

表 8 - 3 2013 年和 2014 年澳大利亚 IMOS 动态信息

更新日期	动态信息	备注信息
2014 年 8 月 7 日	IMOS 加入 GOOS	在联合国教科文组织的第四十七届政府间海洋学委员会议上 IMOS 正式被承认成为 GOOS 的一个区域联盟
2014 年 8 月 7 日	新增远洋考察船 1 艘(9 月服役)	http：//imos. org. au/news. html? &no_ cache = 1
2014 年 5 月	IMOS 发布 2015—2025 年发展战略计划报告，此外还发布 6 个子系统发展报告	包括概述、系统简介、发展需求、能力建设、影响力、能力水平和 2025 年的建设目标
2014 年 8 月 20 日	联邦预算新投资 1.5 亿美元继续资助国家合作研究基础设施战略（NCRIS）。IMOS 是国家研究基础设施网络之一。资助项目预计将在 2014 年年底之前敲定	http：//imos. org. au/news. html? &no_ cache = 1
2013 年 12 月 6 日	IMOS 获得 2 560 万美元的资金	http：//imos. org. au/news. html? &no_ cache = 1
2013 年 4 月 16 日	IMOS 布放了三套单价为 150 000 美元的海洋酸化监测浮标	位于玛丽亚岛、袋鼠岛的西部、中央大堡礁附近；提供二氧化碳数据来确定表层海水酸度水平的改变，此外还测量温度、盐度、溶解氧、叶绿素和浊度，分析每月的浮游生物和营养通量

二、美国夏威夷的 ALOHA 海缆观测网

ALOHA 是世界上最早的无线电计算机通信网，它是 1968 年美国夏威夷大学一项研究计划的名字。ALOHA 观测站是夏威夷海洋时间序列计划中的站点，此计划自 1988 年起以每月一次的频率调查水体的地球物理、化学和生物变量。基于 ALOHA 建立的海缆观测网（ALOHA Cabled Observatory，ACO），获得了美国国家科学基金会的支持，从 2007 年开始建设，并在 2011 年 6 月起开始运行，是目前世界上观测节点最深的海底观测网。ACO 位于夏威夷群岛主岛——欧胡岛的北部 100 km 处的 4 728 m 水深处，以研究生物、物理和化学的时变动力特性为目的。ACO 系统采用退役的第一代海底越洋光电缆，

充分降低了系统成本。该系统的接驳盒是利用 SL560 中继再生单元改造而成，通过 3 个稳压二极管为内部负载和外部仪器供电，可为其上搭载的观测仪器提供 1 kW 功率、100 Mb/s 的网络通信和精准时钟。

在观测区域内的贫营养的环境中，ACO 的摄影传感器监测到了非常重要的生物活动(图 8 - 19)。6 周内，监测到了 15 个物种和几个无法辨明身份的物种。目前正在分析 ACO 监测的声学数据，以决定须鲸和其他鲸鱼的探测和分类算法。温度时间序列明显显示多次深海冷水溢出事件，每次都在几天内出现了急速的晃动或波动。

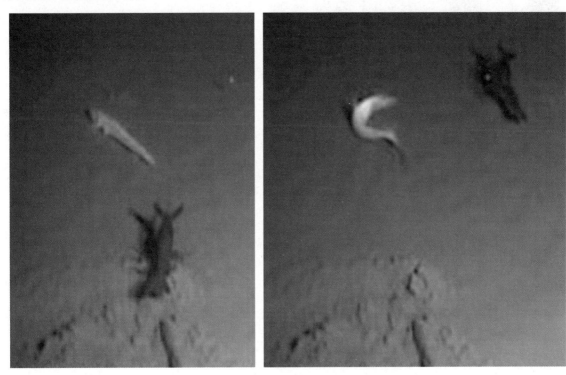

图 8 - 19　一条深海蜥鱼攻击一只 Aristeid 虾

图片来源：夏威夷大学的 J·德雷赞和 A·弗勒里

2014 年 10 月底，ACO 进行了第一次年度维护，部署了一套新的配有导电率、温度、深度和溶解氧测定仪、荧光测定仪、压力、声学多普勒流速剖面仪和声频调制解调器的传感器组件以及一架配有灯光和水听器的摄像机。未来几年，ACO 将部署可达到海表层的剖面系泊系统、海面海底摄像机、碳通量传感器、分散式基本传感器节点等更多的仪器。

三、新西兰的沿海监控平台和海洋监测浮标

塔斯曼湾沿海监控平台(Tasman coastal Assessment and Monitoring，TASCAM)是由考斯隆研究所建造并布放在新西兰海域的首个系统浮标，可远程采集有关塔斯曼湾水质的物理学和生物学数据。该监控平台采用了同美国蒙特雷湾海洋生物研究所联合开发的技术，主要监测温度、盐度、浊度(沉积物)和叶绿素等数据。

图 8 – 20　考斯隆研究所部署前的 WaiQTahi

图片来源：考斯隆研究所

TASCAM 的目标是解决多方利益者的需求，向研究人员、日常终端用户（如养殖户和休闲垂钓者）提供有关当地海洋环境的信息。TASCAM 计划最终将在新西兰全国形成观测网，提供标准化数据集，以对新西兰海域内的事件和动态进行跟踪。

考斯隆研究所将在新西兰北岛的泰晤士河口（豪拉基湾南部）安装海洋监测浮标。此水质监测浮标被称作 WaiQTahi（Wai 在毛利语中是"水"的意思，Q 指代质量，Tahi 在毛利语中是"一个"的意思），WaiQTahi 属于怀卡托地区委员会并受其管理。这一全新的系统包括用于测量天气、洋流、温度、盐度、浊度、叶绿素和溶解氧的各种各样的仪器。考斯隆研究所继续开发更小规模的平台（代号为微水质浮标或 mWQ 浮标），这一浮标被部署在奥克兰市附近的河口和沿海水域进行实时监测。

海洋监测浮标 WaiQTahi（图 8 – 20）是在早先考斯隆研究所、蒙特利湾水族馆研究所和霍克斯湾地区委员会开发的 TASCAM 和 HAWQi 系统基础上研发的。WaiQTahi 将遵循之前几个系统的数据交换和共享的协议与标准，为新西兰不断发展的沿海观测平台网络做出重大的贡献。

第四节　亚洲主要海洋观测系统

亚洲海洋观测系统主要有日本地震海啸海底观测网、阿曼灯塔海洋观测计划、印度洋浮标观测网和中国台湾东部海域海缆观测系统。

一、日本密集型地震海啸海底监测网络系统

密集型地震海啸海底监测网统（Dense Ocean floor Network System for Earthquakes and Tsunamis，DONET）在日本以南海域建网，以地震和海啸的观测预警为首要目的。DONET 计划于 2006 年由日本文部科学省立项支持，以海洋科技厅为主建设执行，并于 2011 年 7 月建成开始业务化运行。DONET 在退役海底光电缆上建网，大大降低了系统总成本，其最大特色在于监测仪器的密集分布，长度达 300 km 的主干线缆上共有 5 个科学节点，20 个观测点，观测点之间相距 15~20 km。每个观测站点可准

确地探测地震和海啸活动，并实时将数据传送给日本海洋科学技术中心的横滨地球科学研究所。2011 年
3 月 11 日，日本东北发生里氏 9 级地震，DONET 网在 800 km 外依然收到了 80 mm 幅度的海啸记录。

在该系统中，可靠性分为三个等级：高可靠性的海缆骨干网；可更换的科学节点；可扩展的测量
仪器。系统采用 3 kV 直流供电，最大功率 3 kW，具有 5 个节点，每 40～50 km 光缆安放 1 个光放大器
（中继器）。可最多安放 40 台科学仪器。每个科学节点上将组合安装掩埋式宽带地震仪、强震加速计、
地震检波器、石英压力计、差动式压力计、水听器，以监测海底滑坡、小规模地震和强震。

从 2011 年 8 月开始，DONET 已向日本气象局和日本国家地球科学和防灾研究所提供地震数据用
于地震预警。在 DONET 建设的同时，DONET2（第二阶段）也于 2010 年开始投入建设（图 8 - 21）。监控
区域扩展到了 DONET 的西侧，将在日本纪伊半岛、近海设立 29 个观测站，预计在 2015 年建设完成
450 km 长的海底主干网和 7 个节点。

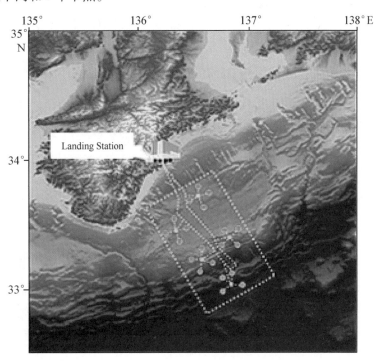

图 8 - 21   DONET 位置图

二、阿曼灯塔海洋研究计划

阿曼灯塔海洋研究计划（Lighthouse Ocean Research Initiative，LORI）观测站的一期和二期分别于
2002 年和 2010 年安装在阿曼海和阿拉伯海（图 8 - 22）。图 8 - 22 显示了 LORI Ⅰ 和 LORI Ⅱ 系泊位置
和 Muray 河脊自主系泊位置。Makran 海沟一带（橙色虚线）的地震活动历史上曾经引发过海啸。下图显
示的是 3D 地势和水深。

LORI 由单芯 85 km 长干线电缆连接的 4 个节点组成，每个节点处有 1～3 个位于水深 67～1 050 m
的 ADCP，可实时提供海洋信息。2007 年 LORI Ⅰ 经过扩展，在 1 350 m 水深处添加了第 5 节点，加入
了地震海啸预警系统，并与伍兹霍尔研究所的节点连接。LORI Ⅱ 系统包括单芯 345 m 电缆，由位于

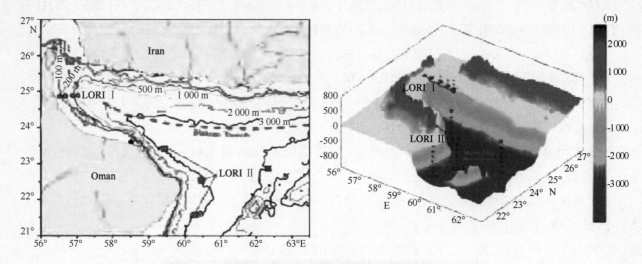

图 8 - 22　LORI Ⅰ 和 LORI Ⅱ 安装位置

3 000 m 水深的 3 个节点组成,通过一组 ADCP 为 3 个系泊装置提供服务。

到 2011 年,LORI 已取得两项重大里程碑式的成就:LORI Ⅰ 已连续第六年运行,且新式 LORI Ⅱ 系统也已运行了两年。该项目 6 年的运行历史意味着,科学家们现在可以将自然季节性或年度波动和异常事件区分开来。

三、印度洋浮标观测网

印度地球科学部下属的国家海洋技术研究所(National Institute of Ocean Technology,NIOT)正在建立和维护用来观测印度周围海域的数据浮标网,目的是监测海洋环境,改进天气和海洋预报。考虑到持续、可靠和高质量数据的重要性,NIOT 负责维护 23 个海洋气象和海啸浮标(图 8 - 23)。

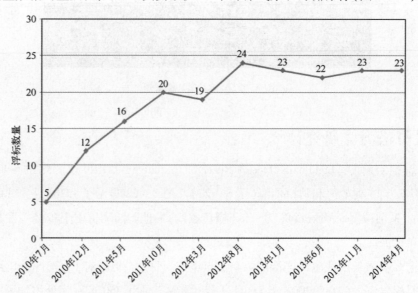

图 8 - 23　NIOT 每月浮标状态表明起作用的浮标数量不断增长

2012 年 4 月到 2013 年 3 月，海洋观测组织利用 13 艘勘探船航行了 196 舰日，累积花费 2 400 人日，共覆盖 18 900 nmile 完成了 82 项部署和维护工作。根据专家建议，在位于孟加拉湾和阿拉伯海的战略要地部署了新一代浮标系统——北印度洋海洋系泊浮标网(Ocean Moored buoy Network for Northern Indian Ocean，OMNI)浮标系统已逐步形成，可在印度海域首次提供实时水下数据。

OMNI 浮标配有包括 ADCP 在内的系列传感器，可按水层离散深度间隔(5 m、10 m、15 m、20 m、30 m、50 m、75 m、100 m、200 m 以及 500 m)采集并传送盐度、温度和海流数据。11 种传感器分别用于测量风速、风向、气温、气压、相对湿度、降雨量、辐射(长波/短波)、海面温度、传导性、海浪和洋流分布等情况。

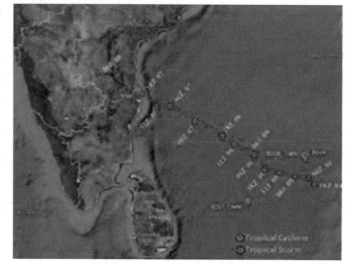

OMNI 浮标为印度的气象部门、海岸警备队、海军和其他业务机构提供了关键性信息。该海域发现的现象包括北海湾的去盐化现象(因雅鲁藏布江等河流的大量淡水入海)、旋风的发生等，OMNI 经受过包括 Jal 和 Thane 在内的多次强烈旋风，并记录了旋风的行走路程(图 8 - 24)。

图 8 - 24　旋风 Jal 的行走路径

部署在北印度洋的 7 个浮标是海啸预警系统的一部分，均配有海底压力记录器。其中有 5 个是 NIOT 开发并部署的，其余 2 个是美国科学应用国际公司开发部署的。印度海啸浮标数据可以在美国海洋大气管理局的国家浮标资料中心(NDBC - NOAA)官网查看。NIOT 继续改善浮标设计，增大其应用范围，部署在古吉拉特邦、安达曼群岛、阿格蒂岛和果阿邦沿海的浮标经过专门设计，用来满足各站点特殊情况需求，同

时还每周 7 × 24 h 发送实时的海洋和气象数据到 NIOT 的任务指挥中心。其中，有两个浮标还支持一个珊瑚礁监测项目，进行 3D 水下成像。图 8 - 25 显示的是 OMNI 在 2014 年部署在孟加拉湾的一款新一代圆形浮标，此款浮标有效负载能力高(比现有浮标的容量大 1 倍多)，有额外的通信系统，并配有一个压力传感器、一个气象监测传感器和多个温度传感器；此浮标还为仪器配件提供了一个外围有两个圆形防撞垫的月池，可在部署和维护时起到保护作用，从而增加浮标的使用寿命。

图 8 - 25　在孟加拉湾部署新一代浮标

图片来源：NIOT

四、我国海洋观测系统

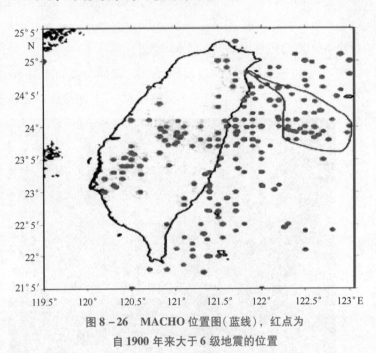

图 8 - 26　MACHO 位置图(蓝线),红点为
自 1900 年来大于 6 级地震的位置

中国台湾东部海域海缆观测系统(Marine Cable Hosted Observatory, MACHO)由日本电气公司承建,隶属于台湾"中央气象局"。系统第一阶段从宜兰市的陆地向外海铺设(图 8 - 26),总长度约 45 km,在缆线接近尾端水深 300 m 处安装 1 个科学观测节点,其上搭载多种观测仪器,主要有地震仪、压力式海啸测量仪、水听器和温盐仪等(图 8 - 27),该阶段已于 2011 年 10 月完工,11 月开始启用。第二阶段将继续延长海缆,预计系统全部建成后,海缆总长度将达到 250 km。测量仪器的安放深度约 300 m,海缆埋深 1.5 m。

图 8 - 27　MACHO 示意图

　　MACHO 的主要目标是提升对台湾以东海域海底地震的监测能力(地震定位能力)和海啸的监测预警能力,预计可将争取十到数十秒的地震应变时间和至少 20 min 的海啸应变时间。其目标还包括:监

测南冲绳海槽的海底火山活动,降低火山活动可能对核电站及北部生活圈造成的影响;观测海底地震,加强台湾海底区域地壳运动的观测;对台湾以东海域的"黑潮"进行持续研究;促进海洋科学与水下科技的发展等。

我国大陆的海洋观测系统在近年来已取得巨大进展,目前已初步建立了由海洋站、雷达、浮(潜)标、海上观测平台、船舶等定点和移动平台组成的海洋观测网络,并开展研发了海底观测示范系统,如浙江大学的摘箬山岛海底观测网络示范系统 Z_2ERO 已在 2013 年 8 月 11 日成功布放,其包括岸站、叶绿素仪、浊度仪、有色可溶解有机物探测仪等(图 8 – 28)。然而,我国业务化运行的海洋观测系统仍主要以近岸台站观测为主,近海、中远海及深海的观测能力仍存在很大不足,滑翔器、AUV、动物遥测等新兴观测方式尚未实现业务化运行。我国业务化的海洋观测系统在未来 10～15 年的发展重点将是在增加无人值守自动岸基台站、各类浮标和雷达站的数量的基础上逐渐提高观测质量,并覆盖重要的海流区域、海洋灾害区域、海洋权益敏感区和其他重要空白区。

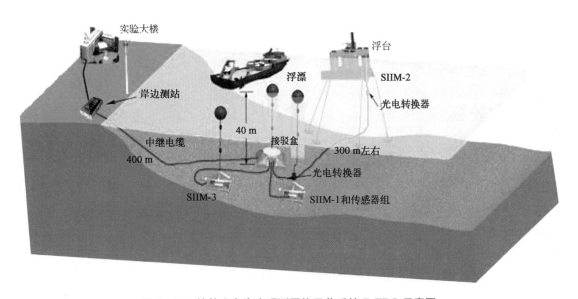

图 8 – 28　摘箬山岛海底观测网络示范系统 Z_2ERO 示意图

第九章
海洋技术标准

　　海洋技术标准是发展海洋技术的重要基础，是推广海洋技术科研成果应用和新技术的主要手段，是海洋科技创新的智慧结晶，是实施海洋综合管理的重要抓手。我国十八届四中全会明确提出"依法治国"，把法治提高到前所未有的高度，作为执法依据和行为规范作用的标准的重要性也日益凸显。近几年来，我国也一直致力于开展海洋技术标准的研究和制定工作，海洋标准体系得到了不断的充实、深化和完善。

　　海洋观测标准是海洋技术标准的重要组成部分。本章将着重介绍海洋观测领域标准的国内外发布现状以及标准的内容、适用范围、作用意义和发展趋势。

第一节　国外标准

　　国际标准目前主要由三个国际标准化机构所制定，即国际标准化组织（International Standardization Organization，ISO）、国际电工委员会（International Electro Technical Commission，IEC）、国际电信联盟（International Telecommunication Union，ITU）。在海洋观测领域，ISO 于 2014 年 7 月成立了海洋技术分技术委员会（ISO/TC 8/SC 13 Marine Technology），该分会秘书处设在中国，这代表着国际对海洋观测标准的重视，从而也有了明确的国际标准化技术委员会来负责海洋观测领域的标准化归口管理和标准制修订工作。

　　在 ISO/TC 8/SC 13 成立以前，海洋观测领域相关标准分别由 ISO 不同的技术委员会/分技术委员会来进行标准化的管理工作，其设立了船舶和海洋技术委员会（ISO/TC 8 Ships and marine technology）、水文技术委员会（ISO/TC 113 Hydrometry）、气象分技术委员会（ISO/TC 146/SC 5 Meteorology）和采样分技术委员会（ISO/TC 147/SC 6 Sampling），这些技术委员会/分技术委员会是各类标准制修订过程中的技术归口单位，其负责制修订的部分标准与海洋观测领域相关。

　　世界各个国家的标准体系的设定和标准的归类也各有不同，国外标准化机构美国试验与材料协会（American Society for Testing and Materials，ASTM）、德国标准化学会（Deutsche Institut für Normung e. V.，DIN）和韩国技术标准署（Korea Agency Technology and Standard，KATS）也发布了海洋观测相关标准，包括水文、气象、环境试验等标准，规定了本土的海洋观测仪器的性能、测试及试验要求。

　　国外海洋观测已发布的标准主要有水文、气象、采样及环境试验等方面的相关标准。

一、海洋水文相关标准

海洋水文相关标准在国际上主要是由 ISO/TC 113 水文技术委员会来组织立项、起草和制定，该技术委员会归口管理的水文标准已发布的有 10 余项，其中有部分标准可以用于规范海洋观测仪器设备。这些标准对与水位、流速、流量等水文方面相关的测量方法、过程、工具、设备技术进行了规定。

（一）直接测深和悬挂设备

《直接测深和悬挂设备》（ISO 3454：2008 Hydrometry—Direct depth sounding and suspension equipment）规定了测深、悬挂设备的功能要求，悬挂测量设备包括流速计、沉积物取样器等点测量仪器。

（二）回声测深仪

《用于水深测量的回声测深仪》（ISO 4366：2007 Hydrometry—Echo sounders for water depth measurements）规定了应用于水深度测量的回声测深仪的操作、选取和性能指标等方面。除此之外，ISO/TC 8 发布国际标准《海洋回声设备》（ISO 9875 Ships and marine technology—Marine echo – sounding equipment），德国标准化学会船舶和海洋技术标准化委员会（Shipbuilding and Marine Technology，NSMT）采纳了 ISO 9875 从而转化为德国标准 DIN EN ISO 9875，该标准规定了海洋回声设备的操作要求、性能要求、测试方法和测试结果。

（三）水位测量设备

《水位测量设备》（ISO 4373：2008 Hydrometry—Water level measuring devices）规定了水位测量设备的功能要求，该设备同时也可以确定水流流速。本标准对当前市场上的水位测量这一类型的设备和相关测量设备提供了指导和规范。

（四）水文数据传输系统设计规范

《水文数据传输系统——系统设计规范》（ISO/TS 24155：2007 Hydrometry—Hydrometric data transmission systems—Specification of system requirements）规定了水文数据传输系统的设计和操作以及必要的一些系统功能的技术要求。

（五）在结冰条件下的流量测量设备

《明渠流体流量测量——在结冰条件下的流量测量设备》（ISO/TR 11328：1994 Measurement of liquid flow in open channels—Equipment for the measurement of discharge under ice conditions）规定了测量冰下水流速的专门设备的要求，该设备可以获得通过冰盖和覆盖区域的水流速度和其他信息。该标准不规定其他国际标准中测量和计算的方法。

（六）水文设备性能确定方法

《明渠流体流量测量——水文设备性能确定方法》（ISO 11655：1995 Measurement of liquid flow in open channels—Method of specifying performance of hydrometric equipment）提供了一种确定水文设备性能的方法。水文设备性能会影响水文量转化为数字量的不确定性范围，所以需要确定这些影响要素。该标准适用于所有水文测量设备，不包括水质检测设备。

（七）浮标

浮标的相关标准是由 KATS 发布并宣布实施。KATS 作为韩国的国家标准机构，代表标准化领域的所有行政部门，发布了《海用浮标》（KS V 4028 Buoys for marine use），规定了海洋浮标的相关要求。

二、海洋气象相关标准

海洋气象相关标准在国际上主要由 ISO/TC 8 船舶和海洋技术技术委员会和 ISO/TC 146/SC 5 气象分技术委员会来组织立项、起草和制定。ISO/TC 8 船舶和海洋技术技术委员会对船舶的设计、施工、结构元素、舾装零件、设备、技术以及海洋环境进行标准化工作，发布的标准适用于造船和船舶运营，包括适应国际海事组织的需求的海船、内陆导航、海上结构物、船岸接口和其他所有海洋结构项目。ISO/TC 146/SC 5 是空气质量技术委员会（ISO/TC 146 Air quality）管理的气象分技术委员会，主要负责气象领域相关的标准化工作。

在国外，ASTM 也发布了海洋观测气象的相关标准。ASTM 是美国专业性标准化团体，主要制定材料、产品、系统和服务等领域的特性和性能标准、试验方法和程序标准。

已发布的标准主要有海洋风速风向仪和风速计性能试验两方面。

（一）海洋风速风向仪

ISO/TC 8 船舶和海洋技术技术委员会归口管理的《船舶和海洋技术——海洋风速风向仪》（ISO 10596：2009 Ships and marine technology—Marine wind vane and anemometers），规定了海洋风速风向仪的类型、结构、功能、性能和测试方法，海洋风速风向仪是安装在航海船舶上用来测量和指示海风的方向和速度的仪器。该标准不适用于使用在气象或科学测量和观察的风速风向仪。KATS 将此标准转化为韩国工业标准（Korean Industrial Standards，KS）KS V ISO 10596。

（二）风速计性能试验标准

ISO/TC 146/SC 5 气象分技术委员会归口管理的标准有 2 项风速计性能试验标准。ASTM 发布了 1 项风速计性能试验标准。

1. 平均风速测量验收试验方法

ISO/TC 146/SC 5 归口管理的《声波风速计/温度计——平均风速测量验收试验方法》（ISO 16622：2002 Meteorology—Sonic anemometers/thermometers—Acceptance test methods for mean wind measurements），定义了声波风速计/温度计采用沿着不同方向路径的声速的逆时间测量的试验方法。该标准适用于测量由两个或三个风矢量组成的 360°方位角设计的风速计。

2. 旋转风速计性能的风洞试验方法

ISO/TC 146/SC 5 归口管理的《风测量——第 1 部分：旋转风速计性能的风洞试验方法》（ISO 17713—1：2007 Meteorology—Wind measurements—Part 1：Wind tunnel test methods for rotating anemometer performance），规定了测量旋转风速计、风杯风速计和旋桨式风速计的性能特征的风洞试验方法以及测量旋转风速计在风隧道的启动阈值、距离常数、传递函数、离轴响应的试验方法。

3. 风杯风速计和旋桨式风速计的性能试验方法

ASTM 发布的《风杯风速计和旋桨式风速计的性能试验方法》（ASTM D 5096：2002 Standard Test Method for Determining the Performance of a Cup Anemometer or Propeller Anemometer），该标准提供了一个在风道流通环境下测量风杯风速计和旋桨式风速计性能的试验方法，规定了测试风杯风速计和旋桨式风速计通过从风道直接测量从而得到初始临界值、恒定距离、传递功能和离轴响应的试验方法。

三、海洋采样相关标准

海洋采样相关标准在国际上主要由 ISO/TC 147/SC 6 采样分技术委员会来组织立项、起草和制定的。ISO/TC 147/SC 6 是 ISO/TC 147 水质技术委员会下的采样分技术委员会，负责对海水样品的收集、处理和分析方面制定标准。现在已经发布的与海洋采样相关的标准有以下几项，这类国际标准的发布帮助各个国家的研究人员制定统一标准的抽样方案，同时也对采样装置、现场采样和样品处理、资料的存储和处理提出规范的要求。

（一）海水采样

《海水采样导则》（ISO 5667—9：1992 Water quality – Sampling – Part 9：Guidance on sampling from marine waters）规定了采样方案的设计要求、采样技术和对从潮水中采集的海水样品的处理和保存方法，本标准不适用于微生物样本收集和生物检查。

（二）海洋沉积物样本处理

《海洋沉积物样本处理导则》（ISO 5667—19：2004 Water quality – Sampling – Part 19：Guidance on sampling of marine sediments）规定了采样方案、采样设备的要求、观测和采样过程中获得信息的处理、沉积物的处理、沉积物样品的包装和贮存。本标准可用于海洋监测和环境评估，为其提供海洋沉积物的采样方法，沉积物物理和化学成分的分析方法，但不提供数据处理和分析方面的指导。

（三）海洋生物体样品处理

1. 海洋软底大型底栖生物的定量采样和样品处理导则

《海洋软底大型底栖生物的定量采样和样品处理导则》（ISO 16665：2005 Water quality – Guidelines for quantitative sampling and sample processing of marine soft – bottom macrofauna）对海域潮下软底大型底栖动物样本的定量收集和处理提供了指导，规定了采样方案、采样设备的要求，包括现场采样和样品处理，分类和物种鉴定，收集到和处理过的样品的贮存。本标准不适用于生物测定子采样、深水（大于 750 m）或离岸采样等，例如：繁育分析、从取样装置获取的有机体、潮间带采样、小型动物取样和分析、自主水下呼吸器（SCUBA）采样、统计设计。

2. 硬基质群落海洋生物调查导则

《硬基质群落海洋生物调查导则》（ISO 19493：2007 Water quality – Guidance on marine biological surveys of hard – substrate communities）对海岸上、湖沿岸和浅海地带的硬基质群落海洋生物调查，以及对沿海地区的环境影响评估和监测提供指导。本标准规定了采样方案、调查方法、物种鉴定、资料和样品的贮存，以及环境监测的最低要求。本标准适用于对动物和植物的小型破坏原因的调查、半定量和定量记录技术，不适用于刮去有机体的采样方式，吸式采样的使用等。

四、试验标准

试验相关标准在美国主要由 ASTM 来组织立项、起草和制定。ASTM 发布了《海洋环境用光电组件的盐水压力浸渍试验和温度试验的标准试验方法》（ASTM E 1597：2005 Standard test method for saltwater pressure immersion and temperature testing of photovoltaic module），提供了一个关于光电组件在海洋环境中抵抗海水重复浸没或者冲击暴露能力的测试程序。试验过程中，组件重复浸没在不断变化的温度和循环压力的盐水环境中，这是在模仿组件在海洋环境下的寿命加速试验。该标准规定了光电组件的样本和试验的布置要求，定义了电气性能和特征的变化以及需要记录和报告的特殊参数。该试验方法不建立通过和失败的水平，只是出具适应和不适应的结果。

第二节　国内标准

从 20 世纪 80 年代至今，我国已制定百余项洋观测技术标准与规范。2005 年，由国家标准化管理委员会批准成立了 SAC/TC 283 全国海洋标准化技术委员会，使海洋行业有了专门的标准化组织；2011 年，在海洋标准化技术委员会下建立了 SAC/TC 283/SC 2 海洋观测及海洋能源开发利用标准化分技术委员会；同年，国家海洋局和国家标准化管理委员会联合发布了《全国海洋标准化"十二五"发展规划》，明确指出我国需要开展海洋观测方面标准的制修订工作。

按照标准化对象的基本属性，本节按基础通用标准、产品标准、环境试验标准和计量检定标准四大类进行介绍。

一、基础通用标准

基础通用标准是具有广泛的适用范围或包含一个特定领域的通用条款的标准。海洋领域的基础通用标准可直接应用到海洋观测领域，也可作为海域使用管理、海洋环境保护、海洋调查技术与方法、海洋生物资源开发与保护等其他领域的基础。海洋领域基础通用标准按照通用技术语言标准、通用技术标准、通用技术规范三大类来介绍。

（一）通用技术语言标准

国家在海洋领域制定了一系列的海洋学术语标准，其中国家标准有 6 项，行业标准有 2 项。这些标准是为海洋技术语言统一、准确、便于相互交流和正确理解而制定的，同时也适用于海洋观测领域。国家标准包括海洋学综合术语以及海洋资源学、海洋地质学、海洋生物学、物理海洋学、海洋化学等方面的海洋学术语，海洋行业标准也发布了行业内部使用的标准，包括海洋仪器术语、海洋信息化常用术语等标准（表 9 - 1）。这些标准规定了海洋领域常用的和相关领域的术语及其定义，适用于海洋管理、科研、教学及相关生产活动。

表 9-1　海洋领域通用技术语言标准

序号	标准号	标准名称
1	GB/T 15918—2010	海洋学综合术语
2	GB/T 15919—2010	海洋学术语　海洋生物学
3	GB/T 15920—2010	海洋学术语　物理海洋学
4	GB/T 15921—2010	海洋学术语　海洋化学
5	GB/T 18190—2000	海洋学术语　海洋地质学
6	GB/T 19834—2005	海洋学术语　海洋资源学
7	HY/T 008—1992	海洋仪器术语
8	HY/T 131—2010	海洋信息化常用术语

（二）通用技术标准

已发布的通用技术标准的行业标准有 7 项，这些标准的制定是为了解决海洋仪器设备在使用过程当中的共性问题，包括文件编号、标准化审查、抽样检查程序等方面，这些标准同样适用于海洋观测领域。这些标准在帮助研制人员在命名、记录、分类海洋仪器设备，保证海洋仪器的质量方面起着重要的作用。海洋标准的制定是对海洋领域现实问题或潜在问题而制定的，标准并不是一成不变的，随着海洋技术和仪器产品的进步发展，标准也在逐步修订，例如《海洋仪器产品标准化审查规定》《海洋仪器分类及型号命名办法》这两项标准发布于 20 世纪 90 年代左右，有些方面已经不适用于当今海洋仪器产品和往后海洋仪器的发展，现在已经立项正在修订过程中。海洋观测仪器通用标准见表 9-2。

表 9-2　海洋仪器通用技术标准

序号	标准号	标准名称
1	HY/Z 001—88	海洋仪器产品标准化审查规定
2	HY/T 002—88	产品图样及设计文件
3	HY 025—92	海洋仪器（设备）水下部件涂料涂覆技术条件
4	HY 026—92	海洋仪器（设备）牺牲阳极的保护设计和安装
5	HY/T 027—93	海洋仪器计数抽样检查程序和表
6	HY/T 042—1996	海洋仪器分类及型号命名办法
7	HY/T 075—2005	海洋信息分类与代码

（三）通用规范

现已发布 3 项海洋通用规范，包括 GB/T 14914—2006《海滨观测规范》，GB 17378—2007《海洋监测规范》和 GB/T 12763—07《海洋调查规范》。这些标准对于海洋观测工作具有重要的规范和指导作用，对于统一技术指标，获得高质量的观测数据，促进海洋观测领域的水文气象科学发展具有重要的作用。

1. 海滨观测规范

GB/T 14914—2006《海滨观测规范》规定了海滨水文气象观测的项目、技术要求、方法以及资料处理等内容，适用于沿海、岛屿、平台上的海洋观测站进行的海滨水文气象观测。海滨观测项目分为水文和气象，水文观测项目包括潮汐、海浪、表层海水温度、表层海水盐度、海发光、海冰。气象观测项目包括风、气压、空气温度、相对湿度、海面有效能见度、降水量、雾。海滨观测所获得的资料是反映观测海区环境的基本特征和变化规律的基础材料，观测站的观测项目及其测量的准确度、观测点（场）一经确定就不得随意变动，所以《海滨观测规范》标准的发布，给观测人员提供了选择观测点、安装布放仪器、观测和记录、整理观测资料等正确统一的方法，使所获得的观测资料质量得以控制，观测资料的数据文件具有有效性。

2. 海洋监测规范

为了保护和改善海洋环境，保护海洋资源，防治污染损害，国家需要长期对流入海洋的主要污染物和海域质量状况进行掌握和控制，监控可能发生的主要环境与生态问题，同时研究、验证污染物输移、扩散模式，预测新增污染源和二次污染对海洋环境的影响，这就需要开展海洋监测工作，并制定相关的标准，为保护人类健康、维护生态平衡和合理开发利用海洋资源，实现永续利用服务。《海洋监测规范》（GB 17378）2007 年的版本代替了 1998 年版本，分为七个部分，对海洋监测的组织管理、数据处理与分析质量控制、海洋环境中样品采集、贮存与运输、海水分析、沉积物分析、生物体分析、近海污染生态调查和生物监测方面做出规定（表 9-3），为判断海洋环境质量是否符合国家标准，评价预防措施的效果、环境与生态问题的早期警报、环境管理和规划的制定提供科学依据。国家海洋局起草了行业标准《海洋监测技术规程》（HY/T 147—2013），规定了海水、沉积物、生物体、大气总悬浮颗粒物样品和降水样品、生态、水文气象与海冰、卫星遥感中监测项目的分析方法，以规范海洋监测项目的内容、方法，保证监测结果的质量。

表 9-3 海洋监测规范

名称	内容
第1部分：总则	本部分规定了海洋环境质量基本要素调查监测的开展程序，包括计划编制、海上调查实施、质量控制、调查装备、资料整理和成果报告编写等的基本方法。本部分适用于海洋监测的组织管理
第2部分：数据处理与分析质量控制	本部分规定了海洋监测数据处理常用术语及符号，离群数据的统计检验，两均数差异的显著性检验，分析方法验证，内控样的配置与应用，分析质量控制图绘制等。本部分适用于海洋环境检测中海水分析、沉积物分析、生物体分析、近海污染生态调查和生物监测的数据处理及实验室内部分析质量控制。海洋大气、污染物入海通量调查、海洋倾废和疏浚物调查等也可参照使用
第3部分：样品采集、贮存与运输	本部分规定了海洋监测过程中，进行样品采集、贮存和运输的基本方法和程序。本部分适用于海洋环境中水质、沉积物、生物的样品采集、贮存、运输，也适用于海洋废弃物倾倒和疏浚物倾倒中水质、沉积物、生物的样品采集、贮存与运输

续表

名称	内容
第4部分：海水分析	本部分提供了33个海水测项的65个分析方法，并对海水分析的样品采集、贮存、运输、测定结果计算等提供了技术规定和要求。本部分适用于大洋，近海，港河口的污染程度不一及咸淡混合水领域，可用于海洋环境监测，常规水质监测，近岸浅水区(0~5 m 等深线以内)环境污染调查监测、海洋倾废、疏浚物、赤潮和海洋污染事故的应急专项调查监测与海洋有关的海洋环境调查监测
第5部分：沉积物分析	本部分规定了16个海洋沉积物测项和34个分析方法，并对样品采集、贮存、运输、预处理、测定结果和计算等提出技术要素。本部分适用于大洋、近海、河口、港湾的沉积物调查和监测，也适用于近海，港湾、河口疏浚物和倾倒物的调查与监测
第6部分：生物体分析	本部分规定了贻贝、虾及鱼等海洋生物体中有害物质残留量的测定方法，并对样品采集、运输、贮存、预处理和测定结果的计算等提出技术要求。本部分适用于大洋、近海和沿海水域的海洋生物污染调查与监测
第7部分：近海污染生态调查和生物监测	本部分规定了近海污染生态调查和生物监测的样品采集、试验、分析、资料整理等方法的技术要求。本部分适用于近海环境污染的生物学调查、监测和评价

3. 海洋调查规范

《海洋调查规范》(GB 12763—2007)的11项系列国家标准是指导和规范各级海洋调查工作的主要技术标准，集我国众多涉海单位和专家智慧的共同成果。1991年《海洋调查规范》是20世纪90年代初基于科研服务的理念起草的，随着我国改革开放、经济发展、国家安全和可持续发展等对海洋调查事业提出了更高的要求。2007年《海洋调查规范》密切结合了我国海洋调查的技术现状、海区特点和调查实践，充分考虑海洋调查质量控制的要求，与国际上先进的方法和技术接轨。《海洋调查规范》的11个部分对海洋水文、气象观测以及海洋化学要素、声光要素、生物、地质地球物理、生态、地形地貌、工程地质等方面的调查做出了规定(表9-4)，该标准的实施对于指导我国海洋调查、观测活动，保证调查数据质量，促进海洋科学发展，更好地为国民经济建设和国防建设服务等方面起到十分重要的作用。

表9-4 海洋调查规范

名称	内容
第1部分：总则	本部分规定了海洋环境基本要素调查的基本程序、质量控制、计划编制、资源配置、调查作业、资料处理、报告编写、资料归档和成果鉴定与验收中的基本要求。本部分适用于海洋环境基本要素调查的组织管理
第2部分：海洋水文观测	本部分规定了海洋水文观测的基本要素、技术指标、观测方法和资料处理。本部分适用于海洋环境基本要素调查中的海洋水文观测

续表

名称	内容
第3部分：海洋气象观测	本部分规定了海洋气象观测的项目、技术指标、观测方法、记录整理和提交成果的要求。本部分适用于海洋环境基本要素调查中的海洋气象观测
第4部分：海洋化学要素调查	本部分规定了海水化学要素调查的方案设计、调查计划的组织实施、样品采集与贮存、测定方法、分析质量保证和数据处理。本部分适用于海洋调查的海洋化学要素调查
第5部分：海洋声、光要素调查	本部分规定了海洋声、光要素调查的技术指标、测量方法、数据记录和整理。本部分适用于海洋声、光要素调查，也可适用于江河、湖波的声、光要素调查
第6部分：海洋生物调查	本部分规定了海洋生物调查的一般规定、技术要求和调查（测定）要素、采集、样品分析及资料整理的基本要求和方法。本部分适用于海洋环境基本要素调查中的海洋生物调查
第7部分：海洋调查资料交换	本部分规定了海洋环境基本要素调查资料交换的内容和记录格式以及水文气象的部分调查资料处理的基本方法和要求。本部分适用于海洋调查资料的交换和与交换有关的资料处理、储存和管理
第8部分：海洋地质地球物理调查	本部分规定了海洋地质、地球物理调查的基本内容、方法、资料整理及调查成果的要求。本部分适用于海洋地质、地球物理环境基础要素调查，一些专业、专项调查亦可参照使用
第9部分：海洋生态调查指南	本部分规定了海洋生态调查的内容、方法、技术要求和资料处理。本部分适用于中华人民共和国管辖的近海、海湾、河口海洋生态调查，大洋生态调查可参照使用
第10部分：海底地形地貌调查	本部分规定了海底地形地貌调查的基本内容、方法、资料整理以及调查成果的要求。本部分适用于1:10万、1:100万比例尺的海底地形地貌调查，更大比例尺海底地形地貌调查也可参考
第11部分：海洋工程地质调查	本部分规定了海洋工程地质调查的内容、方法与技术要求。本部分适用于1:10万、1:25万和1:50万比例尺的区域海洋工程地质调查，大比例尺的海洋工程地质调查可参照使用

二、产品标准与检测标准

海洋观测领域的产品标准与检测标准，主要分为海洋水文、气象、物理、化学、生物、地质地球物理、海洋观测系统和海洋观测通用器具8个类别。海洋观测产品标准是确定海洋仪器的研制、生产、安装等工作的共同遵守的准则，制定的目的是为了使企业生产、技术活动合理化，并达到高质量、高效率的目标。检测标准是评定检验对象是否符合规定要求的准则，对于保证海洋仪器质量具有重要的意义。

（一）海洋水文仪器设备的产品与检测标准

已发布的海洋水文仪器设备的产品与检测标准共有14项，其中国家标准有3项，行业标准有11项。海洋水文仪器设备包括深度测量、盐度测量、温盐深综合测量、海流观测、海浪观测、海冰测量等仪器，并且海洋水文仪器在研制、生产以及使用过程中，具有一定的通用技术条件和要求，《海洋水文仪器通用技术条件》（GB/T 13972—2010）为海洋水文仪器的设计、制造以及相关产品标准的编制提供了依据。海洋水文仪器设备的标准将分为产品标准和检测标准两部分来进行介绍。

1. 产品标准

目前已经发布的海洋水文产品标准规定了各类仪器的技术要求、试验方法、检验规则、标志、包装、运输和贮存等内容（表9-5）。《颠倒温度表》《机械式深温计》《表层水温表》3 项标准于 20 世纪 90 年代发布，至今已经 20 多年，仪器的各项技术、指标都已经有了进步和改进，3 项标准也正在修订过程之中。另外，海水水色计和雷达潮位仪的相关标准也正在制定过程之中。

表9-5　海洋水文仪器设备产品标准

序号	标准号	标准名称
1	GB/T 23246—2009	电导率温度深度剖面仪
2	GB/T 24558—2009	声学多普勒流速剖面仪
3	HY/T 006—91	SBA3-2 型台站声学测波仪
4	HY/T 007—92	颠倒温度表
5	HY/T 012—92	机械式探温计
6	HY/T 017—92	表层水温表
7	HY/T 031—93	SLC9-2 型直读式海流计
8	HY/T 036—1994	温度盐度深度综合测量系统
9	HY/T 048—1999	SYA2-1 型实验室盐度计
10	HY/T 089—2005	波浪浮标
11	HY/T 090—2005	压力式波潮仪
12	HY/T 145—2011	坐底式声学测波仪

2. 检测标准

目前已发布的海洋水文仪器检测标准仅有《声学多普勒流速剖面仪检验方法》（HY/T 102—2007）1 项，规定了声学多普勒流速剖面仪的检测设备、检测条件、检测方法和检测报告编写的要求。已立项、正在制定的 4 项，包括海水电导率测量仪、海洋温度测量仪器、压力测量仪器等相关检测标准。

（二）海洋气象仪器设备的产品与检测标准

海洋气象仪器设备产品包括测风仪器、海面气温、湿度观测仪器、气压测量仪器、降水测量仪器、高低空海洋气象探测系统等。目前已经发布的气象观测标准仅有《海洋螺旋桨式风向风速计》（GB/T 24559—2009）1 项，该标准规定了海洋螺旋桨式风向风速计的组成、技术要求、试验方法、检验规则及标示、包装、运输和贮存，可以规范海洋观测、气象监测等人员对海洋螺旋桨式风向风速计的使用方法，从而得到正确、有效、连续的风速风向的测量数据。海洋测风仪器检测方法的相关标准已经立项，正在制定过程之中。适用于船、台站和通用的三种海洋气象仪的相关标准也在国家海洋标准的制订计划之中，但是海洋气象类标准涵盖面仍然太少，绝大多数海洋气象仪器没有统一的标准来指导作业人员进行产品的研制、检验和生产。

（三）海洋物理仪器设备的产品与检测标准

目前已发布的海洋物理仪器设备的产品与检测标准仅有行业标准2项，海洋物理仪器设备包括海洋声、光要素测量仪器，海水声速、海洋环境噪声、海底声特性、海洋光参数等测量仪器。《海水声速仪检测方法》（HY/T 101—2007）、《海洋水色光谱仪检测方法》（HY/T 125—2009）2项标准，规定了仪器的检测项目、检测设备、检测条件、检测方法和检测报告编写的要求，以规范检验人员对声速仪的检测项目、方法和手段。另外一些产品的标准，例如水听器、声速仪、海水散射计、海水辐照度计、声波换能器、声谱仪、声级计等，都在国家海洋标准化的规划之中。

（四）海洋化学仪器设备的产品与检测标准

已发布的海洋化学仪器设备的产品与检测标准中还没有国家标准，但是已经有7项行业标准。海洋化学仪器设备是指以海洋化学要素为观测要素的海洋观测仪器，包括溶解氧测定仪器、pH测定仪器、分光光度计等。

1. 产品标准

海洋化学产品标准目前已发布的标准有2项，包括《海水营养盐自动分析仪》（HY/T 174—2014）、《多参数水质仪》（HY/T 126—2009），这两项标准分别规定了产品的组成、技术要求、试验方法、检验规则以及标志、包装、运输、贮存要求。另外，国家也对氨氮测量仪、溶解氧测量仪、海洋放射性测定仪器做了制订计划。

2. 检测标准

海洋化学仪器设备检测标准目前已发布的标准有5项（表9-6），各项检验标准分别规定了海水营养盐测量仪、硫化物现场测量仪等5个仪器的检测项目、检测设备、检测环境条件、检测方法和检测报告编写的要求。已立项、正在制定的检测标准2项，分别是《海洋多参数水质仪检测方法》和《海洋化学仪器设备软件测评指南》。

表9-6 海洋化学仪器设备检测标准

序号	标准号	标准名称
1	HY/T 096—2007	海水溶解氧测量仪器检测方法
2	HY/T 097—2007	硫化物现场测量仪检测方法
3	HY/T 098—2007	海水pH测量仪检验方法
4	HY/T 099—2007	海水营养盐测量仪检测方法
5	HY/T 100—2007	海水浊度测量仪检测方法

（五）海洋生物仪器设备的产品与检测标准

海洋生物仪器设备根据测定要素来划分产品类别，微生物、浮游生物、底栖生物都属于需要观测的海洋生物，根据生物种类的不同选择专门的仪器来进行取样、测量、调查。目前国内没有海洋生物仪器设备的产品与检测标准，定深浮游生物采集器、走航浮游生物采集器的相关标准在国家海洋标准的制订计划之中。

（六）海洋地质地球物理仪器设备的产品与检测标准

海底地形地貌、海洋底质调查仪器，海底浅层结构探测仪器，海底热流、重力、地磁、地震测量仪器都属于海洋地质地球物理调查仪器。目前国内已发布的标准仅有《光学悬浮沙粒径谱仪》（HY/T 175—2014）1 项标准，2014 年 12 月 1 日开始实施。海底电阻率测量仪、浅地层剖面仪、海底地形测绘仪、海洋重力仪的相关标准也在国家的制订计划之中。

（七）海洋观测系统的产品与检测标准

海洋观测系统可以高效地连接观测、数据通信和管理及数据分析和模拟等组成部分，为多个目标提供所需的数据、信息和相关服务。固定平台、调查船、浮子与浮标、无人自动潜水器等都是海洋观测系统的组成部分。海洋观测系统的产品与检测标准将为此类产品提供产品与检测标准，海洋观测系统已发布的标准共有 10 项（表 9 - 7），已发布的海洋观测系统的产品与检测标准中国家标准有 1 项，行业标准有 9 项，包括《自持式剖面循环探测漂流浮标》《海洋站自动化观测通用技术要求》《志愿船自动测报仪》《海床基海洋环境自动监测平台系统》等，其中已立项、正在修订的有 3 项。另外，2 项标准已立项、正在制定，5 项标准已申请了标准立项（表 9 -7）。海洋观测系统的产品标准规定了各类产品的技术要求、试验方法、检验规则、标志、包装、运输和贮存要求。目前，海洋观测系统的产品标准覆盖面较少，检测标准还是空白。

表 9 - 7　海洋观测系统标准

序号	标准号	标准名称	备注
1	GB/T 23247—2009	自持式剖面循环探测漂流浮标	已发布
2	HY/T 037—1994	海洋资料浮标作业规范	已发布（修订中）
3	HY/T 059—2002	海洋站自动化观测通用技术要求	已发布
4	HY/T 071—2003	表层漂流浮标	已发布（修订中）
5	HY/T 091—2006	极区海洋环境自动监测浮标	已发布
6	HY/T 092—2005	海洋实时传输潜标系统	已发布（修订中）
7	HY/T 135—2010	海床基海洋环境自动监测平台系统	已发布
8	HY/T 142—2011	大型海洋环境监测浮标	已发布
9	HY/T 143—2011	小型海洋环境监测浮标	已发布
10	HY/T 144—2011	志愿船自动测报仪	已发布
11		拖曳式多参数剖面测量系统	已报批未发布
12		海洋环境监测浮标数据传输技术规范	正在制定

序号	标准号	标准名称	备注
13		海洋资料浮标标体建造标准	正在制定
14		移动观测车通用技术要求	已申请立项
15		轻型有缆遥控水下机器人　第1部分　总则	已申请立项
16		轻型有缆遥控水下机器人　第2部分　机械手与液压系统	已申请立项
17		轻型有缆遥控水下机器人　第3部分　导管螺旋桨推进器	已申请立项
18		轻型有缆遥控水下机器人　第4部分　摄像照明与云台	已申请立项

（八）海洋观测通用器具的产品与检测标准

迄今已发布的海洋观测通用器具的产品与检测标准中仅有4项行业标准。采水器、采泥器、手摇绞车、取样器等都是海洋观测通用器具，例如在进行海洋生物观测中微生物调查的时候，需要用取样器取样品；在海洋地质、地球物理调查中海洋底质调查的时候，也需要用取样器采集沉积物样品及上覆水。《手摇绞车》《采水器》《系列采水器》《抓斗式采泥器》已在20世纪八九十年代形成了海洋行业标准（表9-8），近些年随着海洋经济、技术的快速发展，这些标准已经不再适用于当前的海洋市场，目前这些标准已经申请立项正在修订过程中。重力取样器、振动取样器、多管取样器的相关标准已经申请立项，正在制定过程中。目前海洋观测通用器具的检测标准还是空白。

表9-8　海洋观测通用器具产品标准

序号	标准号	标准名称
1	HY/T 011—92	抓斗式采泥器
2	HY/T 018—92	采水器
3	HY/T 031—92	手摇绞车
4	HY/T 040—96	系列采水器

三、环境试验标准

环境试验工作遍及海洋观测仪器产品研制生产全过程，通过试验可以确定产品性能水平、帮助研制者纠正缺陷，为决策过程、权衡分析、降低风险和细化要求提供特性信息。环境试验标准帮助海洋仪器的设计人员和实验人员选择合适的试验方法和试验等级，以保证试验结果的准确性和再现性。海洋仪器环境试验包括室内试验和海上试验，试验标准也分为室内环境试验标准和海上环境试验标准。目前已经发布的室内环境试验标准有国家军用标准1项，海洋行业标准2项，已发布的海上环境试验标准有行业标准1项。

（一）军用试验标准

为考核军工类产品，或者是高要求的海洋观测仪器设备产品的环境适应性是否满足要求，按照《军用装备实验室环境试验方法》（GJB 150A—2009），在规定的条件下，对规定的环境试验项目按一定的顺序进行一系列试验。GJB 150A—2009 环境试验标准共有 27 个试验方法，相比 GJB 150—86 版标准，删除了温度－高度和温度－高度－湿度两个试验方法，新增加了温度－振动－高度、振动－噪声－温度等 10 个试验方法。GJB 150A—2009 增加了环境试验方法，完善了产品的试验条件，使得试验结果更加有效可靠。

（二）海洋行业试验标准

海洋行业室内环境试验标准有两个系列，一个是《海洋仪器基本环境试验方法》（HY/T 016—92）系列共 15 项标准，另一个是《海洋仪器基本环境试验导则》（HY/T 021—92）系列共 11 项标准。这两个系列的标准是 80 年代末期发布的标准，现在国家将部分试验方法标准和对应的试验导则标准结合起来，立项成为一个整体的标准，并升级为国家标准。海洋仪器基本环境试验方法标准包括：低温、高温、低温贮存、高温贮存、温度变化、恒定湿热、交变湿热、长霉、盐雾、振动、冲击、连续冲击、倾斜和摇摆、水静压力试验。这些标准都是根据海洋观测仪器所需要适应的海洋环境所制定的，海洋仪器在进行环境试验的时候，不仅有单因素试验，还有综合试验和组合试验，针对海洋仪器所需的试验环境，选择适当的标准，使用正确的试验技术指标，可以保证试验结果的正确性和有效性。

（三）海上环境试验标准

海上环境试验标准仅有《海洋仪器海上试验规范》（HY/T 141—2011）1 项，该标准规定了海洋仪器研制过程中进行的海上试验的基本程序、合同签订、试验前的准备、试验的实施、试验报告编写、试验结果评价与验收的基本要求。该标准的发布可以帮助研制人员对海洋仪器海上试验进行组织和实施，规范海上试验方法，保证海上试验质量，以确保试验结果的完整性和有效性。

四、计量检定标准

近些年来，我国海洋计量工作正在逐步进展，计量检测能力逐渐提高，计量管理法规体系也在逐步健全。2006—2010 年"十一五"期间，我国进一步加强了计量标准的研究，使社会公用计量标准随国家计量基准的水平同步发展。2011 年发布的《海洋计量工作"十二五"发展规划》中，再次提及把建立科学、合理的量值传递标准和方法作为发展目标之一，可见国家对海洋计量检定标准的高度重视。目前，在海洋观测领域已经建立了温度、盐度、深度、海水 pH 值、波浪、潮汐、颠倒温度表、海流计、风速风向测量仪等多项具有海洋特色的公用计量标准，以保证海洋仪器在首次检定、后续检定和使用中检验有据可依，并确保了海洋水文气象观测数据的准确性。

第三节　标准发展趋势

虽然国家在不断地推进海洋观测标准化工作，但是我国的标准仍然存在一些问题，本节将对我国的标准现状和发展趋势进行客观简要的分析，结束语作为基础性标准化分析文本以供广大科研人员参考。

一、我国的标准现状

国内海洋观测标准依据标准化对象的基本属性，可以分为基础通用、产品与检测、环境试验3大类，其中产品与检测标准涉及了水文、气象、物理、化学、生物、地质地球物理、观测系统、通用器具的8个相关方面的标准，详细数据统计见表9-9。根据表9-9可以看出，我国虽然发布了39项产品与检测标准，正在制定的也有25项，但是仍存在标准缺失及国家标准、强制性标准较少的情况。

表9-9 海洋观测产品与检测标准统计

标准类别	标准分类	现有个数		正在制定/修订个数
		国标	行标	
国内海洋观测 产品与检测标准	海洋水文	3	11	10
	海洋气象	1	0	1
	海洋物理	0	2	0
	海洋化学	0	7	3
	海洋生物	0	0	0
	海洋地质地球物理	0	1	0
	观测系统	1	9	6
	观测通用器具	0	4	5
标准个数(共计)		39		25

(一)产品与检测标准缺失的现状

虽然经过了多年的发展，但是我国的海洋观测标准体系还不完整，海洋观测标准在某些方面仍然存在标准较少或者空白的现象，例如海洋地质地球物理、海洋生物仪器设备的产品与检测标准。标准的缺失现象说明我国的海洋观测技术水平、研发与制造平台的建设、产业的发展与国外海洋强国仍存在一定的差距。目前诸多海洋强国已经开展建设海洋自动观测系统，不仅仅建立起了海洋水文、气象观测系统，还建立起了海洋生物、生态观测系统，对海洋生物多样性和生物地理分布等方面进行观测。但是我国的海洋观测监测系统仍然主要停留在海洋水文、气象观测层面，仅对海洋波浪、潮位、风速风向等方面的数据进行记录和收集，缺少对生物、化学等方面的重视。海洋观测仪器设备未被广泛使用，观测数据信息不全面，技术标准的缺失，将严重影响我国海洋观测能力的建设，继而影响国家对海洋环境变化、海洋生物资源与生态系统演化、深海环境与生命过程、海洋灾害等方面的掌控与了解。

国家已经开始重视海洋观测领域凸显出来的问题。2014年，经国务院同意，国家海洋局印发了《全国海洋观测网规划(2014—2020年)》，提出到2020年，我国将建成海洋综合观测网络，初步形成海洋环境立体观测能力。然而由于我国该项工作起步较晚、投入不足，就海洋观测网的观测手段、技术保障、运行机制等方面而言，与发达相比尚存在较大差距。但是，标准的建立将会快速清除阻碍海洋观测技术前进的步伐，推进海洋观测技术的发展。推动海洋观测标准的制修订，加快海洋观测标准体系的完善程度，促进海洋观测产业的技术研究、研发与制造平台的建设，对我国提高海洋产业综合竞争能力、建设海洋强国具有重要的战略意义。

（二）国家与强制性标准短缺的现状

2014年6月4日，国务院下发《促进市场公平竞争维护市场正常秩序的若干意见》，文件中提到"强化依据标准监管"。国家正在加快推动修订标准化法，推进强制性标准体系改革，强化国家标准强制性标准管理，要求市场主体须严格执行强制性标准，市场监管部门须依据强制性标准严格监管执法。由此可见，国家越来越关注强制性标准和国家标准的制修订，而这恰恰是海洋观测领域标准短缺的内容。

由于海洋环境结构复杂、工作环境恶劣以及资源缺乏等因素的影响，海洋观测一直是高风险的工作。在海洋观测领域，恰恰缺少要求仪器设备质量、保证公共安全、防御环境灾害等方面的国家标准和强制性标准，以此来保证工作质量、工作安全。推进海洋观测领域国家标准和强制性标准的建立，不仅仅是顺应了国家当前倡导的标准发展的方向，更是为了满足海洋防灾减灾、海洋经济发展、海洋权益维护等方面的需求。

二、发展趋势

随着海洋观测技术和国际标准化的发展，我国的海洋技术标准正在逐步与国际接轨，标准的实施越来越规范，海洋仪器的设计、生产过程越来越有序，我国的海洋标准化工作日趋明朗化。

（一）与国际标准接轨

近些年，在全球经济一体化的新形势下，标准作为科学、技术和实践的凝练总结，得到国际社会广泛重视，国际海洋标准、准则纷纷建立了起来，国际海洋标准的建立给世界各国提供了统一的海洋仪器技术规范、检验规则，以此来保证海洋仪器的生产、检验质量和海洋观测结果的正确性，提高、协调各国的海洋仪器技术状态，为海洋仪器的进出口和技术发展提供统一的规则。国际标准的建立促使各国向国际标准看齐，我国立足于解决经济发展与海洋资源环境的矛盾，在不断借鉴发达国家的经验，积极参与国际标准化活动，争取国家对海洋标准制修订过程中的发言权，同时大力支持海洋技术标准，尤其是国际标准、国家标准和强制性标准的推进和发布，我国的海洋技术标准将得到快速发展。

（二）推进海洋仪器的"三化"

海洋仪器从系统、分系统、设备到标准件、元器件、原材料半成品很大部分都是通用化、系列化、组合化产品，海洋技术标准几乎涉及产品从设计、工艺、试验到维修、管理等的各个环节，所以制定、贯彻、实施海洋技术标准是推进海洋仪器通用化、系列化、组合化的基本手段。我国现已成立了全国海洋标准化技术委员会海洋观测及海洋能源开发利用分技术委员会，来管理和推进海洋技术标准的制修订工作，并且我国现在有一批知识渊博的海洋技术专家，已将技术成熟的海洋仪器通过归口单位制定标准，发布成为了国家标准和行业标准。通过制定和实施海洋技术标准有效地简化了海洋仪器的重复设计、研制，规范了"三化"产品生产、订货和检验，限制或减少了不必要的重复劳动。虽然我国仍然存在部分标准缺失的现象，但是我国一直在加强标准制修订的力度，相信我国的海洋技术标准将会越来越完善，执行手段越来越规范，从而进一步推进海洋仪器的"三化"程度，走向海洋科技研发、标准研制、市场开拓的一体化发展。

参考文献

白伟岐. 2010. 船载海洋环境信息采集与处理系统的研究与设计[D]. 哈尔滨：哈尔滨工程大学.

B. 索斯曼，郑全安，等译. 1991. 卫星海洋遥感[M]. 北京：海洋出版社.

蔡瑞舫，邱永芳，张富东，等. 2012. 台湾海域船舶自动识别系统(AIS)整体规划[C]. 第34届海洋工程研讨会论文集：11.

常会振. 2013. 船舶导航雷达发展趋势的研究[J]. 中国水运，13(1)：6-7.

陈纪新，黄邦钦，柳欣. 2013. 海洋浮游生物原位观测技术研究进展[J]. 地球科学进展，28(5)：572-576.

陈丽琼，茹婉红，胡勇，等. 2013. 生化需氧量测定方法的研究进展及现状[J]. 绿色科技. (2)：138-141.

陈双，刘韬. 2014. 国外海洋卫星发展综述. 国际太空，(7)：29-36.

陈维山，刘孟德，雷卓，等. 2012. 投弃式温深计探头海水中下落深度计算方法研究[J]. 山东科学，25(5)：25-29.

陈宇炜，高锡云. 2000. 浮游植物叶绿素 a 含量测定方法的比较测定[J]. 湖泊科学，(2)：185-188.

崔丹丹，吕林，方位达. 2013. 无人机遥感技术在江苏海域和海岛动态监视监测中的应用研究[J]. 现代测绘，36(8)：10-11.

邓才龙，刘焱雄，田梓文，等. 2014. 无人机遥感在海岛海岸带监测中的应用研究[J]. 海岸工程，4：5.

丁家，旺秦伟. 2014. 电化学传感技术在海洋环境监测中的应用[J]. 环境化学，(3)：53-61.

董庆，郭华东. 2005. 合成孔径雷达海洋遥感[M]. 北京：科学出版社.

范铮，曾淦宁，沈江南，等. 2013. 美国海洋教育对我国海洋教育强国的一些启示[J]. 现代物业·现代经济，12(12)：53-55.

方芳. 2011. 投弃式温度剖面测量仪(XBT)可靠性研究[D]. 天津：国家海洋技术中心.

冯士筰，李凤岐，李少菁. 1999. 海洋科学导论[M]. 北京：高等教育出版社.

高海亮，顾行发，余涛，等. 2010. 星载光学遥感器可见近红外通道辐射定标研究进展[J]. 遥感信息，4：117-128.

郭忠磊，翟京生，张靓，等. 2014. 无人机航测系统的海岛礁测绘应用研究[J]. 海洋测绘，34(4)：55-57.

国家海洋局，国家标准化管理委员会，等. 2012. 全国海洋标准化"十二五"发展规划[R].

国家海洋局，科技部，教育部，等. 2011. 国家"十二五"海洋科学和技术发展规划纲要[R].

国家海洋局. 2012. 全国海洋经济发展"十二五"规划[R].

国家海洋局. 2013. 国家海洋事业发展"十二五"规划[R].

国家海洋局. 2014. 全国海洋观测网规划(2014—2020)[R].

国家卫星海洋应用中心. 2012. 海洋遥感观测技术及我国海洋卫星发展与应用高级研究班培训材料.

国家卫星海洋应用中心. 2013. 海洋遥感观测技术及我国海洋卫星发展与应用高级研究班培训材料.

国家卫星海洋应用中心. 2014. 海洋遥感观测技术及我国海洋卫星发展与应用高级研究班培训材料.

韩桂春. 2005. 淡水中叶绿素 a 测定方法的探讨[J]. 中国环境监测，1：55-57.

韩志国，雷腊梅，韩博平. 2005. 利用调制荧光仪在线监测叶绿素荧光[J]. 生态科学，24(3)：246-249.

胡展铭，陈伟斌，史文奇，等. 2013. 适用于河口淤泥质海域的海床基吸附力研究[J]. 海洋技术，(03)：1 – 5.

纪永刚，张杰，王祎鸣，等. 2014. 双频率高频地波雷达船只目标点迹关联与融合处理[J]. 系统工程与电子技术，36
　　(2)：266 – 271.

姜景山. 2007. 中国微波遥感发展的新阶段与新任务. 遥感技术与应用，10(2)：123 – 128.

蒋兴伟，林明森. 2009. HY – 2 卫星微波散射计海面风矢量场反演技术研究[J]. 中国工程科学，11(10)：86 – 95.

矫晓阳. 2004. 叶绿素 a 预报赤潮原理探索[J]. 海洋预报，(2)：56 – 63.

金海龙，汪翔，王玉田. 2004. 便携式全光纤海藻叶绿素 a 浓度测量仪的研究[J]. 自动化与仪表，1：23 – 25.

李德仁，李明. 2014. 无人机遥感系统的研究进展与应用前景[J]. 武汉大学学报：信息科学版，39(5)：505 – 513.

李家良. 2012. 水面无人艇发展与应用[J]. 火力与指挥控制. 37(6).

李明兵，张锁平，张东亮，等. 2012. 视频与 AIS 信息融合的海上目标检测[J]. 电子设计工程，20(7)：157 – 159.

李明兵. 2012. 基于视频的海上运动目标检测技术研究[D]. 天津：国家海洋技术中心.

李忠强，唐伟，张震，等. 2014. 无人机技术在海洋监视监测中的应用研究[J]. 海洋开发与管理，7：8.

廖煜雷，庞永杰，庄佳园. 2010. 无人水面艇嵌入式基础运动控制系统研究[J]. 计算机科学，37(9)：214 – 217.

刘广山. 2012. 海洋放射性监测技术现在与未来[J]. 核化学与放射化学，34(2)：65 – 73.

刘洪滨，刘振，孙丽. 2013. 韩国海洋发展战略及对我国的启示[M]. 北京：海洋出版社：150 – 151.

刘孟德，陈维山，刘杰，等. 2012. 基于 CFD 的投弃式温深计探头流场分析[J]. 山东科学，25(5)：22 – 24，29.

刘敏，惠力，杨立，等. 2010. 水声传感器网络及其在海洋监测中的应用研究[J]. 山东科学，23(2)：22 – 27.

刘素花，龚德俊，徐永平，等. 2011. 海洋剖面要素测量系统波浪驱动自治的实现方法[J]. 仪器仪表学报，32(3)：
　　603 – 609.

刘文远. 2008. 航天新光无人船奉献科技奥运[J]. 航天工业管理，(8)：46 – 47.

刘玉光. 2009. 卫星海洋学. 北京：高等教育出版社.

刘重阳. 2010. 国外无人机技术的发展[J]. 舰船电子工程，30(1)：19 – 23.

马然，刘岩，褚东志. 2013. 海水总有机碳现场分析仪微光信号处理系统[J]. 计算机工程，(2)：300 – 303.

马卫民，赖德培，许海恩. 2011. 船载 WaMoS Ⅱ 测波雷达参数调整及应用分析[J]. 海洋预报，28(6)：46 – 50.

门武，张玉生，何建华，等. 2011. 我国海洋放射性环境质量评价方法：二十一世纪初辐射防护论坛第九次会议[Z].
　　中国江苏扬州.

门雅彬，方芳，李兴岷，等. 2013. 多枚 XBT 自动投放与测量系统数据采集控制单元设计[J]. 计算机测量与控制，21
　　(6)：1697 – 1699.

倪晓波，黄大吉，张涛，等. 2014. 一种近海底层防渔业拖网多藏书监测平台的研制与应用[J]. 海洋技术学报，33
　　(2)：87 – 92.

潘德炉，白雁. 2008. 我国海洋水色遥感应用工程技术的新进展[J]. 中国工程科学，(9)：12 – 24.

潘德炉，龚芳. 2011. 我国卫星海洋遥感应用技术的新进展. 杭州师范大学学报(自然科学版)，10(1)：1 – 10.

齐尔麦，张毅，常延年. 2011. 海床基海洋环境自动监测系统的研究[J]. 海洋技术，30 (2)：84 – 87.

齐雨藻，等. 2003. 中国沿海赤潮[M]. 北京：科学出版社，90 – 92.

钱文振，纪永刚，王神鸣，等. 2013. 一种改进的地波雷达邻近距离单元格一阶海杂波对消方法[J]. 海洋科学进展，
　　31(1)：138 – 144.

容英光. 海洋动物遥测新技术的创新应用[EB/OL]. http：//www. docin. com/p – 334395678. html.

上海海洋科技研究中心，海洋地质国家重点实验室(同济大学). 2011. 海底观测——科学与技.

石莉. 2011. 美国颁布新海洋能政策加强对海洋、海岸和大湖区的管理[J]. 国土资源情报，(5)：10 – 12.

史一凡, 孙健, 胡昊. 2014. 基于无人机技术的低空海洋溢油监测巡航路径[J]. 中国航海, (1): 136 – 140.

宋文杰, 初伟先, 邵宝民, 等. 2012. 基于 VC ++ 的船舶气象仪数据回放程序设计[J]. 山东科学, 25(6): 65 – 68.

宋文璟, 王学伟, 丁家旺, 等. 2012. 海水重金属电化学传感器检测系统[J]. 分析化学, 40(5): 670 – 674.

苏健, 马豪, 苏耿华, 等. 2013. 我国沿海核电站海洋放射性就地伽玛能谱测量研究[J]. 辐射防护, (06): 329 – 333.

苏庆梅, 秦伟. 2009. 海水中重金属铅的检测方法研究进展[J]. 海洋科学, 33: 105 – 111.

孙辉, 吴炳昭, 严建华. 2014. 基于 AIS 的海洋环境目标监测技术研究[J]. 海洋测绘, 34(3): 40 – 43.

孙力. 2003. 荧光法与分光光度计法测定叶绿素 a 的对比试验[J]. 安徽化工, 125(5): 46.

孙亮. 2010. 基于 LabVIEW 的臭氧法海水化学需氧量分析仪的研究[D].

陶淑芸, 王震, 王桂林. 2010. 溶解氧测定方法分析与研究[J]. 治淮, (12): 46 – 47.

田文龙, 李高鹏, 许荣庆, 等. 2012. 利用自动识别系统信息进行高频地波雷达天线阵校正[J]. 电子与信息学报, 34(5): 1065 – 1069.

同济大学海洋科技中心海底观测组. 2011. 美国的两大海洋观测系统: OOI 与 IOOS[J]. 地球科学进展, 26(6): 650 – 655.

王超, 潘广东. 2000. 航天飞机成像雷达海面风矢量观测研究: 以 1994 年 4 月南中国海试验区为例[J]. 遥感学报, 4(1): 51 – 54.

王晨熙, 王晓博, 朱靖, 等. 雷达与 AIS 信息融合综述[J]. 指挥控制与仿真, 31(2): 1 – 4.

王成友, 危起伟, 杜浩, 等. 2010. 超声波遥测在水生动物生态学研究中的应用[J]. 生态学杂志, 29(11): 2286 – 2291.

王芳, 宋士林, 葛清忠. 2013. 无人机在海洋调查中的应用前景展望[J]. 海洋开发与管理, (2): 44 – 45.

王平, 梁峰, 成文, 等. 2011. 浅谈船舶气象仪用传感器[J]. 机械管理开发, (6): 41 – 42.

王四海, 万志坤. 2011. 小型岛屿远程遥控无线视频监控解决方案[J]. 移动通信, (14): 56 – 59.

王岩峰, 张杰, 孙培光, 等. 2007. 用于海洋现场监测的小型叶绿素 a 荧光计和浊度计[J]. 海洋技术, 26(1): 29 – 33.

王哲. 2013. 无人艇自动避碰策略的研究[D]. 大连: 大连海事大学.

王宗维. 2013. 无人艇体系结构及运动控制系统的研究 [D]. 镇江: 江苏科技大学: 1 – 7.

王作超, 石爱国, 杨新栋. 2013. X 波段雷达测波信息再处理[J]. 中国航海, 36(4): 7 – 11.

文逸彦. 2013. 一种无人翼滑艇艇型的设计技术研究[D]. 镇江: 江苏科技大学: 2 – 7.

吴国庆, 等. 2011. 近红外透射和紫外吸光度法检测水质化学需氧量的研究[J]. 光谱学和光谱分析, 31(6): 1486 – 1489.

吴涛, 张彦彦, 吴立珍, 等. 2014. 无人机遥感技术在海域管理中的应用[J]. 中国高新技术企业, 29: 017.

吴雄斌, 沈志奔, 徐兴安, 等. 2013. 高频地波雷达发展趋势与现状研究[C]. 中国海洋学会年会.

徐海东, 胡长青, 张平. 2012. 机载抛弃式温度剖面仪系统设计[J]. 声学技术, 31(6): 555 – 558.

徐玉如, 苏玉民, 庞永杰. 2006. 海洋空间智能无人运载器技术发展展望[J]. 中国舰船研究, 15(3): 2 – 4.

许昆明, 鲁中明, 陈进顺. 2005. CO2 和 pH 光纤化学传感器研究进展[J]. 分析科学学报, 21(1): 93 – 97.

许祎, 等. 2011. 在线 TOC 分析仪测量技术最新进展及应用. 第四届中国在线分析仪器应用及发展国际论坛: 209 – 215.

杨劲松. 2001. 合成孔径雷达海面风场、海浪和内波遥感技术[D]. 青岛: 中国海洋大学.

杨燕明, 郑凌虹, 等. 2011. 无人机遥感技术在海岛管理中的应用研究[J]. 海洋开发与管理, (1): 6 – 10.

尹秀丽, 薛钦昭, 秦伟. 2011. 生物传感技术在海洋监测中的应用[J]. 海洋科学, 35: 113 – 117.

于凯本, 刘忠臣, 魏泽勋. 2012. 浅水区抗拖网 ADCP 海床基的研制[J]. 海洋技术, 31(1): 41 – 44.

曾志，苏健，衣宏昌，等. 2013. 海水放射性监测装置研制及初步测试结果[J]. 辐射防护，33(1)：46 - 48，53.

翟小羽，王海涛，齐占辉，等. 2013. 基于北斗卫星的 XBT 数据传输系统设计与实现[J]. 海洋测绘，33(2)：61 - 62.

翟小羽，张东亮. 2011. 边远岛视频监测数据可视化模块的设计与实现[J]. 海洋技术，30(3)：47 - 51.

张彪，储焰南，张玉平，等. 2003. 发光二极管作为现场叶绿素荧光仪激发光源实验研究[J]. 量子电子学报，20(4)：472 - 476.

张诚，邹景忠. 1996. 尖刺拟菱形藻氮、磷吸收动力学及氮磷限制下的增值特性[J]. 海洋与湖沼，28(6)：599 - 603.

张鸿远，张祥坤，许可，等. 2001. 三维成像雷达高度计成像模拟研究[J]. 遥感技术与应用，16(3)：184 - 189. DOI：10. 3969/j. issn. 1004 - 0323. 2001. 03. 010.

张江龙. 2007. 叶绿素监测仪器在水质自动监测应用中的优劣浅析[J]. 现代科学仪器，1：41 - 43.

张平，唐锁夫，屈科，等. 2012. 国产 XBT 海上测试及实际使用效果分析[J]. 声学技术，31(6)：571 - 573.

张荣，杨劲松，黄韦艮，等. 2009. 三维成像雷达高度计的工作机理及其可能的海洋学应用. 海洋学研究，27(3)：99 - 102.

张锁平. 2010. 视频图像中波浪和近岸信息获取技术研究[D]. 天津：天津大学.

张祥坤，张云华，姜景山. 2004. 干涉成像雷达高度计数据处理系统[J]. 现代雷达，26(4)：17 - 20. DOI：10. 3969/j. issn. 1004 - 7859. 2004. 04. 006.

张云华，姜景山，张祥坤，等. 2004. 三维成像雷达高度计机载原理样机及机载试验[J]. 电子学报，32(6)：809 - 902. DOI：10. 3321/j. issn：0372 - 2112. 2004. 06. 005.

张云华，许可，李茂堂，等. 1999. 星载三维成像雷达高度计研究[J]. 遥感技术与应用，14(1)：11 - 14.

赵聪蛟，周燕. 2013. 国内海洋浮标监测系统研究概况[J]. 海洋开发与管理，(11)：13 - 18.

赵金赛，米伟，白树祥. 2014. 无人机在海上搜救中的应用探索[J]. 中国海事，(8)：42 - 44.

赵英时，等. 2003. 遥感应用分析原理与方法[M]. 北京：科学出版社.

中国 21 世纪议程管理中心，国家海洋技术中心. 2010. 海洋高技术进展2009[M]. 北京：海洋出版社.

钟育仁，庄士贤，杨文昌，等. 2012. 应用高频雷达进行海面目标侦测可行性研究[C]. 第 34 届海洋工程研讨会论文集. 台湾：国立成功大学. 11.

周金元，唐原广，赵曙东. 2013. 基于海洋资料浮标上目标探测系统的集成设计[J]. 气象水文海洋仪器，(2)：73 - 76.

朱良，郭巍，禹卫东. 2009. 合成孔径雷达卫星发展历程及趋势分析[J]. 现代雷达，(4)：5 - 10.

朱敏慧. 2010. Sar 的海洋遥感探测技术综述. 现代雷达，32(2)：1 - 6.

庄佳园，万磊，廖煜雷，等. 2011. 基于电子海图的水面无人艇全局路径规划研究[J]. 计算机科学，38(9)：211 - 214.

A M F PINTO, E VON SPERLING, R M MOREIRA. 2001. Chlorophyll a determination via continuous measurement of plankton fluorescence：methodology development. Elsevier Science Ltd, 35(16)：3977 - 3981.

Anthony M, Ponsford, Jian Wang. 2010. A review of high frequency surface wave radar for detection and tracking of ships[J]. Turk J Elec Eng & Comp Sci, 18(3),

Austin, T. et. 2000. The Martha's Vineyard Coastal Observatory：a Long term facility for monitoring air - sea process[C]. OCEANS 2000 MTS/IEEEConference and Exhibition, 3：1937 - 1941.

Australia Government Ocean Policy Science Advisory Group. 2013. Marine Nation 2025：Marine Science to Support Australia's Blue Economy[R].

Baranov I, Kharitonov I, Laykin A, et al. 2003. Devices and methods used for radiation monitoring of sea water during salvage

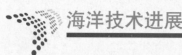

and transportation of the Kursk nuclear submarine to dock[J]. Nuclear Instruments and Methods in Physics Research Section A: Accelerators, Spectrometers, Detectors and Associated Equipment, 505(1 – 2): 439 – 443.

Baré J, Evrard M, Mertens C, et al. 2010. Gamma spectrum unfolding for a NaI monitor of radioactivity in aquatic systems[J]. Applied Radiation and Isotopes. 68(4 – 5): 836 – 838.

Baré J, Tondeur F. 2011. Gamma spectrum unfolding for a NaI monitor of radioactivity in aquatic systems: Experimental evaluations of the minimal detectable activity[J]. Applied Radiation and Isotopes. 69(8): 1121 – 1124.

Bell P S, Osler J. C. 2011. Mapping bathymetry using X – band marine radar data recorded from a moving vessel. Ocean Dyn. 61: 2141 – 2156.

Bentamy A, Croize – Fillon D, Perigaud C. 2008. Characterization of ASCAT measurements based on buoy and QuikSCAT wind vector observations[J]. Ocean Science, 4(4): 265 – 274.

Beutler M, Wiltshire KH, Meyer B, et al. 2002. A fluorometric method for the differentiation of algal populations in vivo and in situ. Photosynth Res, 72(1): 39 – 53.

Boyer T, Gopalakrishna V V, Reseghetti F, et al. 2011. Investigation of XBT and XCTD Biases in the Arabian Sea and the Bay of Bengal with Implications for Climate Studies, J. Atmos. Ocean. Tech. , 28: 266 – 286.

Buesseler K, Aoyama M, Fukasawa M. 2011. Impacts of the Fukushima Nuclear Power Plants on Marine Radioactivity[J]. Environmental Science & Technology, 45(23): 9931 – 9935.

Chernyaev A, Gaponov I, Kazennov A. 2004. Direct methods for radionuclides measurement in water environment[J]. Journal of Environmental Radioactivity, 72(1 – 2): 187 – 194.

Dan Schwartz, Unmanned Aircraft Use in Shipboard Oceanographic 2012—2013[C]. NAVY – NSF/UNOLS Research Vessel Technical Enhancement Committee (RVTEC), Nov. 18 – 21, 2013.

D'Asaro E A, Black P G, Centurioni L R, et al. 2013. Impact of Typhoons on the Ocean in the Pacific: ITOP[J]. Bulletin of the American Meteorological Society.

David Mills, Russel Wynn. 2014. International Workshop on New Monitoring Technologies, Oceanology International.

Elizabeth R, Sanabia, Peter G Black. 2014. The AXBT Demonstration Project: Implementation, Impact, Collaboration, and Outlook, 2014 Tropical Cyclone Research Forum (TCRF)/68th IHC.

Figa – Saldaña J, Wilson J J W, Attema E, et al. 2002. The advanced scatterometer (ASCAT) on the meteorological operational (MetOp) platform: A follow on for European wind scatterometers[J]. Canadian Journal of Remote Sensing, 28(3): 404 – 412.

Francis Bringas. 2013. The first meters of the XBT fall[C]. Victoria: NOAA.

Frederic Melin, Giuseppe Zibordi. 2010. Vicarious calibration of satellite ocean color sensors at two coastal sites. Applied Optics [J]. 49(5): 798 – 810.

Fu T C, Fullerton A M, Hackett E E, et al. 2011. Shipboard measurement of ocean waves[C]. ASME 2011 30th International Conference on Ocean, Offshore and Arctic Engineering. American Society of Mechanical Engineers, 699 – 706.

Gill E W, W Huang. 2014. A Review of the Continuing Evolution of Coastal Ocean Radar Remote Sensing in the Eastern Canadian Context[C]. Oceans'14 MTS/IEEE, St. John's, Canada.

Habtemariam B K, Tharmarasa R, Meger E, et al. Measurement level AIS/radar fusion for maritime surveillance[C]. SPIE Defense, Security, and Sensing. International Society for Optics and Photonics, 2012: 83930I – 83930I – 8.

Hersbach H, CMOD5: 2003. An improved geophysical model function for ERS C – band scatterometry, The European Centre for Medium – Range Weather Forecasts.

Hilmer T. 2013. Quest Trial Q348: Evaluation of WaMoS Ⅱ Data[R]. RUTTER INC SAINT JOHN'S (CANADA).

Hong Xiao, Xinhua Zhang. 2012. Numerical investigation of the fall rate of a sea – monitoring probe[J]. Ocean Engineering, 56(1): 20 – 27.

Hu C, Lee Z and Franz B. 2012. Chlorophyll – a algorithms for oligotrophic oceans: A novel approach based on three – band reflectance difference[J]. Journal of Geophysical Research: Oceans, 2012, 117(C1): C01011.

Ivandini T A, Saepudin E, Wardah H, et al. 2012. Development of a biochemical oxygen demand sensor using gold – modified boron doped diamond electrode[J]. Analytical Chemistry, 84: 9825 – 9832.

Jakub Gregor, Blahoslav Mars alek, Helena Spkova. 2007. Detection and estimation of potentially toxic cyanobacteria in raw water at the drinking water treatment plant by in vivo fluorescence method. WATER RESEARCH. 41: 228 – 234.

Jamet C, Loisel H, Dessailly D. 2012. Retrieval of the spectral diffuse attenuation coefficient Kd(λ) in open and coastal ocean waters using a neural network inversion. Journal of Geophysical Research Oceans, 117(C10).

Jenna Brown, Chris Tuggle, Jamie MacMahan, et al. 2011. The use of autonomous vehicles for spatially measuring mean velocity profiles in rivers and estuaries[J]. Intelligent Service Robotics, 4(4): 233 – 244.

Jiang Xingwei, Liu Mingsen, J Liu ianqiang, et al. 2012. The HY – 2 satellite and its preliminary assessment. International Journal of Digital Earth, 5(3): 266 – 281.

John Abraham, John Gorman. 2011. A new method of calculating ocean temperatures using expendable bathythermographs [J]. Energy and Environment Research, 1(1): 2 – 4.

Jorge Marques da Silva, 2007. Anabela Bernardes da Silva and Mário Pádua. Modulated chlorophyll a luorescence: a tool for teaching photosynthesis. Marques da Silva et al. 41(4): 178 – 183.

Julian Metcalfe. 2013. FISH! Autonomous sensor carriers? UK – IMON International Workshop on New Monitoring Technologies NOC. Southampton, September.

Kangsoo Kim, Tamaki Ura. 2014. A Cruising AUV R2D4: Intelligent Multirole Platform for Deep – Sea Survey[J]. Journal of Robotics and Mechatronics, 26(2): 262 – 263.

Kazimierski W. 2013. Problems of data fusion of tracking radar and AIS for the needs of integrated navigation systems at sea[C]. 2013 14th International Radar Symposium (IRS). IEEE, 1: 270 – 275.

Kerguelen (Southern Ocean), Polar Biol (2008), 31: 617 – 628.

Kimio Hanawa, Shoichi Kizu. 2011. Trial to check XBT fall rate and to develop simple numerical model[C]. Melbourne, Australia: 7 – 8.

Kizu S, Sukigara C, Hanawa, K. 2011. comparison of the fall rate and structure of recent T – 7 XBT manufactured by Sippican and TSK, Ocean Sci. , 7, 231 – 244, doi: 10. 5194/os – 7 – 231 – 2011.

Klaas R. Timmermans AE Hendrik J. van der Woerd, In situ and remote – sensed chlorophyll fluorescence as indicator of the physiological state of phytoplankton near the Isles.

Koopman H N, A J Westgate, Z A Siders, et al. 2014. Rapid subsurface ocean warming in the Bay of Fundy as measured by free – swimming basking sharks. Oceanography 27(2), http: //dx. doi. org/10. 5670/oceanog. 32.

Krol A, T Stupak, R Wawruch et al. 2011. Fusion of Data Received from AIS and FMCW and Pulse Radar[J]. TransNav, 5(4): 463 – 469.

Lee S H, Povinec P P, Gastaud J, et al. 2009. Determination of plutonium isotopes in seawater samples by Semiconductor Alpha Spectrometry, ICP – MS and AMS techniques [J]. Journal of Radioanalytical and Nuclear Chemistry, 282(3): 831 – 835.

Lindemuth M, et al. 2011. Sea Robot – Assisted Inspection[J]. Robotics & Automation Magazine, IEEE, 2011, 18(2): 96 – 107.

Luc Lenain, Ken Melville, Ben Reineman et al. 2013. Ship – based UAV measurements of the marine atmospheric boundary layer in the equatorial Pacific, UNOLS SCOAR meeting – WHOI.

Ludeno G, Brandini C, Lugni C, et al. 2014. Remocean System for the Detection of the Reflected Waves from the Costa Concordia Ship Wreck. IEEE J. Sel. Top. Appl. Earth Obs. Remote Sens. 7, 3011 – 3018.

Ludeno G, Orlandi A, Lugni C, et al. 2014. X – Band Marine Radar System for High – Speed Navigation Purposes: A Test Case on a Cruise Ship. IEEE Geosci. Remote Sens. Lett. 11, 244 – 248.

Lujanienè G. 2014. Fukushima Accident: Radioactivity Impact on the Environment[J]. Journal of Environmental Radioactivity, 129: 169.

Lund B, Collins C O, Graber H C, et al. 2014. Marine radar ocean wave retrieval's dependency on range and azimuth. Ocean Dyn. 64, 999 – 1018.

Lund B, Collins Ⅲ C O, Graber H C, et al. 2014 Improvements to Shipboard Marine X – Band Radar Surface Wave and Current Retrieval. AGU Ocean Sciences Meeting. Honolulu, HI, USA.

Maresca S, Braca P, Grasso R, et al. 2014. Multiple Oceanographic HF Surface – Wave Radars Applied to Maritime Surveillanc[C]. 17th International Conference on Information Fusion.

Maresca S, Braca P, Grasso R, et al. 2014. Oceanographic HF Surface – Wave Radars for Maritime Surveillance in the German Bight[C]. OCEANS'14 MTS/IEEE Conference.

Maresca S, Braca P, Horstmann J, et al. 2014. Maritime surveillance using multiple high – frequency surface – wave radars [J]. Geo. and Remote Sensing, 52(8): 5056 – 5071.

Maresca S, Braca P, Horstmann J. Detection, tracking and fusion of multiple HFSW radars for ship traffic surveillance: experimental performance assessment[C]. Geoscience and Remote Sensing Symposium (IGARSS), 2013 IEEE International, 2420 – 2423.

Mertens C, De Lellis C, Van Put P, et al. 2007. MCNP simulation and spectrum unfolding for an NaI monitor of radioactivity in aquatic systems[J]. Nuclear Instruments and Methods in Physics Research Section A: Accelerators, Spectrometers, Detectors and Associated Equipment. 580(1): 118 – 122.

Mills G, Fones G. 2012. A review of in situ methods and sensors for monitoring the marine environment[J]. Sensor Review, 32: 17 – 28.

Moujahid W, Eichelmann – Daly P, Strutwolf J, et al. 2011. Microelectrochemical microelectrochemical systems on silicon chips for the detection of pollutants in seawater[J]. Electroanalysis, 23: 147 – 155.

M Wang, J H Ahn, L Jiang, et al. 2013. Ocean color products from the Korean Geostationary Ocean Color Imager(GOCI). Opt. Express, 21(3): 3835 – 3849.

Nakano M, Povinec P P. 2012. Long – term simulations of the 137Cs dispersion from the Fukushima accident in the world ocean [J]. Journal of Environmental Radioactivity, 111: 109 – 115.

National Data Buoy Center. Excellence in marine technology[EB/OL]. 2014 – 05. http://www. ndbc. noaa. gov/obs. html

National Research Council. 2011. Critical Infrastructure for Ocean Research and Societal Needs in 2030[R]. April.

National Science and Technology Council. 2012. Science For an Ocean Nation: An Update of the Ocean Research Priorities Plan [R]. February.

Noyhouzer T, Mandler D. 2013. A new electrochemical flow cell for the remote sensing of heavy metals[J]. Electroanalysis,

25: 109 – 115.

Ocean Networks Canada. 2013. Strategic Plan 2013—2018[R]. June.

Ocean observing systems committee, MTS. 2014. A worldwide Survey of Recent Ocean Observatory Activities: 2014 Update. O-cean News & Technology, 8.

Osvath I, Povinec P, Huynh – Ngoc L, et al. 1999. Underwater gamma surveys of Mururoa and Fangataufa lagoons[J]. Sci Total Environ: 237 – 238, 277 – 286.

P. P. Povinec I A M S. 1996. Underwater Gamma – spectrometry with and NaI(Tl) Detectors[J]. Applied Radiation and Iso-topes[J]. Vol. 47: 1127 – 1133.

Povinec P P, Comanducci J, Levy – Palomo I, et al. 2006. Monitoring of submarine groundwater discharge along the Donnalu-cata coast in the south – eastern Sicily using underwater gamma – ray spectrometry[J]. Continental Shelf Research, 26(7): 874 – 884.

P W Gaiser, St. Germain, K M Twarog, et al. 2004. The wind Sat spaceborne polarimetric microwave radiometer: sensor de-scription and early orbit performance, IEEE Trans. Geosci. Remote Sens, 42(11): 2347 – 2361.

Ramzaev V, Nikitin A, Sevastyanov A, et al. 2014. Shipboard determination of radiocesium in seawater after the Fukushima accident: results from the 2011 – 2012 Russian expeditions to the Sea of Japan and western North Pacific Ocean[J]. Journal of Environmental Radioactivity, 135: 13 – 24.

Rebecca Cowley. 2013. Biases in historical Expendable Bathy Thermograph (XBT) data – correcting the data and planning for the future[C]. Tasmania, Australia, June.

Reineman B D, Lenain L, Statom N M, et al. Development and Testing of Instrumentation for UAV – Based Flux Measurements within Terrestrial and Marine Atmospheric Boundary Layers[J]. Journal of Atmospheric & Oceanic Technology, 2013, 30 (7): 1295 – 1319.

Roarty H J, Barrick D E, Kohut J T, et al. 2010. Dual – use of compact HF radars for the detection of mid and large – size ves-sels[J]. Elektrik, Turkish Journal of Electrical Engineering and Computer Sciences, 18(3): 373 – 388.

Roarty H J, Lemus E R, Handel E, et al. 2011. Performance evaluation of SeaSonde High – Frequency radar for vessel detec-tion[J]. Marine Technology Society Journal, 45: 1 – 11.

Roarty H J, Smith M J, Glenn S M, et al. 2013. Expanding maritime domain awareness capabilities in the Arctic: High Fre-quency Radar Vessel Tracking[C]. Radar Conference.

Robbie Hood(2013), Testbed Roundup: Unmanned Aircraft Systems (UAS), NOAA Unmanned Aircraft Systems (UAS) Pro-gram, UAS Web Site: http://uas. noaa. gov/.

Ruhl H A, Andre M, Beranzoli L, et al. 2011. Societal need for improved understanding of climate change, antropogenic im-pacts and geo – hazard warning drive development of ocean observatories in European Seas[J]. Progress in Oceanography, 91(1): 1 – 33.

Ryan D. Eubank, Autonomous Flight, Fault, and Energy Management of the Flying Fish Solar – Powered Seaplane[D]. USA: University of Michigan, 2012.

S. T. Brown, P. Focardi, A. Kitiyakara, et al. 2014. The Compact Ocean Wind Vector Radiometer: A New Class of Low – Cost Conically Scanning Satellite Microwave Radiometer System, IEEE Geoscience And Remote Sensing Society (IGARSS) July 13 – 18, Quebec Canada.

Sanabia E R, B S Barrett, P G Black, et al. 2013. Real – time upper – ocean temperature observations from aircraft during op-erational hurricane reconnaissance missions: AXBT demonstration project year one results. [J] Wea. Forecasting, 28:

1404 – 1422.

Sartini L, Simeone F, Pani P, et al. 2011. GEMS: Underwater spectrometer for long – term radioactivity measurements[J]. Nuclear Instruments and Methods in Physics Research Section A: Accelerators, Spectrometers, Detectors and Associated Equipment, 626 – 627, Supplement: 145 – 147.

Sawidis T, Heinrich G, Brown M T. 2003. Cesium – 137 concentrations in marine macroalgae from different biotopes in the Aegean Sea (Greece)[J]. Ecotoxicol Environ Saf, 54(3): 249 – 254.

Seelye Martin, 蒋兴伟, 等译. 2008. 海洋遥感导论[M]. 北京: 海洋出版社.

Silver B P, R Koch, J Poirier, et al. 2012. X – Fit Project: PIT Crew, 2012 Annual Report. U. S. Fish and Wildlife Service, Columbia River Fisheries Program Office, Vancouver, WA. : 15.

S Maritorena, D A Siegel, A R Peterson. 2002. Optimization of a semia nalytical ocean color model for global scale applications [J]. Appl. Opt, 41(15): 2705 – 2714.

Smyth B, Nebel S. 2013. Passive Integrated Transponder (PIT) Tags in the Study of Animal Movement. Nature Education Knowledge, 4(3): 3.

Song G, Y. Hou, Y. He. 2006. comparison of two wind algorithms of ENVISAT ASAR at high wind. Chinese Journal of Oceanology and Limnology, 24(1): 92 – 96.

Sparrow E M, Abraham, J P, Minkowycz W J. 2009. Flow Separation in a Diverging Conical Duct: Effect of Reynolds Number and Divergence Angle, Int. J. Heat Mass Tran. , 52: 3079 – 3083.

Stoffelen A, D Anderson. 1997. Scatterometer data interpretation: Estimation and validation of the transfer function CMOD4. Journal of Geophysical Research, 102(C3): 5767 – 5780.

Stredulinsky D, Thornhill E. 2009. Shipboard Wave Measurement Through Fusion of Wave Radar and Ship Motion Data[R]. Canada: Defence R&D.

Stredulinsky D. 2010. QUEST Q319 Sea Trial Summary and Wave Data Fusion Analysis[R]. Canada: Defence R&D.

Stredulinsky D. 2012. QUEST Q341 Sea Trial Summary[R]. Canada: Defence R&D.

Stredulinsky D. 2013. AutoFusion10 User and Software Manual for Shipboard Wave Measurements[R]. Canada: Defence R&D.

Stredulinsky D C, Thornhill E M. 2011. Ship motion and wave radar data fusion for shipboard wave measurement[J]. Journal of Ship Research, 55(2): 73 – 85.

Stuart E J E, Rees N V, Compton R G, et al. 2013. Direct electrochemical detection and sizing of silver nanoparticles in seawater media[J]. Nanoscale, 5: 174 – 177.

Stuart J Anderson. 2013. Optimizing HF Radar Siting for Surveillance and Remote Sensing in the Strait of Malacca[J]. IEEE transactions on geoscience and remote sensing, 51(3): 1805 – 1816.

Sunburst Sensors. LLC, SAMI – CO_2 Ocean CO_2 Sensor, 2015.

Toru Suzuki. 2013. XBT Data Management and Quality Control in Japan[C]. Tasmania, Australia.

Tsabaris C, Bagatelas C, Dakladas T, et al. 2008. An autonomous in situ detection system for radioactivity measurements in the marine environment[J]. Applied Radiation and Isotopes, 66(10): 1419 – 1426.

Tsabaris C. 2008. Monitoring natural and artificial radioactivity enhancement in the Aegean Sea using floating measuring systems [J]. Applied Radiation and Isotopes, 66(11): 1599 – 1603.

U S IOOS program. Groupon Earth Observation, GEO, Global High Frequency (HF) Radar Network Component[EB/OL]. 2014 – 05. http: //www. ioos. noaa. gov/globalhfr. html.

US IOOS program. Quality Assurance of Real Time Ocean Data, QARTOD [EB/OL]. 2014 – 05. http: //www. ioos.

noaa. gov/qartod/. html.

U S IOOS program. U. S. IOOS National Glider Network ［EB/OL］. 2014 – 05. http：//www. ioos. noaa. gov/glider/strategy/welcome. html.

Van Put P, Debauche A, De Lellis C, et al. 2004. Performance level of an autonomous system of continuous monitoring of radioactivity in seawater［J］. Journal of Environmental Radioactivity. 72(1 – 2)：177 – 186.

Van Weering T C E, Koster B, Heerwaarden J, et al. 2000. New technique for long term deep seabed studies. Sea Technology, 2：17 – 25.

Vesecky J F, Laws K E, Paduan J D. 2010. A system trade model for the monitoring of coastal vessels using HF surface wave radar and ship automatic identification systems (AIS)［C］. Geoscience and Remote Sensing Symposium (IGARSS), 2010 IEEE International. IEEE：3414 – 3417.

Vicen – Bueno, Raul, Jochen Horstmann, et al. 2013：Real – Time Ocean Wind Vector Retrieval from Marine Radar Image Sequences Acquired at Grazing Angle. J. Atmos. Oceanic Technol. , 30：127 – 139.

Vlachos D S, Tsabaris C. 2005. Response function calculation of an underwater gamma ray NaI(Tl) spectrometer［J］. Nuclear Instruments and Methods in Physics Research Section A：Accelerators, Spectrometers, Detectors and Associated Equipment, 539(1 – 2)：414 – 420.

Vlachos D S. 2005. Self – calibration techniques of underwater gamma ray spectrometers［J］. Journal of Environmental Radioactivity, 82(1)：21 – 32.

Vlastou R, Ntziou I T, Kokkoris M, et al. 2006. Monte Carlo simulation of γ – ray spectra from natural radio nuclides recorded by a NaI detector in the marine environment［J］. Applied Radiation and Isotopes, 64(1)：116 – 123.

Volent Z, Johnsen G, Hovland E K, et al. 2012. Improved monitoring of phytoplankton bloom dynamics in a Norwegian fjord by integrating satellite data, pigment analysis, and Ferrybox data with a coastal observation network［J］. Journal of Applied Remote Sensing, 5(1) ：530 – 561.

Warren J D, Stanton T K, Benfield M C, et al. 2011. In situ measurements of acoustic target strengths of gas – bearing siphonophores［J］. ICES Journal of Marine Science, 58 (4) ：422 – 432.

William Kohnen. 2013. Review of Deep Ocean Manned Submersible Activity in 2013［J］. Marine technology society journal, 47 (5)：56 – 68.

Yablonsky R M, I Ginis, B Thomas, et al. 2014. Ocean Coupling in NOAA's Hurricane Weather Research and Forecasting (HWRF) model［J］. J. Atmos. Oceanic Technol. , submitted.

Yan R J, Pang S, Sun H B, et al. 2010. Development and Missions of Unmanned Surface Vehicle［J］. Journal of Marine Science and Application, 8：451 – 457.

Zdenka Willis, Laura Griesbauer. U S IOOS：An Intergrating Force for Good［J］. Marine Technology Society of Journal, 2013, 47(5)：19 – 25.

Zhong Ping Lee, Bertrand Lubac, Jeremy Werdell, et al. An Update of the Quasi – Analytical Algorithm［R］. Software_ OCA.

Zhou Y S, Jing T, Hao Q L, et al. 2012. A sensitive and environmentally friendly method for determination of chemical oxygen demand using NiCu alloy electrode［J］. Electrochimica Acta, 74：165 – 170.

美国国家航空航天局网站：http：//www. nasa. gov/

欧洲航天局网站：http：//www. esa. int/

日本宇航局网站：http：//global. jaxa. jp/